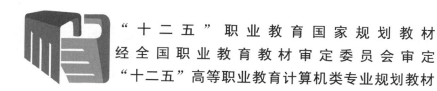

"十二五"职业教育国家规划教材

经全国职业教育教材审定委员会审定

"十二五"高等职业教育计算机类专业规划教材

Internet 技术与应用教程

（第四版）

主　编　曲桂东　毕燕丽

副主编　张永岗　王伟杰

参　编　赵丹丹　仲　炜　董丽娜　曹　霞

中国铁道出版社有限公司

CHINA RAILWAY PUBLISHING HOUSE CO., LTD.

内 容 简 介

本书在前三版的基础上作出了五大重要改变，并入选"十二五"职业教育国家规划教材。

本书不仅介绍了 Internet 与计算机网络的基本概念，而且从实际应用的角度讲解了 Internet 的各种接入方式、网页浏览与管理、搜索引擎、电子邮件、文件传输，以及网络娱乐与互动、网上学习与生活、网上电子商务系统、网络安全与病毒防范，还介绍了使用 Dreamweaver CS5 制作网页的方法等，内容由浅入深，操作性强。

本书适合作为高职高专计算机专业的教材，也可作为初学上网者的参考书。

图书在版编目（CIP）数据

Internet 技术与应用教程 / 曲桂东，毕燕丽主编.
-- 4 版. -- 北京：中国铁道出版社，2014.8(2020.8重印)
"十二五"职业教育国家规划教材 "十二五"高等
职业教育计算机类专业规划教材
ISBN 978-7-113-10162-6

Ⅰ．①I… Ⅱ．①曲… ②毕… Ⅲ．①互联网络－高等
职业教育－教材 Ⅳ．①TP393.4

中国版本图书馆 CIP 数据核字（2014）第 156495 号

书　　名：Internet 技术与应用教程（第四版）
作　　者：曲桂东　毕燕丽

策　　划：翟玉峰
责任编辑：翟玉峰　王　惠
封面设计：付　巍
封面制作：白　雪
责任校对：马　丽
责任印制：樊启鹏

出版发行：中国铁道出版社有限公司（100054，北京市西城区右安门西街 8 号）
网　　址：http://www.tdpress.con/51eds/
印　　刷：北京铭成印刷有限公司
版　　次：2004 年 2 月第 1 版　　2008 年 7 月第 2 版　　2012 年 8 月第 3 版
　　　　　2014 年 8 月第 4 版　　2020 年 8 月第 6 次印刷
开　　本：787 mm×1 092 mm　1/16　印张：18　字数：434 千
印　　数：13 501～14 500册
书　　号：ISBN 978-7-113-10162-6
定　　价：36.00 元

版权所有　侵权必究

凡购买铁道版图书，如有印制质量问题，请与本社教材图书营销部联系调换。电话：（010）63550836
打击盗版举报电话：（010）51873659

据中国互联网络信息中心（CNNIC）在京发布第 32 次《中国互联网络发展状况统计报告》，截至 2013 年 6 月底，我国网民规模达到 5.91 亿，互联网普及率为 44.1%。手机作为上网终端表现抢眼，不仅成为新增网民的重要来源，而且在即时通信、电子商务等网络应用中均有良好表现。

基于网络应用不断翻新，各种软件版本不断升级的影响，更受教育部"十二五"规划教材建设春风的吹动，本书的第四版在中国铁道出版社编辑的鼓励及编者的共同努力下，历时近一年时间终于面世了。

该版较第三版有五个方面的改变。第一，教材部分软件的版本升级，将 Windows 版本升级至 Windows 7 专业版，IE 8.0 升级为 IE 10，Outlook 2007 升级为 Outlook 2010；第二，对大部分章节的内容进行了局部调整，如第 1 章更新了互联网最新数据，第 3 章增加了手机上网浏览，第 7 章去掉了网络论坛与虚拟社区一节的内容，在第 4、7、8 章的最后增加应用实例；第三，所有图片全部在 Windows 7 运行环境及 IE 10 浏览器中重新抓取；第四，对大部分适宜用任务驱动写作方式改造的章节进行重新改写加工，分为任务、任务分析、操作步骤、重要提示等模块；第五，鉴于百度百科、维基百科等互联网知识搜索工具的普及，删掉原版本的两个附录。

本书由曲桂东、毕燕丽任主编，张永岗、王伟杰任副主编。各章编写分工如下：第 1 章和第 8 章由毕燕丽、曲桂东编写，第 2 章和第 11 章由王伟杰编写，第 3 章由曹霞编写，第 4 章和第 9 章由董丽娜编写，第 5 章由赵丹丹改写，第 6 章和第 10 章由张永岗改写，第 7 章由仲炜改写。初稿完成后，由副主编统稿、主编定稿。

由于编者水平有限，加之时间仓促，书中难免存在疏漏和不足之处，恳请广大读者批评指正。

编 者
2014 年 2 月

第一版前言

Internet（因特网）是全球最大的计算机网络，它跨越时空的限制，将全世界的国家与国家，机构与机构，人与人之间的距离变得越来越近，使人类梦寐以求的全球通信、资源共享、家庭办公、远程专家会诊、远程教育、远程购物等许多美好的理想变成了现实。可以说 Internet 是信息社会的基础，是人类伟大的成就之一，它改变了人们的生活习惯。无论你是教师、干部、经理还是学生，随着时间的推移，都会自然而然地生活在 Internet 构筑的信息社会之中。

事实上，人们应该清醒地认识到：Internet 是一项高新技术，所包容的知识是无奇不有。从技术的角度上讲，Internet 是计算机网络系统，它涉及计算机硬件技术、计算机基础知识、数据库技术、程序语言、通信技术等。要想熟练地在 Internet 上操作，需要对很多知识有一些系统的认识和了解。

作者结合编著计算机基础知识、数据库技术等教材的经验，参阅有关 Internet 的书籍，走访很多专家以及实际授课之后，编撰了这本《Internet 技术与应用教程》，围绕"应用"循序渐进地讲解各种使用方法，帮助读者快速掌握 Internet 的操作技术。本书共分 10 章，前 9 章详细地介绍了 Internet 的基本知识及基本操作方法，第 10 章用较大的篇幅介绍了利用目前流行的网页制作工具 Dreamweaver MX 设计制作网页的方法。

本书由曲桂东、柴丽虹任主编，柴丽虹、丛迎九、毕燕丽任副主编，其中第 1 章、第 5 章由王晓华老师执笔，第 2 章由王伟杰老师执笔，第 3 章和第 4 章由张诚洁老师执笔，第 6 章由张永岗老师执笔，第 7 章由季春光老师执笔，第 8 章由柴丽虹老师执笔，第 9 章由丛迎九老师执笔，第 10 章由毕燕丽、曲桂东老师执笔。在初稿完成后，作者们相互交换阅读了书稿，并提出了许多改进的意见，最后由主编、副主编审读了书稿，并统稿。

本书不仅适合作为大中专院校的教材，还适合作为初学上网者的参考书。

由于水平有限，书中疏漏和不足之处在所难免，恳请广大读者批评指正。作者联系方式：qugd@sina.com。

编 者
2014 年 6 月

随着 Internet 突飞猛进的发展,其范围已遍布世界的每一个角落,并且还在不断地吸收新的网络成员加入,它已经成为世界上覆盖面最广、规模最大、信息资源最丰富的全球信息网络,并且正越来越多地影响着我们的工作、学习和生活。

过去我们与远方的工作伙伴交流资料要通过传统的邮政系统,速度慢,可靠性不高,而现在利用 E-mail 可以轻松、快速地传送各种电子资料。过去我们要查询航班、车次信息,只能通过电话或公司提供的信息,而现在利用网络可以轻松地完成查询工作。过去我们与远方的朋友交流只能通过信件或昂贵的长途电话进行,而现在利用网络可以轻松地实现网络可视电话、网络即时聊天。

编者结合多年的教学经验,从应用角度出发,不片面追求内容的系统性与完整性,而是大胆舍去不实用的内容,突出实用的特色,对教程第一版的所有内容进行重写并对部分章节进行了较大幅度的调整,将第一版的第 7 章远程登录、第 8 章浏览新闻组、第 9 章媒体播放、网络会议及远程桌面内容删掉,换成了第 7 章网络娱乐与互动、第 8 章网上学习与生活、第 9 章网上电子商务系统,并增加了第 11 章网络安全与病毒防范。

本教程由曲桂东、毕燕丽任主编,董先、丛迎九、王伟杰任副主编。各章编写分工如下:第 1 章和第 8 章由毕燕丽编写,第 2 章和第 11 章由董先、王伟杰编写,第 3 章和第 4 章由王晓华编写,第 5 章由赵丹丹编写,第 6 章由张永岗编写,第 7 章由仲炜编写,第 9 章由时秀波编写,第 10 章由曲桂东编写,附录由丛迎九编写。初稿完成后,教师们互相阅读了书稿,最后由主编、副主编统编、定稿。

由于作者水平有限,加之时间仓促,书中难免存在疏漏和不足,恳请广大读者批评指正。

编　者

2008 年 5 月

第三版前言

斗转星移，时光如梭，从本书 2004 年 1 月首次出版到现在已经整整八个年头。从 2004 年之前的通过电话线拨号上网发展到现在的光纤宽带，网络速度有了千万倍的提升，网络的各项应用也层出不穷。在网络上购物、点播电影/电视剧、学习等与人们密切相关的服务变成现实，网络上的新奇应用也在不断涌现，如虚拟社区、网络交友、博客、微博等。受网上内容不断变化的影响，加之中国铁道出版社编辑的不断鼓励，本书的第三版顺利面世。

本次修订，首先对软件的版本进行了升级，并将所有内容进行了改写，其中 IE 6.0 升级为 IE 8.0，Foxmail 版本由 6.0 升级为 7.0，CuteFTP XP 版本由 5.0 升级为 8.3、Dreamweaver MX 版本升级为 CS5 版本；其次，对 70%的章节内容进行了局部调整。第 2 章去掉了利用 Modem 连接 Internet 的内容，增加了获取上网账号、常见的无线接入方式等内容；第 5 章将 Outlook Express 换成了 Outlook 2007；第 6 章将 FlashGet 换成了迅雷软件；第 7 章，去掉了聊天室介绍，增加了 MSN、微博等内容；第 8 章增加了网络公开课内容介绍；第 10 章内容全部重写；第 11 章增加了防护类软件 360 的使用介绍。

本版由曲桂东、毕燕丽任主编，张永岗、王伟杰任副主编，时秀波负责教材编写的具体组织工作。各章编写分工如下：第 1 章和第 8 章由毕燕丽、曲桂东改写，第 2 章和第 11 章由王伟杰编写，第 3 章由时秀波改写，第 4 章和第 9 章由董丽娜改写，第 5 章由赵丹丹改写，第 6 章和第 10 章由张永岗改写，第 7 章由仲炜改写。初稿完成后，编者们互相阅读了书稿，并由副主编统稿、主编定稿。

由于作者水平有限，加之时间仓促，书中难免存在疏漏和不足，恳请广大读者批评指正。

编　者

2012 年 5 月

CONTENTS

第1章

→Internet 基础知识

Internet 是未来信息高速公路的基础，利用它，人们不仅可以进行各种方便快捷的通信、相互交流，而且可以共享其巨大而丰富的信息资源。它所涉及的领域不仅包括科学、教育、文化、军事、政治等，而且已融入人们日常生活的各个方面。Internet 的出现改变了人们的生活、学习和工作方式，为世界带来了一次伟大的信息革命。

本章要点：
- 计算机网络的基本概念、组成及功能
- Internet 的历史与发展
- TCP/IP、IP 地址、域名和 IPv6
- Internet 常用术语

1.1 计算机网络概述

Internet 的发展是计算机网络发展的结果，要学习 Internet，首先要了解计算机网络的概况。

1.1.1 计算机网络定义

计算机网络，简单地说，就是两台或两台以上的计算机（或其他终端设备）通过通信线路互相连接形成的网络。网络中的计算机等相互独立，没有从属关系，彼此之间按照一致的、共同遵守和执行的一些约定（即协议）进行通信。严格来说，计算机网络就是将分散在各地并具有独立功能的多个计算机系统通过通信设备或线路连接起来,在功能完善的网络软件(即网络通信协议、信息交换方式及网络操作系统等）支持下实现彼此之间的数据通信和资源共享的系统。

计算机网络应具有以下 4 个基本要素：

① 存在两个以上的具有独立操作系统的计算机，它们之间需要进行资源共享、信息交换与传递。

② 两个以上的具有独立操作系统的计算机之间要拥有某种通信手段或方法进行互连。

③ 计算机之间要做到相互通信，就必须指定双方都认可的规则，也就是所谓的通信协议。

④ 需要有对资源进行集中管理或分散管理的软件系统，这就是网络操作系统（Network Operating System，NOS）。

综上所述，计算机网络是计算机科学和通信科学密切结合的产物，称为 CC 技术，其含义是 Computer + Communication=Computer Network。

1.1.2　计算机网络组成

严格地讲，计算机网络由计算机硬件、软件、通信设备和通信线路（通信介质）所组成，同时，还包含网络上各类相关数据与信息等内容。因此，也可以把一个计算机网络看作是由"资源子网"和"通信子网"所组成，如图 1-1 所示。

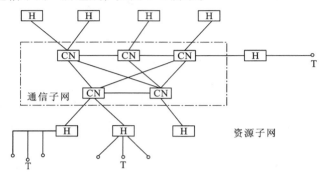

图 1-1　计算机网络基本组成

CN—通信结点（Communication Node）；H—主机（Host）；T—终端（Terminal）

通信子网是由结点计算机和通信线路组成的独立的数据通信系统，承担全网络的数据处理任务，并向网络用户提供网络资源及网络服务。资源子网包括各类主机、终端、其他外围设备及软件等，负责全网的数据处理任务，并向网络用户提供网络资源及网络服务。

1.1.3　计算机网络功能

计算机网络之所以能够迅速发展，除了源于微电子技术的飞速发展和现代信息社会的迫切要求之外，主要是因为计算机网络所具备的功能能够满足现代信息处理的各种要求。这些功能主要有：

1. 资源共享

所谓资源共享是指网络内的所有用户均能享受网络内计算机系统中的全部或部分资源，使网络中各区域的资源互通有无、分工协作，从而大大提高系统资源的利用率。共享的资源包括软件资源、硬件资源和数据资源。

2. 网络用户的通信和合作

随着网络的出现，一种更方便的通信手段——电子邮件产生了。它具有一般通信工具所不具有的许多优点。网络通信与文件传输使网上用户能更好地相互交流并协同工作。

3. 负载均衡与分布处理

在网络中，对于较大型的综合性问题，可以采用合适的算法，将任务分散到不同的计算机上进行分布处理。同样，依靠软件的调度，可以把某段时间内工作负担特别重的主机的部分任务分配给另外一些较空闲的主机去执行，也可以事先做好网络中有关主机之间工作负荷的调派工作。

利用计算机网络还可以使多台小型计算机或微型计算机连成高性能的计算机系统，解决大型复杂问题比使用高性能的大、中型计算机费用要低得多。

4. 提高计算机的可靠性

在单机使用的情况下，如果没有备用机，若某台计算机或某一部分发生故障，便会导致系统瘫痪。当计算机连成网络之后，各台计算机可以通过网络彼此互为后备机，一旦某台计算机发生故障，该机的任务可由其他计算机处理。此外，还可以在网络的一些结点上设置一定的备用设备，起到全网公用后备机的作用，大大提高了可靠性。

最早的 ARPAnet 就是在战争情况下，为使计算机网络的可靠性更高，可以保证指挥系统畅通而研发的。

1.2 Internet 概述

Internet 的中文译名为因特网，也称国际互联网，是全球计算机和计算机网络通过统一的通信协议（TCP/IP）连接在一起的集合，这些网上计算机用户能够共享信息资源并互通信息。

1.2.1 Internet 历史与发展

Internet 的起源可以追溯到 20 世纪 60 年代的计算机网络 ARPAnet。ARPAnet 是根据美国国防部高级研究计划署（Advanced Research Projects Agency，ARPA）的一项研究计划而设立的计算机网络，其目的在于建立一个分布式的计算机网络，通过网络实现科研机构的计算机互连，使科研人员能够共享硬件和软件资源。1969 年，ARPAnet 在加利福尼亚大学洛杉矶分校建立了第一个分结点。

1982 年，ARPAnet、MILnet 等几个网络合并成一个覆盖全美国的大型计算机网络，作为 Internet 的早期主干网。ARPAnet 实验的成功奠定了 Internet 存在和发展的基础，较好地解决了异种机、异型网互连的理论技术。美国国防通信局（Defence Communication Agency，DCA）为 ARPAnet 制定了 TCP/IP，并命令网上的所有主机都必须使用 TCP/IP。TCP/IP 的制定，意味着更多的网络可以在不改变原有网络的条件下加入 Internet。

1986 年，美国国家科学基金会网络（National Science Foundation Network，NSFnet）的诞生在 Internet 的历史上起到了划时代的作用，它将美国各地的科研机构连接到分布在美国不同地区的 5 个超级计算机中心的计算机上，不久又与各大学和科研机构的中等规模的计算机中心连接起来。这样，NSFnet 取代了 ARPAnet，成为 Internet 的主干网，其数据传输速率也由 56 kbit/s 逐渐增加到 44.736 Mbit/s。

到了 20 世纪 90 年代初期，Internet 事实上已成为一个"网中网"，各个子网分别负责自己的架设和运作费用，而这些子网又通过 NSFnet 互连起来。NSFnet 由美国政府出资，但在一定程度上也加入了一些私人投入。

20 世纪 90 年代，Internet 以惊人的速度发展，成为全球连接范围最广、用户最多的互联网络。科学家们为 Internet 设计了一种基于开放标准的结构，使多个网络可以实现互连。到了 1991 年底，形势已经很明朗，Internet 发展太快，NSFnet 主干网也将达到极限。美国政府很难负担整个 Internet，NSF 要求一些私人公司承担一些责任。为了解决这一问题，IBM、MERI 和 MCI 组建了一个非营利性的公司，即高级网络和服务公司（Advanced Network and Services，ANS）。1992 年，ANS 建立了一个新的广域网，即目前的 Internet 主干网 ANSnet。ANSnet 广

第 1 章 Internet 基础知识

域主干网所用的传输线路的容量是被取代的 NSFnet 的 30 倍。

随后，世界各地不同种类的网络与 Internet 相连，便形成全球性 Internet。据国外媒体报道，瑞典互联网市场研究公司 Royal Pingdom 于 2013 年初发布了 2012 年全球互联网产业发展状况报告，截至 2012 年 12 月，全球互联网用户总数 24 亿，全球电子邮件用户数量 22 亿，全球每天电子邮件总流量 1 440 亿，网站数量 6.34 亿。2013 年 7 月 17 日，中国互联网络信息中心（CNNIC）发布了《第 32 次中国互联网发展状况统计报告》，数据显示，截至 2013 年 6 月底，中国网民数量达到 5.91 亿，手机网民 4.64 亿，已经超过世界上其他任何一个国家而居世界第一位，有近半数网民在使用微博，达 3.31 亿，手机微博用户 2.30 亿。

今后，Internet 毫无疑问会继续发展。随着人们把更多的私人生活和商务生活安排到 Internet 上，我们将在一些以往不可想象的方面依赖于 Internet。无论好与坏，Internet 现在几乎已经成为一切事物的重要因素。

1.2.2　Internet 功能与服务

Internet 目前最重要的服务方式是采用浏览器以 Web 方式入网，可以获得大部分服务项目。其主要提供以下 6 种服务：

1. 浏览网页

万维网（World Wide Web，WWW）是目前 Internet 上最热门、规模最大的服务项目。WWW 之所以成功，在于它指定了一套标准化且易懂的超文本标识语言（Hyper Text Markup Language，HTML）、超文本传输协议（Hyper Text Transmission Protocol，HTTP）和统一资源定位器（Uniform Resource Locator，URL）。它用非常友善的图形界面、简单的操作方法以及图文并茂的显示方式，使 Internet 用户能够迅速方便地连接到各个网站，浏览文本、图形、声音甚至动画形式的各类信息。

2. 收发电子邮件

电子邮件（E-mail）是指借助计算机网络彼此传递信息的通信方式。在 Internet 上，电子邮件是使用非常方便和用户使用率最高的网络通信工具之一。Internet 有多种电子邮件服务程序，用于邮件传递、电子交流、电子会议、专题讨论以及查询信息等。

3. 文件传输

Internet 上有许多公用的资源，如免费软件、共享软件等，不仅允许用户无偿使用，而且还允许复制、修改、转让。充分利用这些免费的软件资源，将大大提高用户的工作效率，节省人力、物力。

用户可以利用文件传输服务（FTP）来获得 Internet 上的免费资源。FTP 是一种实时的联机服务功能，它支持两台计算机之间互相传递任何类型的信息，如文本文件、图像文件、二进制文件、声音文件、数据压缩文件等。

Internet 上有许多 FTP 服务器，提供各种各样的服务，用户可以通过 FTP 软件来实现资源共享。比较有名的 FTP 软件有 CuteFTP 等。用户可以通过它上传或下载文件，从而达到资源共享的目的。

4. 远程登录

在 Internet 上，用户可以通过远程登录使自己的计算机成为远程计算机的终端，然后使用远程计算机的硬件及软件资源，或者在上面运行程序。

5. 网络论坛

网络论坛即 BBS，全称为 Bulletin Board System（公告板）或者 Bulletin Board Service（公告板服务），是 Internet 上的一种电子信息服务系统。它提供一块公共电子白板，每个用户都可以在上面书写，可发布信息或提出看法，是一种交互性强，内容丰富而及时的 Internet 电子信息服务系统。用户在 BBS 站点上可以获得各种信息服务，发布信息，进行讨论、聊天等。

6. 网络电话

如果用户希望在 Internet 上和远方的朋友进行实时交流，可借助网络电话（Internet Phone）。该技术可以让用户通过 Internet 拨打国内或国际电话，并且费用低廉。随着多媒体技术的发展，只要安装一个摄像头与 Internet Phone 配合使用，便可以在家中实现可视电话。

7. 网络其他服务

随着计算机和网络技术的不断发展，网络上提供了越来越多的与人们的学习与生活密切相关的服务，如网上学习、网上购物、网上理财等。

1.2.3　Internet 在中国

1987 年 9 月 20 日，北京大学钱天白教授发出我国第一封电子邮件"越过长城，通向世界"，揭开了中国人使用 Internet 的序幕。

1990 年 10 月，钱天白教授代表中国正式在国际互联网络信息中心的前身 DDN-NIC（相当于现在的 InterNIC）注册登记了我国的顶级域名 CN，从此开通了使用中国顶级域名 CN 的国际电子邮件服务。由于当时中国尚未正式接入 Internet，所以委托德国卡尔斯鲁厄大学运行 CN 域名服务器。

1993 年，中国科学院高能物理所建成了与美国斯坦福线性加速器中心相连的高速通信专线，经美国能源网与 Internet 互连，成为我国第一家进入 Internet 的单位。到目前为止，我国已基本建成四大骨干网络，为 Internet 在我国的进一步发展奠定了坚实的基础。这四大骨干网直接影响着中国信息化的进程，现介绍如下：

1. 中国教育和科研计算机网（CERNET）

中国教育和科研计算机网是中国第一个覆盖全国的、自行设计和建设的大型计算机网络，由原国家教委主管，由清华大学、北京大学、上海交通大学、西安交通大学、东南大学、华南理工大学、华中理工大学、北京邮电大学、东北大学和电子科技大学等 10 所高校承担建设。全国网络中心设在清华大学，8 个地区网点分别设立在北京、上海、南京、西安、广州、武汉、成都和沈阳，整个网络分为主干网、地区网和校园网 3 个层次。

CERNET 的网络资源包括各种信息检索、网络软件、大学介绍、院系图书馆、学位论文库以及相关的各专业数据库等。CERNET 的市场定位是非营利性的，主要为学校、科研和学术机构以及非营利性的政府部门服务。

2. 中国科技网（CSTNET）

中国科技网是国家科学技术委员会联合全国各省、市的科技信息机构，采用先进信息技术建立起来的信息服务网络，旨在促进全社会广泛的信息共享、信息交流。中国科技网络的建成对于加快中国国内信息资源的开发和利用，促进国际间的交流与合作起到了积极的作用，以其丰富的信息资源和多样化的服务方式为国内外科技界和高技术产业界的广大用户提供服务。

中国科技网是利用公用数据通信网为基础的信息增值服务网，在地理上覆盖全国各省市，逻辑上连接各部、委和各省、市科技信息机构，是国家科技信息系统骨干网，同时也是国际 Internet 的接入网。中国科技网从服务功能上是 Intranet 和 Internet 的结合。其 Intranet 功能为国家科委系统内部提供了办公自动化的平台以及国家科委、地方省市科委和其他部委科技司局之间的信息传输渠道；其 Internet 功能则主要服务于专业科技信息服务机构，包括国家、地方省市和各部委科技信息服务机构。

3. 中国公用计算机互联网（ChinaNET）

ChinaNET 是原邮电部组织建设和管理的。原邮电部与美国 Sprint Link 公司在 1994 年签署 Internet 互连协议，开始在北京、上海两个电信局进行 Internet 网络互连工程。目前，ChinaNET 在北京、上海和广州设有三条专线，作为国际出口。

ChinaNET 由骨干网和接入网组成。骨干网是 ChinaNET 的主要信息通路，连接各直辖市和省会网络结点，骨干网已覆盖全国各省市、自治区，包括 8 个地区网络中心和 31 个省市网络分中心。接入网是各省内建设的网络结点形成的网络。

4. 国家公用经济信息网暨金桥网（ChinaGBN）

金桥网是建立在金桥工程的业务网，支持金关、金税、金卡等"金"字头工程的应用。它是覆盖全国，实行国际联网，为用户提供专用信道、网络服务和信息服务的基干网。金桥网由吉通公司牵头建设并接入 Internet。

1.3 TCP/IP

1.3.1 网络层次模型与协议

"协议"是网络中一个非常重要的概念，所谓协议是指一组规则或标准的集合，在技术上描述如何去做某件事。在信息交换过程中，交换信息的各方属于不同系统中的实体，而两个实体之间若要成功地进行通信，就必须有共同的语言，交流什么、如何交流、何时交流等都必须遵从实体间彼此都能接受的规则。这些规则的集合即称为协议，协议还规定了对遗失的和破坏的传输数据包的处理过程。换言之，协议即两个实体间控制数据交流的规则的集合。

同时，还有必要认识网络的层次模型。人们对于复杂的问题经常采用分层方法使其简单化、标准化。例如，日常生活中两个人通过电话讨论网络问题，这个事件可以分成 3 个层次完成：第一层是"通信层"，必须为双方提供通信设备（如电话）；第二层为"语言层"，双方必须使用协议相同的语言（如汉语）；第三层为"认识层"，双方都需要对网络有所认识、了解。在此基础之上双方才可以完成网络信息的交换。由此例可以看出，信息的交换过程是一层层执行的，发送方自上而下从第三层经过第二层到第一层将信息发出，接收方以相反的顺序接收信息。

计算机网络体系分层，就是把网络体系所提供的通路划分成一组功能分明的层次，各层执行自己所承担的任务，为用户提供一个方便的访问通路。每一层都实现具体的、相对独立的、与其他层截然不同的功能。每一层又有着完成其功能所必须具有的协议。所谓网络体系结构就是层次结构、各层协议和相邻层接口的集合。每一层都有自己相对独立的处理形式、规定和要求，双方在同等层之间遵守相同的规定。计算机网络也采用类似的分层结构。

目前计算机网络上所用的层次模型多种多样，使用最多的有两个：一是 ISO/OSI 网络体系结构模型，另一个是 TCP/IP 模型。

ISO/OSI 是国际标准化组织（International Organization for Standardization，ISO）制定的开放式系统互连参考模型（Open Systems Interconnection，OSI），该模型把网络系统分成 7 层，并对每一层做出了较为详细的规定，已被世界各国所承认，并已成为研究和发展计算机网络的基础和国际标准。我国已正式将其列为国家标准，具有很强的理论指导意义。

ISO/OSI 七层模型如图 1-2 所示，从下向上依次为物理层（Physical Layer）、数据链路层（Data Link Layer）、网络层（Network Layer）、传输层（Transport Layer）、会话层（Session Layer）、表示层（Presentation Layer）、应用层（Application Layer）。

OSI	TCP/IP
应用层	应用层
表示层	
会话层	
传输层	传输层
网络层	网际层
数据链路层	网络接口层
物理层	

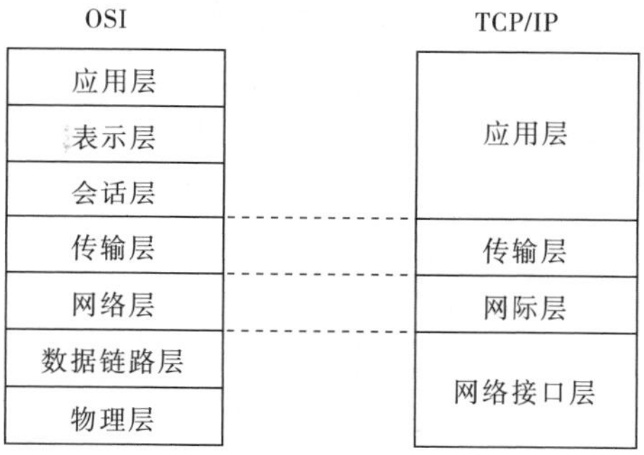

图 1-2　网络协议层次模型

在标准化的实践中，人们发现要把应用层归类或分解为 ISO/OSI 所规定的会话层、表示层和应用层这 3 个相对独立的层次相当困难，或者说可能会十分烦琐；另一方面，这 3 层的 ISO 标准制定工作相对滞后，跟不上应用的需要。在目前有效的实用网络协议中，事实上都把这 3 层包括在应用层的协议内。

TCP/IP（Transmission Control Protocol/Internet Protocol，传输控制协议/网际协议）是一系列协议服务的总集，在硬件链路之上分 4 层（见图 1-2），各层协议具有多个功能。

TCP/IP 是 ARPAnet 工程所开发的协议，最初用于广域网互连，在 UNIX 操作系统中已被列入一个标准的通信模块。后来，在 Internet 的局域网和广域网的互连中被广泛应用。TCP/IP 是一个经过考验的、极有影响的协议，已成为世界上产品最多、获得厂家支持最多的网络协议。TCP/IP 已成为网络市场中事实上的网络通信协议，Internet 的标准协议就是 TCP/IP。

1.3.2　TCP/IP 相关概念

TCP/IP 协议簇包含的内容很多，如网际层有 IP、ARP（Address Resolution Protocol），传输层有 TCP、UDP（User Datagram Protocol）。事实上，Internet 的应用层协议发展较快，早期出现的有 Telnet、FTP、SMTP（电子邮件）等，还进一步提出了 DNS（Domain Name Service，域名服务）、NSF（Name Service Protocol，名字服务协议）、HTTP（Hyper Text Transfer Protocol，超文本传输协议）等一大批与 Internet 应用服务相关的协议，此外还有网络管理（如 SNMP）

第 1 章　Internet 基础知识

和网络安全等方面的协议。

在采用 TCP/IP 互连 Internet 时引入了一个基本概念，这就是 IP 地址和域名，下面介绍它的使用。

1.3.3 IP 地址和域名

1. IP 地址

为了使接入 Internet 的众多主机在通信时能够相互识别，Internet 上的每一台主机都分配有唯一的 32 位地址，这就是 IP 地址，又称网际地址。IP 地址是一个 32 位的二进制无符号数。为了表示方便，国际通行一种点分十进制表示法，即将 32 位地址按字节分为 4 段，高字节在前，每个字节用十进制数表示出来，并且各字节之间用点号（.）隔开。这样，IP 地址表示成一个用点号隔开的 4 组数字，每组数字的取值范围只能在 0～255 之间。例如，IP 地址可以是 192.168.1.1 或 35.1.7.48。从概念上讲，每个 IP 地址都由两部分组成：网络号和主机号。网络号表明主机所连接的网络，主机号则标识该网络上某个特定的主机。如上例中的 192.168 和 35 都是网络号，1.1 和 1.7.48 都是主机号。

IP 地址又分为 5 类（Class）：A 类、B 类、C 类、D 类和 E 类，大量使用的仅为 A、B、C 这 3 类。A 类地址中第一位规定是 0，第一字节表示网络地址，而后 3 个字节表示该网内主机的地址；B 类地址中，第 1、2 位规定是 10，前两个字节表示网络地址，后两个字节表示网内主机的地址；C 类地址最高三位规定为 110，前 3 个字节表示网络地址，后一个字节表示网内主机的地址。A 类地址一般用于大型网络，每个 A 类网络最多可以容纳的主机数是 $2^{24}-2$ 台，其中全 0 或全 1 的地址有特殊的用途。例如 1.2.255.4 即是 A 类地址。B 类地址用于中型网络，如较大的局域网或广域网，每个 B 类网络最多可以容纳 $2^{16}-2$ 台主机。例如 129.30.3.30 是 B 类地址。C 类地址用于局域网，每个 C 类网络可以容纳 2^8-2 台主机，例如 193.33.33.33 是 C 类地址。A、B、C 这 3 类地址的结构示意如图 1-3 所示。

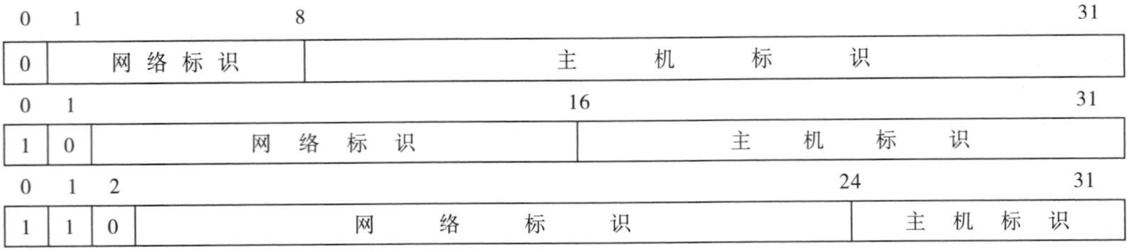

0	1		8		31
0	网 络 标 识		主 机 标 识		

0	1		16		31
1	0	网 络 标 识	主 机 标 识		

0	1	2		24	31
1	1	0	网 络 标 识	主 机 标 识	

图 1-3　A、B、C 类地址的结构示意图

2. 域名

日常生活中，虽然使用 IP 地址可以唯一地识别 Internet 上的一台主机，但是，对用户来说，要记住大量 IP 地址数字实在是一件困难的事。为了使用和记忆方便，也为了便于网络地址的分层管理和分配，Internet 从 1984 年开始采用域名管理系统（Domain Name System，DNS）。DNS 采用层次结构，入网的每台主机都可以有一个与下面类似的域名：

主机名.机构名.网络名.顶级域名

域名通常由英文字符串组成，各段用点号分开，从左到右的范围变大，拥有实际的含义，比 IP 地址好记得多，如 www.info.weihaicollege.edu.cn。

其中顶级域名 cn 表示中国，域名 edu 表示教育网，域名 weihaicollege 表示威海职业学院校园网，域名 info 表示信息工程系，www 是主机名。看到这样的域名，就可以知道此主机是威海职业学院信息工程系的一台名叫 www 的主机。又如域名 www.microsoft.com，顶级域名 com 表示商业机构（commercial），域名 microsoft 表示微软公司，www 作为主机名一般表示 WWW 服务器，即该域名指的是美国微软公司的 WWW 服务器。

前面提到，域名中各段从左到右范围变大，当我们理解一个域名时，通常从右到左来阅读。域名中最右的部分叫顶级域名，其数量是有限的，它们一般分为两类：代表机构的机构性顶级域名和代表国家和地区的地理性顶级域名。因为 Internet 发源于美国，因此最开始的顶级域名只有机构域，如前面提到的 com 表示商业机构，edu 表示教育机构，另外还有 gov 表示政府，int 表示国际机构，mil 表示军队，net 表示网络机构，org 表示非营利性机构。用上述顶级域名的主机一般属于美国各种机构，或美国某些机构的驻外机构。随着 Internet 在全球的发展，顶级域名增加了地理域名，如前面提到的 cn 表示中国。表 1–1 给出了部分常见地理性顶层域的域名。

表 1–1　国家或地区顶级域名举例

域 名	含 义	域 名	含 义	域 名	含 义	域 名	含 义
at	奥地利	fr	法 国	cn	中 国	nz	新西兰
au	澳大利亚	gr	希 腊	de	德 国	hk	中国香港特别行政区
ca	加拿大	ie	爱尔兰共和国	dk	丹 麦	uk	英 国
ch	瑞 士	jp	日 本	es	西班牙	us	美 国

掌握了域名的基本知识，对于记忆和辨认域名很有好处。例如，从域名 micr.cs. tsinghua. edu.cn，就可以知道它可能是中国教育网中清华大学计算机系的一台名为 micr 的主机。又如 www.lzu.edu.cn，是兰州大学的 WWW 服务器，要查询兰州大学的信息就可以从这里开始。

3. DNS

对用户来说，使用域名比直接使用 IP 地址方便得多，但对于 Internet 内部数据传输来说，使用的还是 IP 地址。域名到 IP 地址的转换就要用到前面提到的 DNS 来解决。DNS 把网络中的主机按树形结构分成域（Domain）和子域（Subdomain），子域名或主机名在上级域名结构中必须唯一。每一个子域都有域名服务器，它管理着本域的域名转换，各级服务器构成一棵树。这样，当用户使用域名时，应用程序先向本地域名服务器发出请求，本地域名服务器先查找自己的域名库，如果找到该域名，则返回 IP 地址；如果未找到，则分析域名，然后向相关的上级域名服务器或下级域名服务器发出申请；这样传递下去，直至有一个域名服务器找到该域名，返回其 IP 地址。如果没有域名服务器能识别该域名，则认为该域名不可知。

1.3.4　IPv6 与下一代互联网

1. 什么是 IPv6

现有的互联网是在 IPv4 协议的基础上运行的。IPv6 是下一版本的互联网协议，它的提出最初是因为随着互联网的迅速发展，IPv4 定义的有限地址空间将被耗尽，地址空间的不足必将影响互联网的进一步发展。为了扩大地址空间，需要通过 IPv6 重新定义地址空间。IPv4 采用 32 位地址长度，只有大约 43 亿个地址。2011 年 2 月 3 日，互联网名称与数字地址分配

第 1 章　Internet 基础知识

机构（ICANN）官方宣布：全球最后一批 IPv4 地址分配完毕。而 IPv6 采用 128 位地址长度，几乎可以不受限制地提供地址。按保守方法估算 IPv6 实际可分配的地址，整个地球每平方米面积上可分配 1 000 多个地址。在 IPv6 的设计过程中，除了一劳永逸地解决地址短缺问题以外，还考虑了在 IPv4 中解决不好的其他问题。IPv6 的主要优势体现在以下几方面：扩大地址空间、提高网络的整体吞吐量、改善服务质量（QoS）、安全性有更好的保证、支持即插即用和移动性、更好地实现多播功能。

IPv6 标准的制定工作开展顺利、进展平稳。目前其发展趋势是：IETF 是 IPv6 标准制定工作的主体，近期这种状况不会改变，但是鉴于 IPv6 的重要性和对下一代网络的巨大影响，越来越多的国际标准化组织加入 IPv6 标准的制定工作，特别是 3GPP。从传统意义上来说，互联网和移动通信是两个不同的行业，但随着 IP 技术的发展，这两个行业的共同点越来越多，尤其是第三代移动通信"全 IP"解决方案的提出，使 IPv6 成为互联网和移动通信网的公用基本协议。尽管 IPv6 标准发源于互联网行业，但从商业意义上来说移动通信行业可能是最早和最大的受益方之一。除了 IETF 继续完善与 IPv6 有关的标准以外，3GPP 和 ITU–T 也成立了相应的工作组来制定与 IPv6 相关的标准。最近 IETF 和 3GPP 联合组成了一个工作组来协调 IPv6 标准在第三代通信系统中的应用。

我国相关政府部门高度重视下一代互联网的发展。2012 年，七部委联合下发《下一代互联网"十二五"发展建设意见的通知》，为我国 IPv6 快速发展指明方向。意见指出，2013 年底，我国将开展 IPv6 网络小规模商用试点，向用户和应用优先分配 IPv6 地址，形成成熟的商业模式和技术演进路线，为全面部署 IPv6 网络做好准备。

2014—2015 年我国将进入 IPv6 全面商用部署阶段，逐步停止向新用户和应用分配 IPv4 地址。

2. 下一代互联网的研究与发展

（1）国际上下一代互联网的研究与发展

美国不仅是第一代互联网全球化进程的推动者和受益者，而且在下一代互联网的发展中仍然扮演着领跑者的角色。1996 年，美国政府发起下一代互联网 NGI 行动计划，建立了下一代互联网主干网 VBNS；1998 年，美国下一代互联网研究的大学联盟 UCAID 成立，启动 Internet2 计划。而继 NGI 计划结束之后，美国政府立即启动了旨在推动下一代互联网产业化进程的 LSN 计划。如今，美国在国际下一代互联网的各个科学研究领域和技术标准制定中都占据着主导地位。作为美国的重要战略盟友，加拿大政府也同样支持 CANET 发展计划，目前已经历经 4 次大规模的升级。由于政府的高度重视和大力支持，目前以美国、加拿大为主的北美地区代表了全球下一代互联网的最高水平。

美国在下一代互联网发展中日渐彰显的垄断趋势已经引起许多发达国家的关注。2001 年，欧共体正式启动下一代互联网研究计划，建立了横跨 31 个国家的主干网 GEANT，并以此为基础全面进行下一代互联网各项核心技术的研究和开发。

2012 年美国将政府网络转换为 IPv6，陆续提供相关的服务。美国一改过去在 IPv6 的非积极态度，提出"美国政府 IPv6 部署技术和路线图"，在 2012 年大规模部署 IPv6 商业化。韩国于 2013 年提供了 IPv6 服务。全球部分互联网领头企业已经开始 IPv6 进程。谷歌网站于 2009 年就开始支持 IPv6；Facebook 网站于 2010 年初开始支持 IPv6。

（2）中国下一代互联网与CNGI

中国在2003年正式启动下一代互联网示范工程。用了短短5年时间内，中国自主建设的下一代互联网已经有了近百万用户。现已建成包括6个核心网络，22个城市59个结点以及北京和上海两个国际交换中心的网络，273个驻地网的IPv6示范网络。

中国下一代互联网示范工程（CNGI），已经开展了大规模的基于下一代互联网的应用研究，如视频监控、环境监测等，并为2008年北京奥运会提供了服务；依托6大核心网，先后布置了与产业化相关的项目103项，参与企业多达数十家；取得了一系列具有自主知识产权的技术成果，共申请国内专利619项，国外专利5项，形成了国家标准4项，提交国标草案10多项、中国通信标准化协会等行业标准10多项。

中国下一代互联网示范工程核心网已经完成建设任务，该核心网由6个主干网、两个国际交换中心及相应的传输链路组成，6个主干网由在北京和上海的国际交换中心实现互连。已经向互联网标准组织IETF申请互联网标准草案9项，已获批准2项，这也是中国第一次进入互联网核心标准领域。

中国已建成全球最大的下一代互联网示范网络，以IPv6路由器为代表的关键技术及设备产业化初成规模，已形成从核心网络设备、软件到应用系统等较为完整的研发及产业化体系，为中国参与全球下一代互联网产业竞争奠定了坚实基础。

我国《关于下一代互联网"十二五"发展建设的意见》中指出"十二五"期间，互联网普及率达到45%以上，推动实现三网融合，IPv6宽带接入用户数超过2500万，实现IPv4和IPv6主流业务互通，IPv6地址获取量充分满足用户需求；下一代互联网理论研究、软件研发、设备制造、应用服务等领域实现高端突破，业务应用和终端设备对网络的支持能力显著提高，推动形成系统的标准体系；建成较为完善的网络与信息安全保障体系，网络与信息安全水平显著提升；网络单位信息流量综合能耗下降40%以上，网络设备制造产业万元增加值能耗下降15%以上；形成一批具有较强国际影响力的下一代互联网研究机构和骨干企业，新增就业岗位超过300万个，进一步增强对消费、投资、出口的拉动作用以及对信息产业、高技术服务业、经济社会发展的辐射带动作用。

1.4　Internet常用术语

为了让读者更好地理解后面所要学习的内容，下面列出了用户经常看到的一些术语。

1．WWW

WWW是World Wide Web的缩写，又称Web或3W，中文译名为万维网。

2．浏览器

进入Internet以后，通常需要一个专门的客户服务程序来浏览Web，这个程序称为浏览器。最早的浏览软件是美国国家超级计算机中心开发的Mosaic，美国网景公司的Netscape也曾风靡一时，现在使用最多的是Internet Explorer（简称IE）浏览器。

3．服务器与客户机

当用户浏览网页时，实际上是由自己的计算机向存放网页的计算机发出一个请求。对方的计算机收到请求后，再将所需内容发送到自己的计算机。相对地，本地计算机被称为客户

第1章　Internet基础知识

机，对方计算机被称为服务器，如图 1-4 所示。

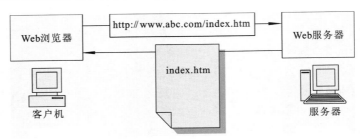

图 1-4　客户机与服务器图示

根据服务器上运行的程序类型，以及服务器与客户端所使用的通信协议不同，服务器又可分为 Web 服务器、FTP 服务器和邮件服务器等。如果服务器程序同时支持多种协议，该服务器也可以同时成为多种服务器。例如，同时作为 Web 服务器及 FTP 服务器等。

实际上，所谓服务器是指运行了某种特定程序的计算机。例如，如果用户在自己的计算机中安装并运行了某种服务器程序，那么，这台计算机也就变成了一个简单的服务器。在实际工作中，用于服务器的计算机通常都有一定的要求，例如，要求较快的运行速度、更大的内存及更高的可靠性，要求运行 UNIX、Linux、Novell 或 Windows NT/2000/2003/2008 等网络操作系统。

对于这些服务器来说，要访问它们，用户的计算机上就必须运行相应的客户端程序。例如，IE 就是一个典型的客户端程序，利用它可以同时访问 Web 服务器与 FTP 服务器。

4. 插件

插件即英文 plug-in，这里是指用遵循一定规范的 API 编写出来的程序。Web 浏览器能够直接调用插件代码。插件软件安装之后，就成为浏览器的一部分，处理特定类型的文件。例如，某些网页为了增加动态效果，在其中插入了使用 Flash 软件制作的动画。用户要自己欣赏这类动画时，就必须安装 Flash 动画播放插件。

使用插件，增加了 Web 对不同类型文件的支持，扩展了 Web 的多媒体特性。插件能够插入到网页中，随网页传送到客户端，并在客户端运行。

5. 脚本语言

脚本语言是一种能够直接在浏览器中执行的程序语言。目前可在网页中插入的脚本语言主要有 JavaScript 和 VBScript 两种，都属于解释性脚本语言，其代码可以直接嵌入到 HTML 中。脚本语言常常被简称为"脚本"。

JavaScript 和 VBScript 的最大特点是可以很方便地操纵网页上的元素，并与 Web 浏览器交互。同时，JavaScript 和 VBScript 可以捕捉客户端的操作并做出反应。

6. 在线

与 Internet 连接后称为在线，又称上网。使用 Internet 通常都要处于在线状态，以前在拨号上网年代按在线时间计收上网使用费，当前的宽带上网一般会按月收费。

7. 离线

中断与 Internet 的连接称为离线，又称脱机。离线方式只能使用部分 Internet 服务，如离线浏览网页等。

注意，部分 WWW 常用术语将在 3.1.2 中介绍。

习　题

1. 什么是计算机网络？Internet 采用什么网络协议？
2. Internet 主要提供哪些服务？
3. 什么是 IP 地址？
4. 域名与 IP 地址如何转换？
5. 我国有哪些具有国际出口的 Internet 主干网？
6. 什么是 IPv6？

第 2 章

➡Internet 接入方式

Internet 的资源异常丰富，要想很好地利用它为人们服务，首先必须将自己的计算机或其他终端设备通过 ISP 接入其中。ISP 所提供的接入方式很多，主要有 PSTN、ISDN、DDN、xDSL、FTTx、HFC、以太网、电力线、无线等，每种接入方式都有不同的定位及应用场合，需要用户根据实际情况进行选择。

用户选择接入 Internet 的方式时，不仅要考虑当地 ISP 所能提供的接入技术，还要分析每一种技术所能提供的接入速度、初期经费投入、上网费用、自己的信息需求以及整个 Internet 的速度。

在接入 Internet 时需对相应的软、硬件设备进行安装和配置。硬件主要包含对本地计算机（或本地局域网）、网络设备（网卡、Modem、路由器、AP 等）、接入线路等进行安装调试。软件的安装主要包括安装网络设备驱动程序、TCP/IP 以及配置各类参数等。

本章要点：
- 上网账号的获取
- 网卡的安装步骤及属性设置
- ADSL 方式、局域网方式、无线方式上网的设置
- 网络测试常见命令 Ipconfig、Ping、Tracert 的应用

2.1 上网方式介绍

2.1.1 ISP 概念

ISP（Internet Service Provider，Internet 服务提供商）是向广大用户综合提供因特网接入业务、信息业务和增值业务的电信运营商，是进入 Internet 的驿站和桥梁。

依提供服务侧重点的不同，ISP 一般可分为两种：IAP（Internet Access Provider）和 ICP（Internet Content Provider）。其中 IAP 是 Internet 接入提供商，以接入服务为主（即通常所说的 ISP），如中国电信、中国联通、中国移动等；ICP 是 Internet 内容提供商，提供信息服务，如新浪、搜狐、网易等。

用户的计算机（或计算机网络）及其他设备必须通过某种通信线路连接到 ISP，才能分享 Internet 的各类资源。

2.1.2 选择 ISP

选择一家合适的 ISP 可以考虑以下因素：

① ISP 的规模和信誉：规模大、信誉好的 ISP 是我们的首选。

② ISP 与 Internet 的接入带宽：带宽越高越好。

③ ISP 提供给用户的接入带宽、接入技术及收费标准：要进行对比，选出性价比最高或最符合我们需求的网络运营商。

④ ISP 所能提供的服务：服务越多越好（包含增值服务）。

2.1.3 申请 Internet 账号

选定一家 ISP（同时也选定了这家 ISP 所提供的接入方式）后，就可以向其提出上网申请，得到一个上网账号后才能够上网。

1. 申请与受理

申请上网账号时，须携带有效证件如身份证等，ISP 确认后会提供一张表格让申请者填写，一般必须填写下面几项信息：

① 姓名、单位、联系方式等。

② 上网账号，即是用户的标志，一般由用户自己确定。

③ 上网账号的密码，密码最好由用户自己确定，可以是字符和数字的组合（当然，也可由 ISP 代为确定，一般默认是手机号的头几位，最好修改）。注意，在拨号上网时，必须同时输入上网账号和密码，ISP 确认无误后，用户的计算机才能接入 Internet，所以一定要注意保护密码。

④ E-mail 账号，即用户电子邮箱名称。当向 ISP 申请一个上网账号时，有的 ISP 会赠送一个电子邮箱。

⑤ 签署协议。ISP 会将各类条款、注意事项、双方的权利与义务等均写在协议里，一定要认真阅读，确认符合自己的利益后，再签上自己的名字。

⑥ 付款：协议签署完毕，根据协议的规定缴纳上网费用。

2. 反馈

当 ISP 办理上网事宜后，就会提供一份协议的复印件给用户，主要包含以下几项信息：

① 上网账号及密码。

② 电子邮箱地址等。

③ ISP 的联系方式、故障报修电话等，方便用户出现问题时及时联系。

④ 根据上网方式的不同有时也会提供 IP 地址、子网掩码、网关、域名服务器地址等信息。一般，ISP 大都使用 DHCP 方式对家庭用户分配动态 IP、DNS 等参数信息，所以一般用户只要知道自己的上网账号和密码即可。

3. 服务

根据上网方式的不同，ISP 会在规定的期限内为用户进行首次网络安装调试。使用过程中如果出现故障，用户可拨打 ISP 故障报修电话予以解决。

2.1.4 几种常见 Internet 接入方式

接入 Internet 的方式多种多样，按传输速率可分为窄带和宽带两大类。

窄带接入指接入带宽"较低"的接入方式，一般在 56 kbit/s 以下，主要包括 PSTN、窄带 ISDN 等。因其上网速度很慢已逐渐被宽带接入所替代。

宽带接入主要指上网带宽"较高"的接入方式，其实并没有很严格的定义。可从两个角度加以理解，一是以拨号上网速率的上限 56 kbit/s 为分界，将 56 kbit/s 之上的接入速率归类于"宽带"。从另一个角度来说，宽带是能够满足人们感观所能感受到的各种媒体在网络上传输所需要的带宽，因此它是一个动态的、发展的概念。目前的宽带对家庭用户而言是指传输速率超过 1 Mbit/s，可以满足语音、图像等大量信息传递的需求。

目前常见的宽带接入主要有 xDSL、FTTx、局域网、HFC、无线接入等方式。

1. xDSL

xDSL 是各种类型 DSL(Digital Subscribe Line，数字用户线路)的总称，包括 ADSL、RADSL、VDSL、SDSL、IDSL 和 HDSL 等，目前使用最多的是 ADSL。

ADSL 是在现有电话线的基础上加装 ADSL Modem 等设备提供较高上网带宽的服务，其特点是安装方便，操作简单，上网打电话两不误，最大可提供上行 1 MB、下行 8 MB 的带宽服务，费用适中；缺点是受距离影响大（与局端最远距离不能超过 5 km），对线路质量要求高，抵抗天气影响能力差。

2. 光纤 FTTx 接入

FTTx 技术主要用于接入网络光纤化，包括光纤到路边（FTTC）、光纤到小区（FTTZ）、光纤到大楼（FTTB）及光纤到户（FTTH）4 种服务形态，前 3 种可归并于一类（以 FTTB 为例），是目前主要的应用形式。

FTTB 是利用数字宽带技术，将光纤接到小区或楼栋里，再通过双绞线连接到每个用户。FTTB 一般采用专线接入，安装简便，用户端只需在计算机上安装一块网卡即可实现 24 h 高速上网，上下行速率均可达到 10 Mbit/s 或以上，价格低（访问因特网一般实行包月制），是目前家庭用户比较理想的宽带上网模式。

由于光纤技术等的迅速发展及光纤及相关设价格的快速下降，目前在通信业较为发达的地区 FTTH 接入方式已在很多小区实施，FTTH 上下行均可达到 20 Mbit/s，极大地提高了家庭用户的上网速度。

3. HFC 接入

HFC 是利用现有有线电视网实现共享接入的方式，适用于用户密集型小区。其特点是上网速度快，上行 320 kbit/s～10 Mbit/s，下行可达 27 Mbit/s 和 36 Mbit/s，相对比较经济。但这种方式的信道带宽由整个社区用户共享，当用户数量增多时，因竞争激烈会导致网速下降，同时安全上有缺陷，易被窃听。

4. 局域网接入

实际上接入模式和 FTTx 类似，只是用户一般为一个单位或网吧等，已经建设了自己的局域网（以太网），通过租用 ISP 提供的光缆（或带宽），单位内所有用户共享 Internet 服务。其特点是上网成本适当、速度快、技术成熟、结构简单、稳定性高、可扩充性好。但上网速度受单位内用户数量的多少和 ISP 所能提供带宽的限制。

5. 无线接入

无线接入方式很多，主要是指利用卫星、微波、无线光传输等介质进行数据传输的方式。目前普遍应用于家庭、单位及个人移动用户的无线上网方式主要是 WLAN(Wi-Fi 热点)、无线城域网、2G、3G、4G 等方式。局域网或具有 Wi-Fi 热点的区域，WLAN 接入方式比较盛行；经常出差或有大量移动办公需求的用户可以利用 2G、3G 等接入方式享受较高速服务。

目前由于 WLAN、3G、4G 等信号覆盖范围所限、资费相对过高等，仍无法替代传统接入方式。但随着手机等各类掌上移动设备的普及，3G、4G 等上网方式带宽的增加、信号覆盖范围的扩大、上网资费的降低，无线接入方式已不仅仅是作为有线网络的补充，因其"无线""移动"的特点将会在很大程度上占有有线接入的市场。

2.2　利用 ADSL 接入 Internet

ADSL 是在普通电话线上传输高速数字信号的技术。这种技术在不影响原有语音信号的基础上，扩展电话线路的功能，使同一条线路既可以打电话，又可以支持高速上网，一般宽带影院的电影在 ADSL 下可轻松实时浏览。

利用 ADSL 上网需具备几个条件：

硬件设备：ADSL Modem、分离器、PC 或笔记本式计算机等（包含一块网卡）、双绞线、电话线等。

软件：Windows XP/Vista/7/8 等、拨号上网程序及其他上网软件。

2.2.1　安装硬件设备

1. 任务

安装上网所需的硬件设备及相关驱动程序。

2. 任务分析

为保证正常的网络连接，如图 2-1 所示，首先将上网所需的硬件设备进行正确连接，保证硬件设备正常工作，才能顺利进行软件设置连接 Internet。

3. 操作步骤

① 一般，ADSL Modem、分离器集成在一起，俗称ADSL "猫"，由电信运营商将其免费提供给上网用户使用，将入户电话线插入其"IN"口；"OUT"口通过电话线插入一台电话机，可在上网时正常拨打电话；双绞线一头插入"LAN"口，一头插入计算机网卡接口上，做上网使用。

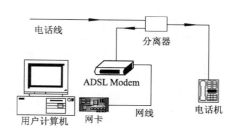

图 2-1　ADSL 设备硬件连接示意图

② ADSL "猫"由电信运营商提供，一般不需要做特殊设置，即可正常使用。

③ 确保所用计算机网卡正常工作。目前的计算机主板上一般都集成了一块网卡，可在安装操作系统时自动安装驱动，直接使用即可。但如果网卡已损坏或需安装双网卡做代理服务器等使用时，则需要重新安装一块网卡（内置或外置均可）并安装驱动。

2.2.2　添加 IP 地址及拨号上网

硬件安装完毕后，根据不同的 Internet 接入方式，需要对计算机的 IP 地址等信息和拨号程序等进行设置，然后通过 ADSL 虚拟拨号程序连接 Internet。

1．任务

添加计算机的 TCP/IP 地址和设置虚拟拨号程序连接 Internet。

2．任务分析

在连接 Internet 前，必须确保能够获取正确的 IP 地址、具备能够连接 Internet 的相关程序及 ISP 所认可的上网账号及密码等。

3．操作步骤

（1）设置 IP 地址

① 若已向 ISP 申请了固定 IP，则可参考 2.3 节 "通过局域网连接 Internet" 进行 IP 的添加及设置。

② 一般，由于 IPv4 的缺乏，家庭用户（个人用户）ISP 不会给予固定的 IP。但 ISP 会设置好 DHCP 服务器等资源，为相关用户自动提供 IP 地址、网关和 DNS 服务器等的配置。此时可选用 "自动获取 IP 地址" 方式，即安装好网卡后，使用默认设置即可。

（2）安装 ADSL 虚拟拨号程序

使用 ADSL 上网，ISP 会要求用户利用虚拟拨号程序进行认证，Windows 7 系统集成了 PPPoE 协议支持，可以直接使用 ADSL 的虚拟拨号上网程序。

① 如图 2-2 所示，右击桌面上的 "网络" 图标，选择 "属性" 命令，在弹出的图 2-3 所示 "网络和共享中心" 界面中选择 "设置新的连接或网络" 选项，弹出图 2-4 所示的 "设置连接或网络" 界面。

图 2-2　查看网络属性

图 2-3　网络和共享中心

图 2-4　设置连接或网络

② 选择 "连接到 Internet" 选项后单击 "下一步" 按钮。若首次设置，会弹出图 2-5 所示的 "您想如何连接？" 界面；若不是首次设置，可在图 2-6 所示 "您已经连接到 Internet" 界面中单击 "仍要设置新连接" 按钮，在图 2-7 所示 "您想使用一个已有的连接吗？" 界面中选择 "否，创建新连接" 选项后，单击 "下一步" 按钮进入图 2-5 所示界面。

③ 单击 "宽带（PPPoE）" 按钮，弹出图 2-8 所示的界面。填写 ISP 提供的上网用户名和密码等信息，连接名称可任意。为保证不用每次拨号都输入密码，可选中 "记住此密码" 选项。单击 "连接" 按钮。

图 2-5　"连接到 Internet"界面一

图 2-6　"连接到 Internet"界面二

图 2-7　"连接到 Internet"界面三

图 2-8　连接 ISP 相关账号密码信息

④ 若软、硬件设置正常，会出现图 2-9 所示拨号连接界面，ADSL"猫"指示灯闪烁一会后，就可连接 Internet 正常上网了。

至此，虚拟拨号设置完成。

（3）ADSL 拨号上网

① 设置完毕后，就可以利用拨号程序连接 Internet。在图 2-3 所示"网络和共享中心"界面中单击"连接或断开连接"或"连接到网络"链接，弹出图 2-10 所示的对话框。

图 2-9　正在连接 Internet

图 2-10　打开网络和共享中心

② 选择虚拟拨号程序"宽带连接"，单击"连接"按钮，在随后弹出的图 2-11 所示对话框中单击"连接"按钮，只要网络正常，几秒后，就可以在网上畅游了。

图 2-11 连接宽带连接

2.3 通过局域网连接 Internet

通过局域网连接 Internet 和家中几台计算机同时连接 Internet 方式比较相似，只是因规模的不同，所申请的上网带宽不一样：个人用户一般用 10 Mbit/s FTTB（或 ADSL、FTTH）方式就可实现高速接入，但几十人、上百人甚至千人以上规模的局域网上网时至少应申请一条或多条百兆或千兆等的专线才可满足正常的上网带宽需求。

1. 任务

设置软硬件系统，实现局域网内用户访问 Internet。

2. 任务分析

一般，局域网连接 Internet 主要有两种途径：一种是在局域网内的各台计算机中安装一块网卡，通过双绞线将本地计算机接入交换机后再连接代理服务器，当代理服务器接入 Internet 时，其他在本局域网内的计算机可以通过代理服务器上网浏览（代理服务器需安装代理软件），如图 2-12 所示；另一种方式是局域网内的计算机直接通过交换机连接路由器，通过路由器进行 NAT 转换上网，如图 2-13 所示。局域网代理服务器或路由器一般由管理员进行配置，按管理员分配的 IP 等信息进行设置即可正常上网。这里主要介绍家庭用户（个人用户）如何利用局域网方式接入 Internet。目前，由于小型家用路由器价格很便宜，功能很强大，配置也很方便，所以，家庭用户上网一般会选择图 2-13 所示的方式。

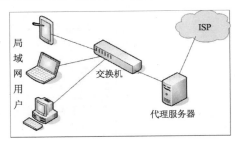

图 2-12 代理服务器上网示意图

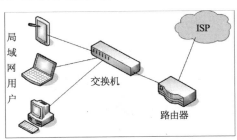

图 2-13 路由器上网示意图

3．操作步骤

家庭用户目前最常见的是利用小型路由器配合 ADSL、FTTB（或 FTTH）的模式上网。

这里以 TP-LINK 的 TL_WR840N 无线路由器为例来进行简单配置（此种小型路由器价格便宜，但功能齐全，可实现防火墙、路由器、交换机和无线接入点等全部功能，比较适合家庭用户或人数少的公司使用）。

2.3.1 配置路由器

1．硬件连接

如图 2-14 所示，一般家庭用小型路由器具有一个 WAN 口（广域网接口）用于连接外网；4 个 LAN 口（局域网接口）用于连接内网，即用户端计算机。

如果采用 ADSL 方式上网，如图 2-15 所示，可以将 ADSL Modem 接出的网线直接插入路由器的 WAN 口，用户的计算机可通过网线插入任何一个 LAN 口（即所有的 LAN 口均可接入计算机上网，如果用户的计算机少于 4 台，可去掉图 2-13 所示的交换机，将计算机直接连接到 LAN 口即可）。

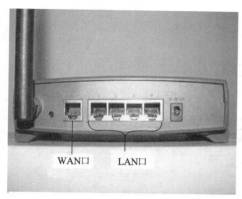

图 2-14　路由器前面板示意图

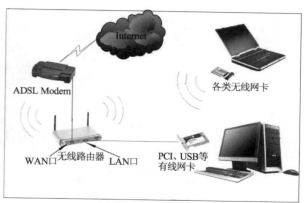

图 2-15　ADSL+路由器接入

如果采用 FTTB（或 FTTH）方式上网，直接将 ISP 提供的入户网线插入到路由器的 WAN 口，用户计算机的连接与上述方式相同，如图 2-16 所示。

2．路由器配置

硬件设备连接后，还需要对路由器进行简单的配置才可正常上网。

① 在用户计算机上配置 IP 地址。在"网络和共享中心"界面中单击"本地连接"链接，弹出图 2-17 所示的"本地连接状态"对话框。

② 单击"属性"按钮，弹出"本地连接属性"对话框，如图 2-18 所示。主要对其中的"Internet 协议版本 4（TCP/IPv4）"选项进行设置，选择此选项后单击"属性"按钮，弹出图 2-19 所示的对话框。

③ 在"使用下面的 IP 地址"选项组中输入 IP 地址及子网掩码，可设为 192.168.1.2 和 255.255.255.0，在网关中设置 192.168.1.1，其他可默认，单击"确定"按钮退出。

第 2 章　Internet 接入方式

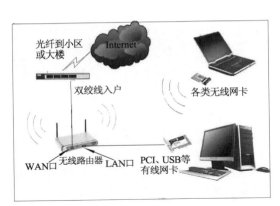

图 2-16　FTTB 方式双绞线接路由器

图 2-17　"本地连接状态"对话框

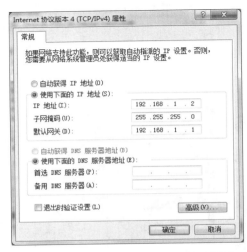

图 2-18　"本地连接属性"对话框　　图 2-19　"Internet 协议版本 4（TCP/IPv4）属性"对话框

④ 单击任务栏（或双击桌面）上的 Internet Explorer 图标，打开 IE 浏览器，如图 2-20 所示，在地址栏中输入 http://192.168.1.1 后按【Enter】键，进入登录界面，如图 2-21 所示，输入路由器默认的用户名 admin 和密码 admin（登录后，为安全起见请自行更改密码），单击"确定"按钮，即可进入设置界面，如图 2-22 所示。

图 2-20　IE 浏览器窗口

图 2-21　路由器登录对话框

⑤ 目前只要对"网络参数"内的"WAN 口设置"进行配置即可上网，如图 2-23 所示。一般家庭用户"WAN 口连接类型"选择"PPPoE"，"拨号模式"选择"自动选择拨号模式"，"上网账号"、"口令"为 ISP 所提供。当在某个内网中使用时，"WAN 口连接类型"需选择"静态 IP"，如图 2-24 所示，填入网络管理员分配的 IP 地址等信息，可实现多人共享上网。

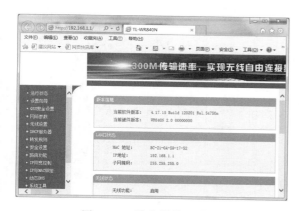

图 2-22　路由器设置首页　　　　　　　　　图 2-23　路由器 WAN 口配置

⑥ 为了使利用本路由器上网的用户不必进行本地 IP 地址等相关信息的设置，可启用 DHCP 服务，如图 2-25 所示。输入可分配的 IP 范围：192.168.1.2～192.168.1.254，内部网关：192.168.1.1，主域名服务器：202.102.152.3，备用域名服务器：202.102.154.3（DNS 服务器地址由接入 ISP 提供，此处为山东联通 DNS 服务器地址）等。

⑦ 保存后退出路由器配置界面，用户计算机即可正常上网。

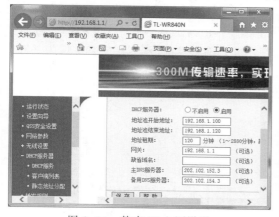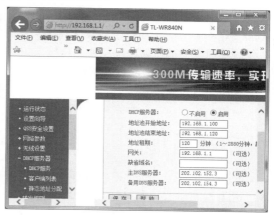

图 2-24　静态 IP 上网设置　　　　　　　　图 2-25　DHCP 服务设置

2.3.2　配置局域网 IP 地址

要通过局域网连接到 Internet，需要配置每台计算机的 TCP/IP 属性。有两种配置方案可供选择：

① 管理员已配置好 DHCP 服务，可用自动获取方式，不必对计算机进行设置（系统默认采用），如图 2-26 所示。

② 用户自己设置本机的 IP 地址、子网掩码、网关及 DNS 等参数，相关参数需从局域网

管理员处获得。参数设置如图 2-27 所示，DNS 为局域网管理员或当地 ISP 提供。

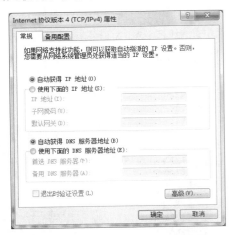

图 2-26　客户端自动获取 IP 地址

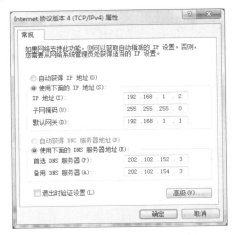

图 2-27　客户端静态 IP 地址设置

2.4　常见无线接入方式

无线接入（上网）是指使用无线信号连接 Internet 的接入方式。目前，其上网速度和使用费用虽然无法与有线线路媲美，但由于其特有的移动便捷性，深受广大商务人士、学生、家庭用户的喜爱。无线上网现在已经广泛应用在商务区、大学、机场及其他各类公共区域，其网络信号覆盖区域正在进一步扩大。

家庭用户目前的无线接入一般可分为两种，一种是通过对手机等终端设备开通数据（2G、3G 或 4G 等）功能，通过手机或无线上网卡上网，速度则根据使用不同的技术、终端支持速度和信号强度共同决定。另一种无线接入方式即使用无线网络设备，是以传统局域网为基础，以无线 AP 和无线网卡来构建无线接入方式。

下面主要以目前最常用的 WLAN（Wi-Fi 热点）和发展势头强劲的 3G（4G 目前已开始发放牌照，但仍以 3G 为主）为例进行说明。

2.4.1　WLAN 接入

WLAN（Wireless Local Area Network），即无线局域网，主要应用校园、酒店、会议室等人员密集或流动性较大的公共场合，同时由于其"无线"的特点也备受家庭用户的青睐。

从宏观上看，一般有两种形式：一是大学校园或其他单位内部建设的 WLAN 网络，作为有线网络的补充，分布于空旷区域、会议室、办公室等，可实现整个园区的覆盖，员工可根据单位的规定免费应用（家庭用户的接入方式基本与这种方式类似，也不需要另行付费）。另一种是由 ISP 建设的，主要分布于酒店、机场等客流量较大的场合，用于提供 WLAN 服务，一般需要付费使用。

1. 任务

配置 WLAN，使无线终端设备（如笔记本式计算机、手机等）连接 Internet。

2. 任务分析

WLAN 接入需要无线接入点（AP）、无线接入设备（如无线网卡）等，可通过有线接入连通 Internet，大约可以传输 30～50 m，上网速率也可高达 11 Mbit/s 或 54 Mbit/s 甚至几百兆以上。

无线接入示意图如图 2-28（无线路由器直接接入 ISP，比较适合家庭用户）和图 2-29 所示（路由器接入 ISP，无线 AP 接入交换机或路由器的方式比较适合局域网用户）。

图 2-28　无线接入示意图（一）　　　图 2-29　无线接入示意图（二）

家庭用户一般有 3～5 台设备接入 Internet，按 2.3 节介绍的方法采用有线方式上网固然没有任何问题，但若用户需要在室内的各个房间内利用笔记本式计算机、手机等移动上网就有些麻烦，需要拉扯很多网线。解决这个问题完全可以采用比较便宜的无线路由器来提供无线上网。

仍以 2.3 节所采用的 TL_WR840N 无线路由器为例来进行讲解：WAN 口接外网，LAN 口空闲（参见图 2-15 和图 2-16，外部接入相同，无线路由器的输出和用户接收采用无线方式）。只要对路由器和计算机进行简单的配置即可工作。

3. 操作步骤

（1）路由器无线简单配置

① 参见本章 2.3.1 节"配置路由器"进行基本配置。

② 在图 2-30 中，选择"无线设置"中的"基本设置"选项，可进行基本的无线网络参数设置。此处，需要设定的参数主要有 SSID 号、信道、模式等。SSID 号自主设定，可任意指定一些字符，如本路由器使用的是"rrr"；信道可选用"自动"方式，若有多台无线路由器在使用，需将各自的信道间隔开，分别用 1、6 和 11 信道即可；模式用 11bgn mixed 即可。注意：一定要开启无线功能；可开启 SSID 广播功能，当然，为了安全起见，在自己明确记住 SSID 号的情况下，建议关闭 SSID 广播功能，可使周围不知道本 SSID 号的人员无法使用本路由器。

③ 设置路由器认证安全功能。注意，为了保障路由器不被他人随便盗用，无线安全一定要开启，如图 2-31 所示。根据路由器本身的提示，一般选择 WPA-PSK/WPA2-PSK 认证方式，同时，需要在"PSK 密码"文本框中输入一个最好大于 8 位的安全密码（可自行拟定，一定要安全可靠），如 W10ygb@lbx123（我是一个兵来自老百姓 123）就比较不容易被破解，同时又便于记忆。

设置完毕，保存配置，重启路由器即可。

第 2 章　Internet 接入方式

 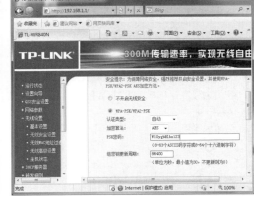

图 2-30　无线设置（基本设置）　　　图 2-31　无线设置（安全设置）

（2）终端设备的设置

终端设备可包含笔记本式计算机、台式计算机、手机等含有无线网卡的任何设备，此处主要以笔记本式计算机为例进行设置，其他设备大同小异，可参考相关本节的内容或手机说明书设置。

① 为保证可正常利用 WLAN 方式连接无线路由器，用户的计算机内必须具备支持 802.11bgn 等的无线网卡，笔记本式计算机一般都集成有无线网卡，台式机一般需另行购买（PCI、PCMCIA、USB 口等均可，目前最常见的是 USB 口的无线网卡）。

② 若具备了无线网卡，首先安装驱动程序，"设备管理器"窗口中出现相应的无线网卡且安装正确后，即可进行无线网络的配置。如图 2-32 所示，表示本计算机已正常安装了 Intel PRO/无线 3945ABG 无线网卡，且驱动程序正确，可以正常工作。

③ 在"网络和共享中心"界面中，单击"设置新的连接或网络"链接，弹出图 2-33 所示"选择一个连接选项"窗口。一般，当路由器设置中开启了 SSID 广播功能，计算机开机后会自动发现这台无线路由器，此时，可选择第一项"连接到 Internet"后单击"下一步"按钮，进入图 2-34 所示"您想如何连接"窗口继续设置（转第④步）；若路由器设置中禁止了 SSID 广播功能（默认），选择"手动连接到无线网络"选项后单击"下一步"按钮，在"输入您要添加的无线网络的信息"窗口中添加相关信息即可（转第⑤步）。

图 2-32　"设备管理器"窗口　　　　图 2-33　"选择一个连接选项"窗口

④ 在图 2-34 中，单击"无线"按钮，弹出图 2-35 所示"当前连接到"窗口，选择所要用的 SSID，单击"连接"按钮（可将"自动连接"选项选中，以后可自动连接此路由器接入 Internet），在随后弹出的"键入网络安全密钥"对话框中输入 PSK 密码（为了安全起见，选择"隐藏字符"选项），如图 2-36 所示。随后，在"网络和共享中心"窗口中会发现已通过当前的无线路由器连接 Internet 了，如图 2-37 所示。

⑤ 在图 2-38 中，填入"网络名"（即路由器的 SSID）；"安全类型"选择"WPA2-个人"；"加密类型"选择"AES"；"安全密钥"输入指定路由器的密钥；选中"即使网络未进行广播也连接"选项。单击"下一步"按钮，图 2-39 所示为成功建立无线网络连接的界面。

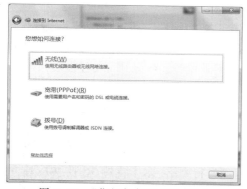

图 2-34 "您想如何连接"窗口

图 2-35 "当前连接到"窗口

图 2-36 输入网络安全密钥

图 2-37 已通过无线路由器连接 Internet

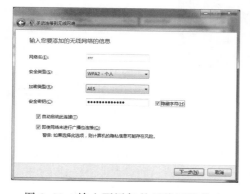

图 2-38 输入要添加的无线网络信息

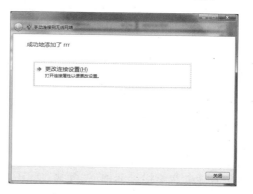

图 2-39 成功建立新的无线网络连接

注意：由于在无线路由器中已开启了 DHCP 服务并进行了配置，因此，在计算机上就无须进行 IP 地址及 DNS 等信息的配置了，直接自动获取即可正常工作。

第 2 章 Internet 接入方式

2.4.2　3G 接入

第三代移动通信技术（3rd-generation，3G）是指支持高速数据传输的蜂窝移动通信技术。3G 服务能够同时传送声音及数据信息，速率一般在几百千字节/秒以上。目前 3G 存在 4 种标准：中国电信的 CDMA2000、中国联通的 WCDMA、中国移动的 TD-SCDMA 及用于无线城域网的 WiMAX。其终端设备一般是 3G 手机或具有 3G 无线上网卡的个人计算机等。

1. 任务

配置 3G 上网卡，保证随时、随地可以接入 Internet。

2. 任务分析

目前，由于笔记本式计算机、手机等移动终端设备的普及，人们对移动上网办公、学习、娱乐、生活等的需求越来越高，3G 以其较高上网速率且移动性强的特点，已成为一种比较普遍的上网方式。随着 3G 上网价格的逐步降低、上网带宽的逐步提升（已经发展到 4G），这种接入方式也会大面积普及。

下面以笔记本式计算机等利用无线上网卡实现 3G 接入为例进行简单说明。

3. 操作步骤

（1）移动 3G 上网卡简单设置

这里以 T930/T930S TD-HSUPA 无线上网卡为例进行介绍，本卡支持 3G 及 WLAN 方式接入 Internet。

①　一般，无线上网卡大都是直插式 USB 接口的形式，插入在移动公司办理的 SIM 卡，然后将无线上网卡插入笔记本式计算机或台式机的 USB 口，内置软件安装程序将自动启动，如图 2-40 所示。安装语言支持中、英文两种，可选择中文，单击"确定"按钮，进入安装向导界面，如图 2-41 所示。

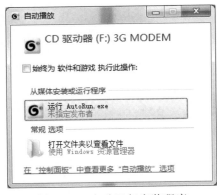
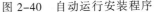
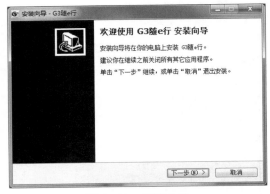

图 2-40　自动运行安装程序　　　　　图 2-41　安装向导

②　单击"下一步"按钮，选择"我接受协议"后选择安装目录，建议选用默认目录，也可随意选择目录，如图 2-42 所示。单击"下一步"按钮，在弹出的对话框中单击"安装"按钮，直到安装完毕，如图 2-43 所示。

③　正常情况下，不需要进行任何操作，系统将自动完成余下的安装过程。软件安装完成后将自动启动，进入初始化界面。图 2-44 所示为移动 3G 上网指示界面。

④ 单击"连接 3G"图标，只要在移动 3G 信号覆盖范围内，就可正常连接到 3G 网络访问 Internet，界面上方有连接速率指示，如图 2-45 所示。

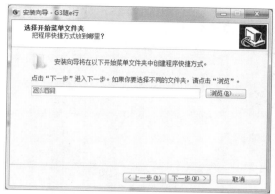

图 2-42　选择安装路径

图 2-43　安装完成界面

图 2-44　移动 3G 上网指示界面

图 2-45　连接到移动 3G 界面

⑤ 可通过单击右上角的"断开"按钮在不需要访问 Internet 时断开 3G 连接，也可在需要时单击图 2-46 右上角的"连接 3G"按钮重新连接 3G 网络进入 Internet。

（2）电信 3G 上网卡简单设置

这里以华为 HUAWEI EC1260 CDMA 1X 增强型多模数据卡为例进行介绍，本卡可支持 3G/1X 及 WLAN 多种模式上网。

① 电信 3G 上网卡软硬件安装过程与移动 3G 上网卡类似，不再重复。

② 安装完毕，需重新启动计算机，保证软件正常运行。

③ 在图 2-47 所示电信 3G 连接指示界面中选择"设置"→"上网账号设置"→"无线宽带（3G/1X）账号设置"命令，在图 2-48 中填写向当地电信公司申请的 3G 接入号、用户名和密码，单击"保存"按钮后，单击"无线宽带（3G）"前的"连接"图标，只要在电信 3G 信号覆盖范围内，就可正常连接到 3G 网络访问 Internet，如图 2-49 所示。可通过图 2-49 查看网络连接状态。

（3）联通 3G 简介

联通 3G 上网卡设置过程与移动和电信上网卡设置过程大同小异，不再详细介绍。

第2章　Internet 接入方式

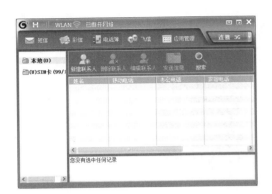

图 2-46 重新连接 3G

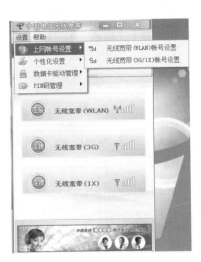

图 2-47 电信 3G 上网账号设置

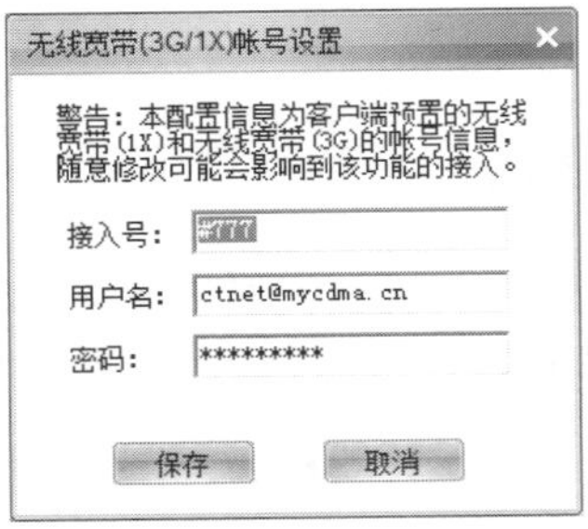

图 2-48 电信 3G 连接指示界面

图 2-49 电信 3G 网络状态指示

安装首界面如图 2-50 所示,上网指示界面如图 2-51 所示。

图 2-50 安装首界面

图 2-51 联通上网指示界面

2.5 网络连接测试

对需要上网的计算机按上述方式进行具体配置以后，如何检测配置是否正确、计算机是否可以正常上网呢？有时候也会遇到这样的问题：本来可以正常上网的计算机无法打开网页，该如何检查网络的连通性呢？通过 Ipconfig、Ping、Tracert 这几个命令，可以简单判断网络故障出在何处。

2.5.1 Ipconfig 命令

Ipconfig 命令主要用来显示自己主机网卡的配置情况：显示本机 IP 地址、子网掩码、网关、DNS、MAC 地址等信息，使用户能够清晰地了解本机网络的配置情况是否正常。

在 Windows 操作系统中，选择“开始”→“运行”命令，在“运行”对话框中输入 cmd 命令，单击“确定”按钮，进入“命令提示符”窗口。在窗口中输入 Ipconfig 后按【Enter】键，可简单显示本机的 IP 地址、子网掩码、网关等信息；输入 Ipconfig /all 命令，可显示详细的网络配置参数，如图 2-52 所示。通过这些参数可以了解自己的网卡设置是否正常，如果不正常（如无 IP 地址、子网掩码或无网关地址、DNS 地址等），可按照前两节的内容重新进行设置（或请技术人员进行协助调试）。

图 2-52 Ipconfig 命令显示的参数

2.5.2 Ping 命令

Ping 命令主要用来查看两台主机之间的连通情况。它从一台主机（例如本地计算机）发出一个请求包，根据对方主机的应答信息，显示是否连通和连通时的响应时间，时间越短说明连通性能越好、网速越快。

可以直接 Ping 一个 IP 地址或一个域名。例如，首先试验一下是否能连通网关 192.168.1.1。在 DOS 提示符下输入 ping 192.168.1.1 后按【Enter】键，信息提示如图 2-53 所示，表明该主机可以正常连接网关。

再测试一下该主机能否连通 www.163.com 网站。在 DOS 提示符下输入 ping www.163.com -t 后按【Enter】

图 2-53 测试网关是否连通

键（-t 表示可进行多次测试，直到按下【Ctrl+C】组合键才停止），信息提示如图 2-54 所示，表明主机可以正常连接 www.163.com，可以打开 163 的网页进行浏览。但如果出现的是 Request time out 信息，则表示网络无法连通，如图 2-55 所示。出现这种情况可能是因为网络有故障或对方的主机不存在或有问题，也可能是对方的主机启用了防火墙禁止其他人 Ping 该主机。

图 2-54　测试某网站是否连通　　　　　　图 2-55　不能正常连通

2.5.3　Tracert 命令

当上网时无法打开一个网站或利用 Ping 命令测试一个网站（或 IP 地址）而出现图 2-55 所示的情况时，可以利用 Tracert 命令继续确认问题究竟出在哪里。Tracert 命令可以将本机到要访问主机所经过的路由全部显示出来，可以简明地了解到底是哪一段链路出现了问题，如图 2-56 所示。

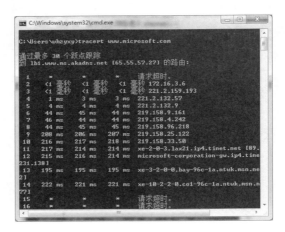

图 2-56　Tracert 过程

习　　题

1. 简述 ADSL 上网的方法与步骤。
2. 简述局域网方式上网的方法与步骤。
3. 简述常见无线方式上网的方法与步骤。
4. 试利用 Ipconfig、Ping、Tracert 命令进行故障判断。

→ 网页浏览与管理

浏览器又称 Web 客户端程序，是一种用于获取 Internet 信息资源的应用程序。用户可以通过它来查看万维网中丰富多彩的网络信息资源。Microsoft Internet Explorer 是由微软公司开发的浏览器，经过不断地推陈出新，Internet Explorer（简称 IE）已经发展到了 IE 10 版本。本章以 IE 10 为例进行详细介绍。

本章要点：

- WWW 的基本概念和工作原理
- IE 浏览器使用方法与技巧
- IE 浏览器的设置

3.1 WWW 基础知识

3.1.1 WWW 概述

WWW（World Wide Web）即环球信息网，简称 3W、Web，中文名字为"万维网"，是基于 Internet 的信息检索服务程序。WWW 使用超媒体/超文本信息组织和管理技术，集中了全球网络上的海量信息，它允许用户在一台计算机上通过 Internet 存取另一台计算机上的信息。任何单位或个人都可以将自己需要对外发布或共享的信息以 HTML 格式存放到各自的服务器中，当其他网上用户需要信息时，可通过浏览器软件（如 Internet Explorer）进行检索和查询。

从技术角度上说，万维网是 Internet 上支持 WWW 协议和超文本传输协议（Hyper Text Transport Protocol，HTTP）的客户机与服务器的集合，通过它可以存取世界各地的超媒体文件，内容包括文本、图形、声音、动画、资料库以及各种各样的程序。

3.1.2 WWW 基本概念

1. 超文本标识语言

超文本标识语言（Hypertext Markup Language，HTML），是一种描述网页文档的标记语言，是网页内容和外观的标准，用于编写 Web 页。它使用一些约定的标记对网页中的各种信息（包括文字、声音、图形、表格、图像和视频等）、格式以及超链接进行描述。

2. 超链接

超链接（Hyperlink）是万维网最具特色的功能之一，它是包含在每一个网页中的能够快速跳转到万维网其他页面的连接信息。超链接对象可以是文字、图片、电子邮箱地址等。在网页中识别超链接的方法是当将鼠标指针移动到超链接上时，鼠标指针会变成小手形状。

3. 超文本传输协议

超文本传输协议是 WWW 的基本协议，是一种在 Internet 上传送超文本文件的协议。它详细规定了浏览器和万维网服务器之间互相通信的规则。它可以传输简单文本、超文本、声音、图像、链接、程序以及任何可以在 Internet 上访问的信息。

4. 网站与网页

网站是指 Internet 上一个固定的面向全世界发布信息的地方，由域名（也就是网站地址）和网站空间构成，通常包括主页和其他包含超链接文件的页面。人们可以通过网站来发布自己想要公开的资讯或者提供相关的网络服务，也可以通过浏览器来访问网站，获取自己需要的资讯或者享受网络服务。

WWW 将信息一页一页地呈现给用户，类似于图书的页面，叫做网页。万维网是由无数个网页组成的，通常每单击一个超链接就会打开一个网页。

5. 统一资源定位器

Internet 中的网络资源不计其数，为了能够快速找到所需要的信息资源，采用了一种准确定位机制 URL（Uniform Resource Locator，统一资源定位器）来唯一标识某个网络资源。通过 URL，可以访问 Internet 上任何一台主机或者主机上的文件或文件夹。事实上，URL 就是某个网页的地址，它的一般格式为"协议://主机名/路径/文件名"。

3.1.3 WWW 工作原理

WWW 由 3 部分组成，即客户机（Client）、服务器（Server）和 HTTP 协议，是以客户机/服务器方式工作的。其工作过程是：当客户端选择网页中的一个超链接时，客户机向服务器发送一个请求，服务器负责管理信息并对来自客户机的请求做出应答，会把超链接所指向的地址读出来，然后向其相应的服务器发送请求，服务器对此做出响应，将超文本文件传送到客户机，由浏览器显示出所获取的 Web 页。

3.2 IE 浏览器介绍

浏览器是万维网服务的客户端浏览程序。可向万维网服务器发送各种请求，并对从服务器发来的超文本信息和各种多媒体数据格式进行解释、显示和播放。浏览器种类繁多，目前市场占有率前三名的网页浏览器分别是微软的 Internet Explorer、谷歌的 Chrome 和火狐浏览器（Mozilla Firefox）。Internet Explorer 目前已经升级到 Internet Explorer 10 版本。本章将以 Internet Explorer 10 为例来介绍浏览器的使用。

3.2.1 IE 安装与配置

Internet Explorer 10 是 Microsoft 公司提供的免费浏览器产品。用户可以从微软中国官方网站或太平洋下载中心、华军软件园下载中心等网站下载。

在安装 Windows 操作系统时已经安装了相应版本的 IE 浏览器，这里安装的是浏览器版本的更新。Windows 7 SP1 32 位或更高版本可双击下载的 IE10-Windows6.1-x86-zh-cn.exe 应用程序，Windows 7 SP1 64 位或更高版本可双击下载的 IE10-Windows6.1-x64-zh-cn.exe 应用程序，按照提示进行安装。在同意安装协议后，进入安装程序。安装程序会删除个人计算机中已经安装的旧版本浏览器，并提示用户重新启动计算机后会自动完成安装过程。当计算机重新启动后，安装程序会自动进行安装和默认配置，用户只需要根据提示进行相应的选择即可。

如果需要对浏览器进行自定义设置，可选择 Internet Explorer 窗口中的"工具"→"Internet 选项"命令，弹出"Internet 选项"对话框，在该对话框中设置相应的选项即可。更详细设置将在 3.5 节进行讲解。

3.2.2　IE 窗口组成

可以使用下面的任意一种操作方法打开 Internet Explorer10 浏览器：
① 双击桌面上的 Internet Explorer 图标 。
② 单击快速启动工具栏上的图标 。
③ 选择"开始"→"所有程序"→Internet Explorer 命令。
IE 10 浏览器窗口如图 3-1 所示。

图 3-1　IE 10 的窗口组成

该窗口由以下几个部分组成：
① 地址栏：集合了地址栏与搜索框功能，可输入要访问的网址。
② 标题栏：IE 10 浏览器默认不开启各项导航按钮，标题栏上只保留"主页" 、"收藏夹、源和历史记录" 和"工具" 3 个按钮。
③ 菜单栏：共由 6 个菜单组成，即"文件"、"编辑"、"查看"、"收藏夹"、"工具"和"帮助"菜单，每个菜单包含一组菜单命令。
④ 收藏夹栏：可以单击 按钮将当前浏览的网站直接添加到收藏夹栏上，方便随时打开。收藏夹栏还提供了建议网站、更多加载项等功能。
⑤ 浏览窗口：成功连接到指定网站或资源后，浏览窗口就会显示出相关网页。

⑥ 状态栏：左侧显示网页的加载进程或鼠标所指向资源的链接网址。右侧可以进行 Internet 安全性设置、阻止内容设置和改变页面缩放大小。网页文字相对较小，可以通过状态栏右端的页面缩放工具放大页面显示比例，这有助于用户更好地浏览页面。

3.2.3 IE 10 新功能

IE 10 有很多新功能，包含界面和性能上的改进，如简洁的设计、固定网站、查看和跟踪下载、更为智能化的"新建选项卡页"，硬件加速、隐私保护模式等，使用户可以从多个方面获得响应性能更好、更安全的 Web 浏览体验，令用户耳目一新、爱不释手。

① 简洁的设计：紧凑的全新用户界面。大多数命令栏功能，如"打印"或"缩放"，现在都可以通过单击"工具"按钮访问，单击"收藏夹"按钮时会显示收藏夹。

② 固定网站：经常访问的某些网页使用"固定网站"功能将站点固定到 Windows 7 的"开始"菜单中，网站图标会一直显示在此处，直到删除为止。以后单击该图标时，就会在 IE 中打开该网站。

③ 查看和跟踪下载："查看下载"对话框是一项强大的新功能，它包含一个从 Internet 下载文件的动态列表。如果 Internet 连接速度较慢，还可以用它暂停和重新启动下载，此外还可以显示已下载文件在计算机上的位置。用户可以随时清除该列表。

④ 增强的选项卡：可以在一个窗口中打开的多个网页间轻松移动。通过分离选项卡，可以将选项卡拖出 IE，从而在新窗口中打开该选项卡的网页，然后将它对齐并排查看。选项卡还是彩色的，目的是显示哪些网页是相互关联的，为用户在选项卡间单击提供直观的参考。

⑤ 新建选项卡页：重新设计的"新建选项卡"页显示最常访问的网站，并将它们彩色编码以便快速导航。网站标志栏还会显示访问每个网站的频率，用户可以根据需要随时删除或隐藏显示的网站。

⑥ 在地址栏中搜索：用户可以直接从地址栏中搜索。输入网站地址后，将直接进入该网站。如果输入搜索术语或不完整的地址，将使用当前选定的搜索引擎启动搜索。单击地址栏中的 图标可从列出的图标中选择搜索引擎或添加新的搜索引擎。

⑦ 硬件加速：IE 10 浏览器的图形处理器（也称为 GPU）硬件加速是使用 Windows 的 DirectX 图形 API 来完成的。使用 GPU 硬件加速之后，可以使 GPU 的硬件加速功能应用到每个网页上的所有文字、图片、边框、背景、SVG 的内容、HTML 5 视频和音频中。

⑧ 支持 HTML 5：HTML 5 既是第五代超文本标记语言，也是目前网站技术的发展趋势。IE 10 浏览器支持许多 HTML 5 特性，如 Application Cache、CSS3 3D Transform、WebSockets 等，硬件加速图形功能也很出色，因此可以很流畅地支持 HTML 5 网站。

⑨ 跟踪保护："跟踪保护"功能是隐私保护的利器，主要通过跟踪保护列表（TPL）来实现。通过添加跟踪保护列表，用户可以控制是否允许将信息发送至跟踪保护列表中所列的第三方内容提供商，以帮助用户增强隐私安全。

3.3 使用 IE 10 浏览网页

3.3.1 浏览网页

在日常使用 Internet Explorer 的过程中，有必要掌握以下功能的正确使用方法，从而获取更好的浏览体验。

1. 使用 URL 地址浏览网页

在地址栏中直接输入所要访问网页的 URL 地址，如 http://www.baidu.com，单击"转到"按钮→或者按键盘上的【Enter】键，均可进入所要访问的网页。还可以单击地址栏右侧的下拉箭头▾，在弹出的下拉列表中选择曾经访问过的网页地址，从而快速访问网页。

IE 10 可以自动保存以前输入过的内容，只要在地址栏中输入一部分以前输入过的网页地址，地址栏中就出现一个与该地址相匹配的网页地址同时弹出下拉列表，直接按键盘上的【Enter】键或从下拉列表中找到所需的网页地址并单击，即可转到该网页，如图 3-2 所示。

2. 选项卡浏览

通常用户在浏览网页时打开的页面数量会比较多，为了更好地管理和使用各个页面，选项卡成为主流 Web 浏览器的基本功能。打开多个选项卡的状态如图 3-3 所示。

图 3-2　利用 IE 10 浏览网页

图 3-3　选项卡

3. 通过超链接浏览网页

网页上最重要的对象是超链接，进入某个网站后，就可以利用主页上提供的超链接进行网页的跳转和浏览。当鼠标指针在页面的某一对象上变成手形🖑时，表明此时正指向一个超链接，同时 IE 浏览器的状态栏中显示出所链接页面的 URL 地址，单击即可链接到相应的网页。

4. 使用收藏夹浏览网页

在浏览网页时，对于特别喜欢的网页或者重要的网页，可以收藏到收藏夹中。在网页处于打开状态时，单击标题栏中的"查看收藏夹、源和历史记录"按钮★，再单击"添加到收藏夹"按钮，或选择"收藏夹"→"添加到收藏夹"命令，可将当前网页收藏到收藏夹中。下次再访问该网页时，在收藏夹中单击该网页的超链接，即可快速打开该网页，如图 3-4 所示。

5. 使用历史记录浏览网页

"查看收藏夹、源和历史记录"按钮★下包含"历史记录"选项卡。"历史记录"选项卡中记录着最近访问过的网页地址，可以按照日期、访问次数等不同选项查看最近浏览过的网页，如图 3-5 所示。

图 3-4　使用收藏夹浏览网页

图 3-5　使用历史记录浏览网页

6. InPrivate 浏览

当用户在公共计算机上使用 IE 10 浏览网页时，可能最怕在浏览器上留下浏览或搜索历史记录的痕迹，以免被他人获得这些信息。通过使用 InPrivate 浏览功能，可以使浏览器不保留浏览历史记录、临时 Internet 文件、表单数据、Cookie 以及用户名和密码等信息。

单击标题栏上的"工具"按钮，在弹出的菜单中选择"安全"→"InPrivate 浏览"命令，便可启动一个新的 InPrivate 浏览模式窗口，如图 3-6 所示。在普通浏览模式下使用【Ctrl+Shift+P】组合键，同样可以打开 InPrivate 浏览模式窗口。在该窗口中浏览网页不会保留任何与所访问网站相关的信息，关闭该窗口就会结束 InPrivate 浏览。

图 3-6　使用 InPrivate 浏览窗口

3.3.2　查找网上信息

利用 IE 10 提供的搜索功能，可以搜索新闻、词典、游戏、MP3、视频、地图等各种各样的信息。

1. 在地址栏中直接输入关键词

单击 IE 10 地址栏右端的"搜索"按钮 $\wp$，随后直接输入要搜索的关键词，如图 3-7 所示，按【Enter】键后 IE 将开始自动搜索，结果如图 3-8 所示。

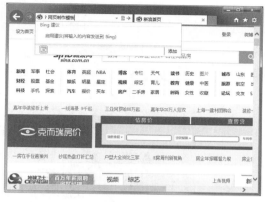

图 3-7　输入搜索关键词

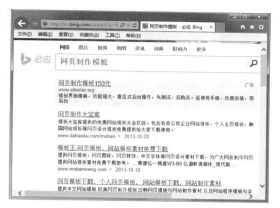

图 3-8　搜索到的结果

2. 在当前网页中查找信息

在图 3-9 所示的"编辑"菜单中选择"在此页上查找"命令或者利用【Ctrl+F】组合键，浏览器菜单栏下方均会弹出一个"查找"工具栏。在"查找"文本框中输入要搜索的关键字，系统就在当前页面中搜索指定的内容，并将搜索到的匹配项突出显示。如果匹配项没有突出显示，可单击"查找"工具栏上的"突出显示所有匹配项"按钮。如图 3-10 所示，在"查找"文本框中输入"免费"，"查找"工具栏会显示搜索到 32 个匹配项，可以通过"上一个"或"下一个"按钮依次查看查找到的信息。

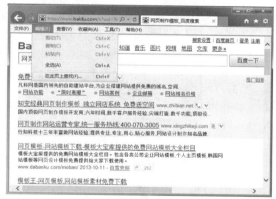

图 3-9　选择"在此页上查找"命令

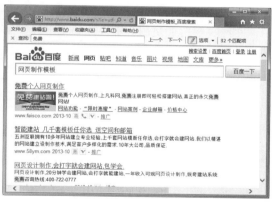

图 3-10　在当前页查找信息

3. 通过搜索引擎网站查找信息

目前可以使用的搜索引擎网站有很多，如百度、谷歌、搜狗、搜搜等。这些搜索引擎网站可以从 Internet 上搜集信息，在对信息进行组织和处理后，为用户提供检索服务，将用户检索的相关信息展示给用户，为用户提供专业的搜索服务。

3.3.3　收藏有用站点和网页

借助 IE 收藏夹功能，用户可以将喜欢的站点添加到收藏夹中，以便以后方便快捷地访问这些站点。

IE 10 简化了导航按钮，浏览器初次打开时默认不显示收藏夹栏。右击标题栏，选择"收藏夹栏"命令，即可显示出收藏夹栏。使用收藏夹的导航模式能够轻松地使用和管理收藏的站点链接，建议站点和网页快讯库也被显示在收藏夹栏中，如图 3-11 所示。

图 3-11　收藏夹栏

在浏览器地址栏的右侧，单击★按钮可以查看"收藏夹"、"源"和"历史记录"，如图 3-12 所示。这也是 IE 10 的风格特点之一。

由于用户使用显示器宽度不同，收藏夹栏默认外观显示的链接数目有限，其实只要在收藏夹栏所对应的收藏夹目录内预先新建文件夹对网站链接进行分类，便可打造出既实用又个性化的收藏夹栏。

图 3-12　查看收藏夹、源和历史记录

1. 收藏站点链接

（1）将网页添加到收藏夹

单击★按钮，在弹出的窗口中单击"添加到收藏夹"按钮，弹出"添加收藏"对话框，"名称"文本框中会自动显示当前打开网页的名称，用户可以修改，并可以选择收藏网页的文件夹，如图 3-13 所示。单击"添加"按钮，则当前页被添加到收藏夹列表中，如图 3-14 所示。在网页空白处使用右键快捷菜单中的"添加到收藏夹"命令也能收藏站点链接。

图 3-13　"添加收藏"对话框

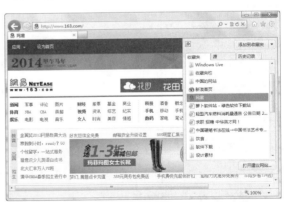

图 3-14　在收藏夹中打开"网易"主页

（2）将网页添加到收藏夹栏

"收藏夹栏"是较旧版本的 Internet Explorer 中链接工具栏的新名称。如果需要经常访问某个网页或站点，可以将它添加到收藏夹栏中，网站名称和 Logo 直观显示在其中。浏览时只需单击按钮即可进入相关站点，如图 3-15 所示。

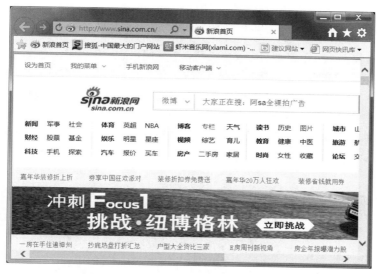

图 3-15　将网页链接添加到收藏夹栏中

①　将正在浏览的网页添加到收藏夹栏。单击收藏夹栏上的"添加到收藏夹栏"按钮 ，就可以将正在浏览的网页添加到收藏夹栏中，可以随时快捷地进行访问。

②　在收藏夹列表中将链接网址拖到"收藏夹栏"文件夹中。"收藏夹栏"是系统自动在收藏夹下建立的一个文件夹，该文件夹中的内容自动显示在 IE 窗口的工具栏上。在图 3-14 中，将希望显示在收藏夹栏上的网址链接拖动到"收藏夹栏"文件夹中即可。

③　将网页图标拖动到收藏夹栏。在浏览网页时，网站地址的左侧都会有一个 Logo 或 Internet Explorer 关联图标，将这个图标拖动到收藏夹栏，同样可以实现该链接的收藏。

（3）多个网页的收藏

由于 IE 10 支持多选项卡浏览功能，当同时打开多个选项卡时，如果采用单一网页收藏方式显得有些烦琐。如果想一次将当前窗口中的所有选项卡的链接加入收藏夹，可利用【Alt+Z】组合键展开"收藏夹"菜单选择"将当前所有的网页添加到收藏夹"命令，如图 3-16 所示。在随后弹出的对话框中的"文件夹名"文本框中输入名称，并选择存放位置收藏夹或收藏夹栏，单击"添加"按钮完成收藏，如图 3-17 所示。

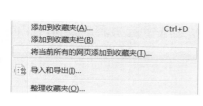

图 3-16　将当前所有网页添加到收藏夹

图 3-17　收藏所有链接

2.　**管理收藏夹**

收藏夹中存放的站点链接对用户来说可能是很重要的，为了在使用时能够很快地找到所需的项目，有必要定期对收藏夹进行整理和备份。

（1）整理收藏夹

① 使用"收藏夹"菜单整理。当收藏夹列表中的网页数量较多时，查找起来比较麻烦，就需要对收藏夹进行分类和整理。选择"收藏夹"→"整理收藏夹"命令，弹出"整理收藏夹"对话框，如图 3-18 所示。管理收藏夹的原则是，先建立好分类的文件夹，再将相关站点分别归类移动到不同的文件夹中。

② 使用"查看收藏夹、源和历史记录"按钮整理。单击"查看收藏夹、源和历史记录"按钮★，选择"收藏夹"选项卡，如图 3-19 所示，可以直接拖动网页链接到相应文件夹中，进行收藏夹管理。

图 3-18 "整理收藏夹"对话框

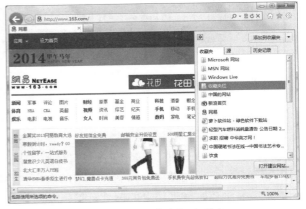

图 3-19 "收藏夹"选项卡

③ 通过资源管理器整理收藏夹。打开"计算机"窗口，在左侧导航栏展开"收藏夹"，选择"桌面"，在右侧项目列表中双击用户名图标，在新项目列表中双击"收藏夹"图标，进入收藏夹目录，如图 3-20 所示。此时即可进行整理。

（2）导入/导出收藏夹

IE 提供了收藏夹导出功能，利用此功能可以备份收藏夹，订阅源以及 Cookie。

按【Alt+Z】组合键，在弹出的菜单中选择"导入和导出"命令，在图 3-21 所示的"导入/导出设置"对话框中选择"导出到文件"选项，单击"下一步"按钮；在图 3-22 所示的对话框中选择需要导出的内容，可以导出整个收藏夹，或者有选择地导出部分内容；单击"下一步"按钮，指定导出文件的保存路径，单击"导出"按钮即可，如图 3-23 所示。

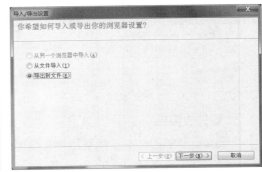

图 3-20 "收藏夹"文件夹　　　　　　　　图 3-21 选择"导出到文件"选项

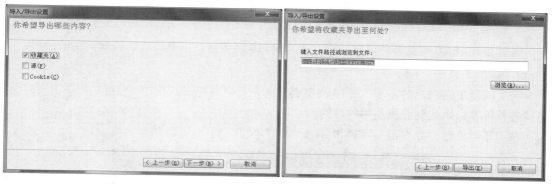

图 3-22 选择需要导出的项目　　　　　　图 3-23 指定收藏夹的保存路径

导入收藏夹内容的方法与导出方法基本类似，按照向导提示进行操作即可。

3.3.4 查找最近访问的网页

如果希望查找最近浏览过的网页和站点，可以通过"历史记录"来查看。在 IE 10 的默认设置中，20 天内的历史记录会被自动保存。也可以通过"Internet 选项"对话框更改保存天数，最少可以保存 0 天，最多可以保存 999 天。

1. 查找近期访问过的网页

单击"查看收藏夹、源和历史记录"按钮☀，在弹出的对话框中选择"历史记录"选项卡，列表框中包含了近期访问过的网页和站点的链接。

2. 查看历史记录的方法

可以按日期、站点、访问次数、今天的访问顺序分别查看历史记录，如图 3-24 所示。

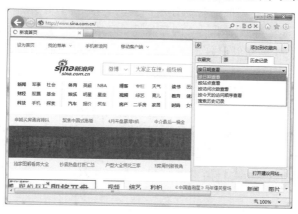

图 3-24 查找最近访问过的网页

① 按日期查看：按照访问网页的时间顺序查看历史记录。

② 按站点查看：按照访问过的站点顺序查看历史记录。系统将这些站点按照数字由小到大、字母由 a～z 的顺序排列，方便查找想浏览的网页。

③ 按访问次数查看：按照访问网页的次数多少查看历史记录。

④ 按今天的访问顺序查看：按照当天访问网页的时间顺序查看历史记录。

3.3.5 自定义 IE 浏览器

通过修改 IE 10 浏览器的设置，可自定义 IE 10 浏览器，以方便、快捷及安全的使用。

1. 添加工具栏

为了满足不同用户的需求，IE 10 浏览器默认不开启各项工具栏。用户可以根据需要对浏览器进行设置，以达到方便使用的目的。

在浏览器标题栏处右击，选择相应的工具栏即可，如图 3-25 所示。

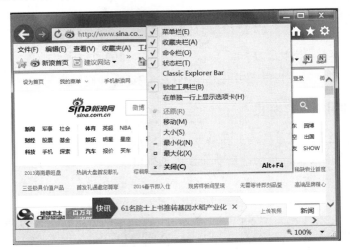

图 3-25　添加工具栏

2. 页面缩放

为了让尺寸不同的显示器都能完整地显示网页的宽度，绝大多数网站首选 960 像素作为页面有效内容的宽度。虽然可照顾小尺寸的显示器，但是 19 英寸以上的显示器两侧空白显示区域会非常大，特别是 24 英寸以上显示器。这样不仅浪费可视面积，还会导致页面有效内容的字体看起来非常小。

IE 10 的缩放功能对任何形式代码编写的网页，包括表格、图片都能够在不破坏整体结构的前提下进行整体缩放。单击 IE 界面右下角的缩放按钮 🔍 100%，可以快速地在 100%、125% 和 150% 比例间快速切换。150% 缩放比例即可有效利用 24 英寸显示器的显示面积。

如果预设的 3 种缩放比例无法满足要求，还可以单击缩放按钮右侧的箭头，在弹出的菜单中选择更多的预设比例，如图 3-26 所示；也可自定义数值，如图 3-27 所示。

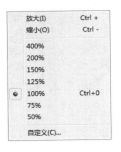

图 3-26　缩放比例菜单　　　　　　　　　　图 3-27　自定义缩放比例

3. 网页兼容模式

由于许多网站在设计之初并没有考虑到要兼容 IE 10 浏览器，使得在 IE 10 中打开这些网站时，页面会出现显示不正常的情况，甚至某些功能无法正常使用。用户可以通过启用及设置兼容模式来解决。如果在浏览网站时遇到这种情况，如文本、图像或文本框未对齐等，而地址栏旁边又出现了"兼容性视图"按钮，单击这个按钮即可正常显示该网站。

如果想一劳永逸，可以让 IE 将所有站点都以兼容性视图呈现。单击"工具"按钮，选择菜单中的"兼容性视图设置"命令，如图 3-28 所示。在弹出的对话框中选中"在兼容性视图中显示所有网站"选项即可，如图 3-29 所示。

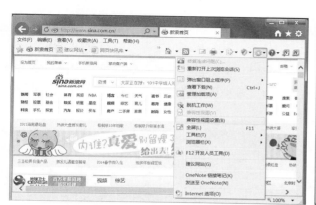

图 3-28　打开兼容性视图设置

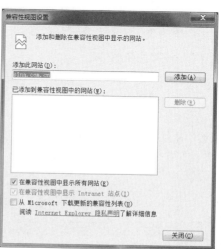

图 3-29　"兼容性视图设置"对话框

4. SmartScreen 筛选器

冒牌网站（又称钓鱼网站）一直是互联网安全的最大威胁，它通过模拟可信网站来获取来访用户的个人或财务信息，可能会给用户造成不必要的损失。如何才能免受欺诈网站的侵害呢？IE 10 的 SmartScreen 筛选器提供了解决方案。

选择"工具"→"SmartScreen 筛选器"→"启用 SmartScreen 筛选器"命令，弹出图 3-30 所示的对话框，选择"启用 SmartScreen 筛选器（推荐）"选项，单击"确定"按钮即可。

5. 轻松掌握网站最新动态

（1）订阅源

过去，用户可能为了获取网络中最新的信息不得不反复辗转各个网站，同时还必须忍受网页中可能存在的广告和其他无用信息的干扰，十分浪费时间。现在利用 IE 10 的订阅源功能可彻底解放用户。

当访问一个提供订阅服务的站点时，浏览器命令栏上的"源"按钮会由灰色变成橙色，单击该按钮就可转到源的查看界面，如图 3-31 所示。如需订阅该源，可单击页面上方浅黄色框内的"订阅该源"链接，在弹出的"订阅该源"对话框中单击"订阅"按钮即可，如图 3-32 所示。

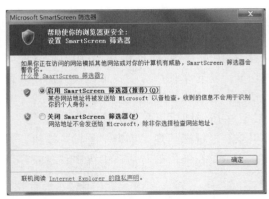

图 3-30　SmartScreen 筛选器设置

图 3-31　订阅界面

（2）订阅网页快讯

IE 10 的"网页快讯"功能可以让用户像使用"源"一样订阅网页中所需要的局部板块信息，不仅可以在第一时间获取最新动态，同时能够在最大程度上减少无用信息的干扰。

只有当一个网页有网页快讯功能时，才可订阅，浏览器命令栏上的"源"按钮会变成绿色的"网页快讯"按钮 ，单击该按钮，会弹出"添加网页快讯"对话框，单击"添加到收藏夹栏"按钮即可，如图 3-33 所示。

图 3-32　订阅该源

图 3-33　订阅网页快讯

6. 浏览器插件管理

IE 10 支持更广泛的加载项，如工具栏、搜索程序记忆网站控件等。一些开发不严谨的扩展可能导致 IE 10 运行不稳定，因此有必要将这些扩展在线禁用或删除，或在多个功能相近的扩展程序中设置一个主要的使用项，用户可以对加载项进行管理。单击"工具"按钮，在弹出的菜单中选择"管理加载项"命令，打开"管理加载项"对话框，如图 3-34 所示。

（1）启用或禁用加载项

选择"工具栏和扩展"选项，并在"显示"下拉列表框中选择"所有加载项"选项。在右侧列表中选中用不上的加载项，单击"禁用"按钮，重启 IE 浏览器后设置即可生效。相反，若要启用一个加载项，选中后单击"启用"按钮。

图 3-34 "管理加载项"对话框

（2）管理默认搜索程序

如果需要更改浏览器的默认搜索服务，首先切换至"搜索提供程序"分类，选中一个需要设置为默认或要删除的搜索程序，单击"设置为默认"按钮或"删除"按钮即可，如图 3-35 所示。

（3）管理加速器

IE 10 浏览器提供的加速器功能让用户在浏览网页时可以轻松又快速地搜索关键字、查看图片和翻译等，并可以进一步取得建议的内容主题。但如果常用的加速器程序不在根菜单，则需要选择"所有加速器"才能在接下来的菜单中找到，就失去了加速器的意义。为此，只要将该加速器设置为默认属性，即可显示在根菜单中，如图 3-36 所示。

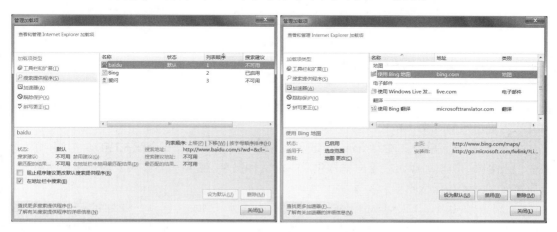

图 3-35　管理搜索程序　　　　　图 3-36　将常用的加速器设为默认

3.3.6　脱机情况下浏览网页

如果希望在出差途中或者在不方便连接 Internet 时浏览喜欢的网页，可以将 Internet 上的网页保存到本地计算机，以便在不能与 Internet 连接时阅读网页的内容。

1．脱机工作

脱机工作就是断开网络连接来浏览网页，即 IE 浏览器在不上网的情况下，查看原来看过的网页。脱机工作时，IE 将不再从网上重新下载网页，而是从本地硬盘上原来已下载的文件中读取该网页已下载的信息。这样可以节约网络流量，但是看到的网页不一定是最新的，而且超链接也无法连接到相应网页。

使用脱机工作的方法是：选择"文件"菜单→"脱机工作"命令，就可以开始脱机工作了。

2．将网页保存在本地计算机上

选择"文件"→"另存为"命令，弹出"保存网页"对话框，打开用于保存网页的文件夹，在"文件名"文本框中输入网页的名称，也可以使用默认网页名称。在"保存类型"下拉列表框中选择文件类型，如图 3-37 所示。

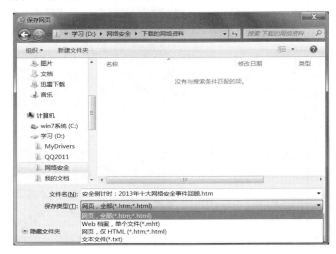

图 3-37　保存网页

可以保存的网页文件类型有以下几种：

① 网页，全部（*.htm;*.html）：将网页保存为 HTML 文件，同时保存网页上的图像、框架和样式表等内容。保存后会形成一个 HTML 文件和一个同名的文件夹。脱机浏览该网页时，网页的内容、布局及文字格式等保持不变。

② Web 档案，单个文件（*.mht）：将网页的全部信息保存在一个以 MIME 标准编码的文件中，把图像、框架和样式表等内容打包成一个文件保存。脱机浏览该网页时，网页的内容、布局及文字格式等保持不变。

③ 网页，仅 HTML（*.htm;*.html）：使用该选项保存网页信息时，将网页保存成 HTML 文件，但不保存图像、声音或其他文件，所以保存的文件较小。脱机浏览该网页时，不显示图片，部分文字格式和网站框架会发生格式上的改变。

④ 文本文件（*.txt）：该选项将以纯文本格式保存网页上的所有文字信息。

3. 保存链接指向的内容

如果要保存超链接指向的内容（文档或应用程序），则右击该链接，在弹出的快捷菜单中选择"目标另存为"命令，在弹出的"另存为"对话框中，选择要保存的文件名和文件夹，单击"保存"按钮，该网页就以 HTML 文档格式保存。

3.4 打 印 网 页

使用 IE 10 浏览器提供的打印功能，可以将当前浏览的网页打印出来。由于网页设置的限制，部分信息资源如视频、Flash 等可能无法正常打印。

3.4.1 打印预览

在打印之前要预览一下网页在纸张上的模拟显示情况，如果不合适可以进行调整，避免造成打印纸张浪费。在"打印预览"窗口中，可以设置打印方向、页面设置、打开或关闭页眉/页脚、查看全角、查看整页、显示多页、更改印相大小等，如图 3-38 所示。

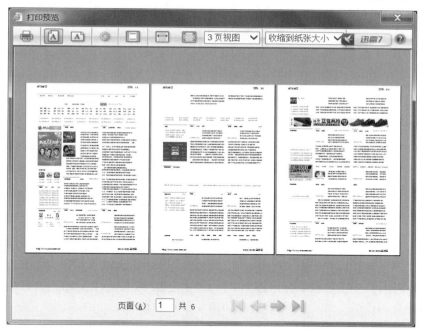

图 3-38 "打印预览"窗口

3.4.2 页面设置

如果对打印预览结果不满意，可以通过"页面设置"功能对要打印的网页外观进行调整。选择"文件"→"页面设置"命令，或单击"打印"按钮右侧的向下箭头，选择"页面设置"命令，弹出"页面设置"对话框，如图 3-39 所示。在该对话框中可以设置纸张大小、打印方向、是否打印背景颜色和图像、是否启用缩小字体填充、页眉和页脚格式（单击"更改字体"按钮，可以改变页眉和页脚的字体外观）、页边距大小等。

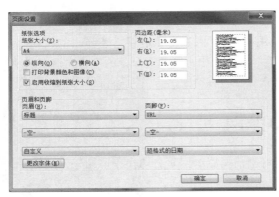 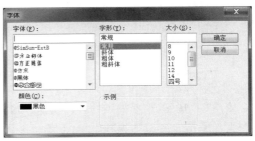

图 3-39   对拟打印的网页进行设置

3.4.3   打印网页

选择"文件"→"打印"命令，或者单击"打印"按钮 🖶 右侧的向下箭头，选择"打印"命令，弹出"打印"对话框，如图 3-40 所示，在对话框中根据需要进行打印设置。以下前 3 项在"常规"选项卡中设置，后两项在"选项"选项卡中设置。

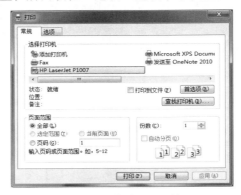

图 3-40   "打印"对话框

① 选择打印机：选择打印机，单击"首选项"按钮可以设置打印纸张、打印质量、水印、打印方向等项目。

② 页面范围："全部"表示打印整个文档；"选定范围"表示打印事先选好的内容；"页码"用于指定页码范围，如"3-6"是指打印第 3 页到第 6 页。

③ 份数：设置需要打印文件的份数。

④ 打印链接的所有文档：如果选中此项，在打印完当前网页后，继续打印与当前页所超链接到的所有文档。选择此项后，打印机中会添加到很多打印任务。

⑤ 打印链接列表：在页面打印完成后，继续打印出一个表格，表格统计出页面中的所有链接及指向目标的列表。

3.5   IE 浏览器设置

根据用户的不同需求情况，可以对 IE 10 浏览器进行设置，使浏览器能更安全、更快速地访问和浏览网页。IE 10 浏览器的设置包括创建主页选项卡、浏览安全与隐私、插件管理等。单击"工具"按钮，选择"Internet 选项"命令，在图 3-41 所示的"Internet 选项"对话框中，通过各选项卡对浏览器进行设置。

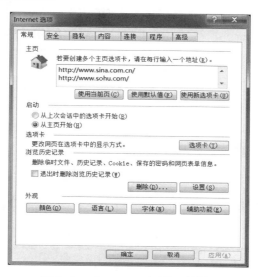

图 3-41 "Internet 选项"对话框

3.5.1 常规设置

在"常规"选项卡中可以设置打开浏览器时自动加载的主页、Internet 的临时文件与历史记录的保存天数、主页的色彩、字体和语言的设置等。

1. 设置主页

主页是在接入 Internet 后，IE 浏览器打开时自动连接到的网页。可以使用系统默认的主页或空白页，也可以设置为自己喜欢的网页为主页。IE 10 允许设置多个主页。

在"常规"选项卡的"主页"选项区域，单击"使用当前页"按钮，可以将当前正浏览的网页设为主页。单击"使用默认页"按钮，将系统默认页设为主页。单击"使用新选项卡"按钮，将一个空白页面设为主页。

IE 10 允许同时设置多个主页，可以通过新选项卡打开多个希望设置的主页，然后打开"Internet 选项"对话框，单击"使用当前页"按钮，多个地址将显示在"主页"列表框中，如图 3-41 所示。当再次打开 IE 浏览器时，设置好的多个主页都会被自动打开。

另外一个设置主页的方法是单击命令栏上的"主页" 按钮右侧的向下箭头，选择"添加或更改主页"命令，将弹出"添加或更改主页"对话框，如图 3-42 所示，可以进行主页设置。

2. 设置历史记录

（1）删除历史记录

在浏览 Web 时，IE 会存储有关网站的信息，以及这些网站经常要求用户提供的信息。前面提到了使用 IE 10 的 Inprivate 模式浏览网页能够不留痕迹，但删除浏览历史记录的操作有时候还是必要的，例如某网站的临时文件可能导致无法浏览更新状态后的页面，这时就有必要通过删除 Internet 临时文件来解决。删除这些信息的方法是在"常规"选项卡中的"浏览历史记录"选项区域下选择"退出时删除浏览历史记录"复选框，就可以删除历史记录。历史记录项目很多，单击"删除"按钮，弹出图 3-43 所示的"删除浏览历史记录"对话框，可以在这些复选框中选择希望删除或保留哪些项目的历史记录。

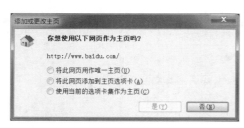

图 3-42　快速设置主页

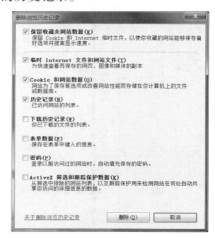

图 3-43　"删除浏览历史记录"对话框

值得注意的是：如果不想删除与"收藏夹"列表中的网站关联的 Cookie 和文件，请选择"保留收藏夹网站数据"复选框。删除浏览历史记录并不会删除收藏夹列表或订阅的源。

（2）设置 Internet 临时文件和历史记录

Internet 临时文件是本地硬盘上的一个文件夹，用于存放频繁访问或已经查看过的网页中的文本、图像等信息。在"常规"选项卡中的"浏览历史记录"选项区域下，单击"设置"按钮，在弹出的"网站数据设置"对话框中进行设置，如图 3-44 所示，可以设置所存网页的更新频率、保存临时文件的硬盘空间大小和 Internet 临时文件的存放位置。

"历史记录"选项卡用于设置网页保存在历史记录中的天数，系统默认保存 20 天，用户可以根据自己的实际情况更改，设置的保存天数最多 999 天，最少 0 天。

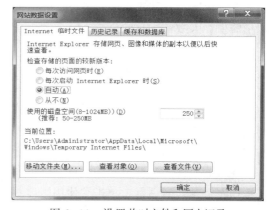

图 3-44　设置临时文件和历史记录

3. 选项卡设置

选项卡浏览功能使得用户可以在一个浏览器窗口中打开多个网站。可以在新选项卡中打开网页，并通过单击选项卡切换这些网页。使用选项卡浏览功能，可以减少任务栏上显示项目的数量。

在"Internet 选项"对话框中，单击"选项卡"选项区域的"选项卡"按钮，弹出"选项卡浏览设置"对话框，如图 3-45 所示。只有选择"启用选项卡浏览（需要重新启动 Internet Explorer）"复选框，下面所有选项才能使用，否则下面所有选项都处于灰色不可用状态。用户可以根据自己的喜好进行设定。当选择"启用快速导航选项卡"复选框时，每次新建选项卡将显示曾经打开的所有网页名称及使用频率彩条，单击打开要查看的网页即可，如图 3-46 所示。

图 3-45　"选项卡浏览设置"对话框

图 3-46　IE 网页导航选项卡

3.5.2　安全设置

随着 Internet 的快速发展，网络的安全问题越来越受到用户的关注。如何进行安全设置才能让用户的计算机更安全，是我们面临的重要问题。选择"Internet 选项"对话框中的"安全"选项卡，如图 3-47 所示，可进行安全设置。

图 3-47　Internet 安全设置

IE 将所有网站分配到以下 4 个安全区域之一：Internet、本地 Intranet、受信任的站点或受限制的站点。通过将某个网站添加到特定区域，可以控制用于该站点的安全等级。例如，如果有要访问网站的列表并完全信任那些站点，则将那些站点添加到受信任区域。值得说明的是：无法向 Internet 区域添加站点。该区域自动包括不属于其他任何区域或未存储在计算机上的所有内容。状态栏的右侧会显示出当前网页处于哪个区域。

1.　安全区域

（1）Internet 区域

默认情况下，该区域包含了除计算机和 Intranet 上以及分配到其他任何区域之外的所有站点。Internet 区域的默认安全级别为"中"。

（2）本地 Intranet 区域

Intranet 是一种专用网络，通常位于公司或组织内部。Intranet 通常用于存储内部与公司相关的内容，如有关公司策略或员工福利的信息。因为由管理员严格控制安全，所以，Intranet 内容的安全设置可能没有 Internet 内容的安全设置严格。本地 Intranet 区域的默认安全级别为"中低"。

（3）受信任的站点区域

该区域包含可信任的站点，可以直接从这里下载或运行文件，而不用担心会危害用户的计算机或数据。可将常用信任站点分配到该区域。可信站点区域的默认安全级别为"中"。

（4）受限制的站点区域

该区域包含不信任的站点，不能保证从这些站点下载或运行文件不损害用户的计算机或数据。受限制的站点区域的默认安全级别为"高"。

2. 添加或删除安全区域内的网站

在 IE 中打开要添加到某个特定安全区域的网站，选择"Internet 选项"对话框的"安全"选项卡下某个安全区域，如"受信任的站点"，单击"站点"按钮，将弹出"受信任的站点"对话框，如图 3-48 所示。正浏览网站的网址自动出现在"将该网站添加到区域"文本框中，单击"添加"按钮，该网站网址将移到下方列表内。如果该站点不是安全站点，则取消选择"对该区域中的所有站点要求服务器验证（https: ）"复选框。单击"关闭"按钮，返回"Internet 选项"对话框，单击"确定"按钮。要删除安全区域中的网站，则选择"网站"列表中的网址，单击"删除"按钮。

3. 设置安全级别

拖动安全级别下的滑块可以轻松改变某个区域的安全级别。

4. 自定义级别

"自定义级别"按钮可以使高级用户和管理员能更好地控制全部安全选项，单击该按钮，打开图 3-49 所示的对话框，其中包括.NET Framework 及相关组件、ActiveX 控件和插件、脚本、其他、下载和用户验证等安全选项是否启用、禁用或提示，以保障系统的安全性。如果对这些项目的安全设置不是很熟悉，建议不要随意更改。如果不慎更改，可单击"重置"按钮，恢复到系统的默认安全级别状态。

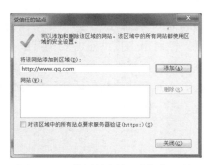

图 3-48　将网站添加到安全区域

图 3-49　"自定义级别"安全设置

3.5.3 隐私设置

1. Cookie 安全设置

Cookie 指某些网站为了辨别用户身份、进行会话跟踪而存储在本地终端上的数据。它们通常记录用户的有关信息，如用户名、密码等内容。如果删除该 Cookie，则下次访问该站点时可能需要再次输入用户个人信息。有些 Cookie，如标题广告保存的 Cookie，可能通过跟踪用户访问的站点使用户的隐私存在风险。通过 IE 隐私设置，可以指定允许在计算机上存储的 Cookie。

选择 "Internet 选项" 对话框中 "隐私" 选项卡，如图 3-50 所示，将隐私级别的滑块移动至所需级别，相应级别的阻止和限制内容显示在滑块右侧。单击 "站点" 按钮，弹出 "每个站点的隐私操作" 对话框，可以指定始终或从不使用 Cookie 的网站，如图 3-51 所示。操作方法是：在 "网站地址" 文本框中输入网址，通过 "阻止" 或 "允许" 按钮将这些网址添加到 "托管网站" 列表中，也可以将 "托管网站" 列表中的站点删除。

图 3-50　IE 隐私设置

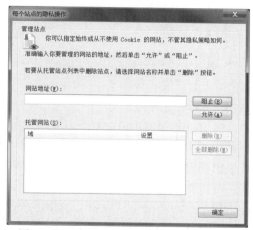

图 3-51　"每个站点的隐私操作" 对话框

2. 弹出窗口阻止程序设置

弹出窗口是一个小的 Web 浏览器窗口，出现在正在查看的网站的前端。弹出窗口通常在访问网站时打开，且通常是由广告商创建的。弹出窗口阻止程序能够限制或阻止大多数弹出窗口。设置方法如下：

方法一：选择图 3-50 中的 "启用弹出窗口阻止程序" 复选框，"设置" 按钮将被激活，单击 "设置" 按钮。

方法二：在 IE 浏览器窗口中，选择 "工具" → "弹出窗口阻止程序" → "弹出窗口阻止程序设置" 命令。

上述方法均弹出 "弹出窗口阻止程序设置" 对话框，如图 3-52 所示。在下方设置阻止级别，如果不希望看到任何弹出窗口，选择阻止级别 "高：阻止所有弹出窗口 (Ctrl + Alt 覆盖)"。也可以将一些特定网站的弹出窗口设置为允许弹出。在 "要允许的网站地址" 文本框中输入要查看其中的弹出窗口的网站地址（或 URL），单击 "添加" 按钮后再单击 "关闭" 按钮即可。

很多网站的重要公告都是以弹出窗口的形式出现的，这些弹出窗口是需要打开的。在 IE 中，导航到带有弹出窗口的网站，浏览器栏下方的信息栏通知弹出窗口已被阻止时，可以单

第 3 章　网页浏览与管理

击该信息栏，如图 3-53 所示，在弹出的选项中选择"单击允许一次"按钮或选择"总是允许"命令，被阻止的窗口将显示出来。

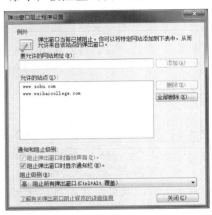

图 3-52　弹出窗口阻止程序设置

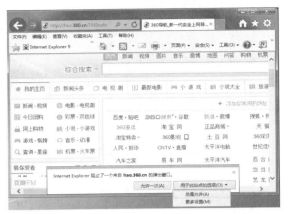

图 3-53　查看被阻止的弹出窗口

3.5.4　内容设置

在 IE 浏览窗口中，选择"工具"→"Internet 选项"命令，在弹出的对话框中选择"内容"选项卡进行设置，如图 3-54 所示。

1. 家庭安全

如今计算机和互联网已经成为人们生活中的一部分，孩子们接触计算机和互联网的年龄也越来越小，但是无节制地使用计算机和互联网会影响小宝贝儿们的健康成长，如何控制好孩子们使用计算机的时间成为家长们的一个难题。Windows 7 系统自带有家长控制功能，家长可以使用这个功能设置允许孩子使用的计算机的时段、可以玩的游戏类型以及可以运行的程序。即使父母不在家，这个尽职尽责的"小保姆"会自动管理孩子的计算机使用，不必担心孩子无节制地使用计算机。

2. 证书

证书是有助于识别网站所有者的电子文档，可帮助用户决定是否信任该网站而向其输入个人或财务信息。证书是由证书颁发机构颁发的，该机构的责任是确认网站所有者或组织的身份。即使是有效的数字签名也无法验证文件的内容没有危害，必须决定是否应根据发行商的身份以及下载文件的位置信任文件的内容。

当连接到商业网站时，例如银行或书店，IE 会使用安全连接，该连接采用了安全套接字层（SSL）技术对交易进行加密，加密基于一种证书，该证书可向 IE 提供与该网站安全通信所需要的信息，也可识别网站及其所有者或公司。在为联机业务提供个人或财务信息之前，可以查看证书以验证网站的身份。

在"内容"选项卡中单击"清除 SSL 状态"按钮，会弹出"SSL 缓存成功清除"提示框，如图 3-55 所示。这表示在 IE 上操作过的有关个人或财务信息等上网痕迹会被清除，以有效保障用户网络安全。很多银行要求每次网银交易结束都要清除 SSL 状态。

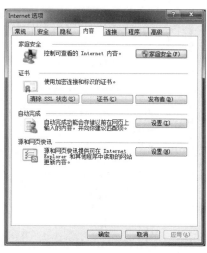
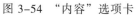

图 3-54 "内容"选项卡

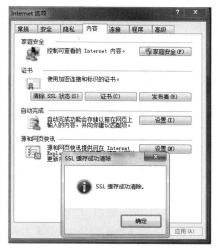

图 3-55 清除 SSL 状态

单击"证书"或"发布者"按钮，均将弹出图 3-56 所示的"证书"对话框，以查看受信任证书的列表和未受信任的发布者等。

图 3-56 "证书"对话框

3. 自动完成

"自动完成"功能会保存以前输入的 Web 地址、窗体和密码的文本，如果再次输入相同的信息，该功能会为检索相同的文本，列出可能的匹配项。

在"内容"选项卡中，单击"自动完成"选项区域下的"设置"按钮，会弹出图 3-57 所示的"自动完成设置"对话框，选择要使用的"自动完成"功能复选框。单击"删除自动完成历史记录"按钮，弹出图 3-58 所示的"删除浏览历史记录"对话框，选择要删除的浏览历史记录项即可。

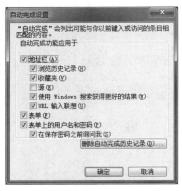

图 3-57　"自动完成设置"对话框

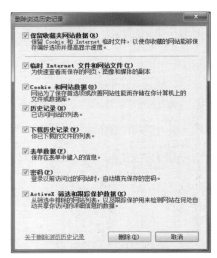

图 3-58　"删除浏览历史记录"对话框

3.5.5　连接设置

在"连接"选项卡中可以进行拨号连接设置及局域网设置，如图 3-59 所示。

单击对话框右上方的"设置"按钮，新建连接向导可以引导用户创建一个新的 Internet 拨号连接。

代理设置用于告知 IE 上某些网络浏览器和 Internet 之间使用的中间服务器（称为"代理服务器"）的网络地址。通常只有在通过企业网络连接到 Internet 时才必须更改代理设置。默认情况下，IE 自动检测代理设置。但有时可能需要使用网络管理员提供的信息来手动设置代理。

单击"局域网设置"按钮，将弹出图 3-60 所示的"局域网（LAN）设置"对话框，可以进行自动配置或手动设置代理服务器。

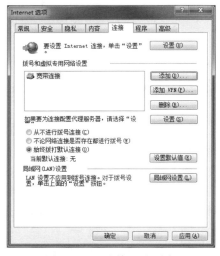

图 3-59　"连接"选项卡

图 3-60　"局域网（LAN）设置"对话框

3.5.6 程序设置

在"程序"选项卡中,可以单击"设为默认浏览器"按钮设置 Internet Explorer 为默认的 Web 浏览器,如图 3-61 所示。如果 IE 不是默认的 Web 浏览器可以设置提示。

单击"管理加载项"按钮,弹出"管理加载项"对话框,如图 3-62 所示,可以进行 IE 加载项的管理和设置。加载项又称 ActiveX 控件、浏览器扩展、浏览器帮助应用程序对象或工具栏,可以通过提供多媒体或交互式内容(如动画)来增强对网站的体验。但是,某些加载项可能导致计算机停止响应或显示不需要的内容,如弹出广告。如果怀疑浏览器加载项影响计算机,则可能要禁用所有加载项以查看是否能解决问题。如果禁用了某个加载项,某些网页或 IE 自身可能无法正确显示。

在"程序"选项卡中,可以指定"HTML 编辑"服务的程序。如指定 HTML 编辑器为 Microsoft Office Word 或记事本,电子邮件使用 Outlook Express 等,指定的应用程序便与 Internet 服务进行了关联。

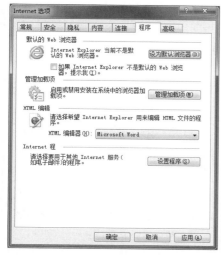

图 3-61　"程序"选项卡　　　　图 3-62　"管理加载项"窗口

3.5.7 高级设置

在图 3-63 所示的"高级"选项卡,包含按类别组织的各种 IE 选项的设置。

"还原高级设置"功能将 IE 高级设置重置为其默认设置(即首次安装 IE 时的设置)。

"重置"功能可以将 IE 返回到在计算机上首次安装时的状态。它通常用来解决性能或联机问题。删除个人设置时,某些依赖以前存储的 Cookie、表单数据、密码或以前安装的浏览器加载项的网页可能无法正常工作。此选项将重置 IE 几乎每个用户设置,但不会删除收藏夹、源、网页快讯和其他个性化设置。对 IE 设置的重置是不可逆的,在重置以后,以前所有的设置都将丢失,而且无法恢复。如图 3-64 所示,系统会弹出"重置 Internet Explorer 设置"对话框,让用户确认重置操作。

第 3 章　网页浏览与管理

59

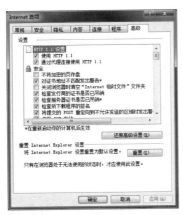

图 3-63 "高级"选项卡

图 3-64 "重置 Internet Explorer 设置"对话框

3.6 应用实例

3.6.1 设置浏览器主页

1. 任务

把 hao123、新浪、百度作为 IE 浏览器主页。

2. 任务分析

在日常工作中，可以将每次上网都要浏览或使用的网页作为 IE 浏览器的主页，如新浪、百度、淘宝网、优酷网、hao123 网址之家等。IE 10 允许设置多个主页，当打开 IE 浏览器时，这些主页将全部被打开。

3. 操作步骤一

① 打开 IE 浏览器，在地址栏中输入 http://www.hao123.com，按【Enter】键即可打开该网页。

② 单击"工具"按钮 ⚙，选择"Internet 选项"命令，如图 3-65 所示。

③ 在弹出的对话框中选择"常规"选项卡，单击"使用当前页"按钮，网址会加入到地址栏中，单击"确定"按钮。

④ 在当前浏览器中新建选项卡，重复①～③操作依次将新浪 http://www.sina.com.cn、百度 http://www.baidu.com 网址添加到地址栏后，单击"确定"按钮完成全部设置，如图 3-66 所示。

图 3-65 选择"Internet 选项"命令

图 3-66 设置多个主页

4. 操作步骤二

打开 IE 浏览器，在地址栏中输入 http://www.hao123.com，新建两个选项卡分别在地址栏中输入 http://www.sina.com.cn 和 http://www.baidu.com，单击图 3–67 所示命令栏上"主页"按钮右侧的向下箭头，选择"添加或更改主页"命令，将弹出"添加或更改主页"对话框，可以进行主页设置，如图 3–68 所示。

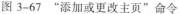

图 3–67 "添加或更改主页"命令

图 3–68 "添加或更改主页"对话框

以后每次打开 IE 浏览器时，设定的 3 个主页会全部打开。

3.6.2 添加搜索引擎服务

IE 10 地址栏右侧的"搜索"功能默认提供了微软 Bing（必应）搜索服务，用户也可以根据自己的需要添加自己喜欢的第三方搜索服务，如谷歌、百度、搜狗等。

用户可以到微软设立的加载项站点获取更多的搜索服务。

① 单击搜索图标 🔍，单击"添加"按钮，如图 3–69 所示。

② 随后会转到加载项资源库，在这里选择自己喜欢的搜索程序，如图 3–70 所示。

图 3–69 单击"添加"按钮

图 3–70 IE 10 搜索程序加载项页面

③ 此处以添加"百度"为例，单击百度搜索图标，进入添加界面，如图 3–71 所示。在该界面中单击"添加至 Internet Explorer"按钮，在弹出的对话框中单击"添加"按钮即可，如图 3–72 所示。如果需要将该项设置为默认搜索程序，可以选择对话框中的"将它设置为默认搜索提供程序"复选框。

图 3-71　添加搜索程序　　　　　　　　　　　图 3-72　确认添加

当添加多个搜索程序后，可以在不打开搜索网站的情况下，单击地址栏右侧的搜索图标，在地址栏后输入要搜索的内容，如图 3-73 所示，然后在下拉列表中单击要使用的搜索程序，即可直接转到包含搜索结果的页面，如图 3-74 所示。

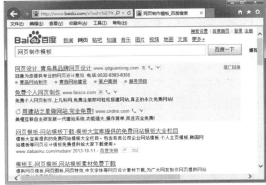

图 3-73　输入搜索关键词选择搜索程序　　　　图 3-74　转到相应站点的搜索结果

3.6.3　下载资源

IE 10 浏览器中集成了一个轻量级的下载管理器。使用下载管理器，可以查看下载的文件的状态，使用 SmartSreen 筛选器检测下载文件信息，对下载完成的文件提供全面的安全检查并显示下载文件的存储位置。下载管理器支持断点续传功能。

例如要从"百度图片"中下载喜欢的图片，可以利用下载管理器实现。方法是：将鼠标指针移动到选中的图片上停留片刻，图片会突出显示，如图 3-75 所示。单击"下载原图"按钮，则会在浏览下方弹出一个保存提示框，如图 3-76 所示。单击"保存"按钮，图片将保存完成，并在浏览器下方弹出图 3-77 所示的提示框。如果想将图片另存，可以单击"保存"按钮右侧的向下箭头，在下拉菜单中选择"另存为"命令，这可将该图片保存在指定的位置，并且可以对该文件进行重命名。

图 3-75　选择需下载的图片

图 3-76　保存提示框

单击"打开"按钮可使用默认软件打开图片；单击"打开文件夹"按钮，则可查看该图片保存的路径；单击"查看下载"按钮将打开下载管理器，单击左下角的"选项"链接，可以修改下载文件的默认存储路径，如图 3-78 所示。

图 3-77　图片下载完成

图 3-78　修改下载文件的默认存储路径

使用类似的方法可以利用下载管理器下载其他文件或软件等资源。

3.6.4　手机上网浏览网页

随着 3G 手机的广泛使用，通过手机浏览器浏览网页已经相当普遍。手机浏览器需要 Java 或智能手机的系统（如苹果的 IOS 系统或 Android 平台等）支持，目前国内知名度较高、用户数量较多的是百度手机浏览器、UC 手机浏览器和手机 QQ 浏览器等。

1. UC 手机浏览器浏览

UC 手机浏览器采用最新的数据压缩优化技术，高达 80% 的压缩率，使页面载入速度大幅提升，提高浏览效率，节省上网流量，降低浏览费用。其以自动适应屏幕和缩放两种浏览模式，呈现最佳网络视觉效果。手机酷站、分类大全、互联网酷站等导航系统，囊括了多个热门、精彩的站点，无须输入，轻轻一点，即可进入绚丽多彩的网络世界。浏览界面如图 3-79 所示。

第 **3** 章　网页浏览与管理

图 3-79　UC 浏览器浏览页面

2. 百度手机浏览器浏览

百度手机浏览器由百度公司研发,基于几十项技术创新的全新 webkit 增强内核,在浏览速度、网站兼容性、稳定性方面均有明显提升。百度手机浏览器具有丰富的特色功能：整句英汉互译、长按文本即可翻译,浏览国外网站毫无压力；翻屏按钮,单击即可自动滚屏,配合全新干净全屏效果,手机阅读发烧友最爱；中文语音搜索,配合网络搜索推荐等功能,让搜索一触即达；更有单指滑动缩放、主体突出、夜间模式、截图分享等贴心功能。浏览界面如图 3-80 所示。

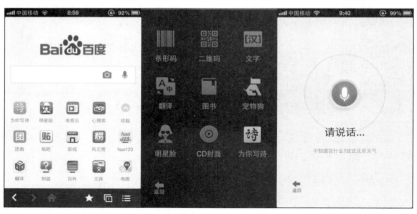

图 3-80　百度手机浏览器浏览页面

习　　题

1. 简述 WWW 的工作原理。
2. IE 地址栏中经常出现的 http 和 www 代表什么意思？
3. 将搜狐网和新浪网设为浏览器主页。
4. 将自己喜欢的网页保存在收藏夹中,并在收藏夹中建立不同的文件夹管理各类网页。
5. 借助收藏夹和历史记录查看浏览过的网站。
6. 将谷歌设置为默认搜索引擎。
7. 利用下载管理器下载自己喜欢的图片到 D:\picture 文件夹下。

第4章

➡ 搜索引擎使用

　　Internet 上的信息浩如烟海，网络资源更是无穷无尽，如何快速找到所需要的资源是摆在人们面前的最大问题，而 Internet 上的搜索引擎为人们解决了这个问题。它通过使用"关键词检索"和"分类检索"等方法，快速地将用户要查找的信息检索出来。通常所说的搜索引擎大部分以 Web 站点的形式存在，提供网址、网页、文章及综合服务的搜索。

　　本章要点：
- 搜索引擎的概念和分类
- 搜索引擎语法规则
- 常用中文搜索引擎
- 其他搜索引擎

4.1　搜索引擎概念与分类

4.1.1　搜索引擎概念

　　搜索引擎（Search Engine）是 Internet 上的一个网站，是指根据一定的策略、运用特定的计算机程序从 Internet 上搜集信息，在对信息进行组织和处理后，为用户提供检索服务，将用户检索的相关信息展示给用户的系统。它的主要任务是在 Internet 上主动搜索 Web 服务器信息并将其自动索引，其索引内容存储于可供查询的大型数据库中。当用户输入关键字（Keyword）查询时，该网站会告诉用户包含该关键字信息的所有网址，并提供通向该网站的链接。

　　为了满足大众信息检索的需要，专业的搜索网站便应运而生了。随着 Internet 规模的快速膨胀，任何一家搜索引擎单靠自身的能力已经满足不了用户的需求，无法适应目前的市场状况，为此现在搜索引擎之间出现了分工协作，并有了专业的搜索引擎技术和搜索数据库服务提供商。如国外的 Inktomi，它本身并不是直接面向用户的搜索引擎，但像包括 Overture（原 GoTo）、LookSmart、MSN、HotBot 等在内的其他搜索引擎提供全文网页搜索服务。国内的百度（Baidu）也属于这一类。

4.1.2　搜索引擎分类

　　搜索引擎如何分类呢？对于普通用户来说，新浪、搜狐是搜索引擎，Google、百度也是搜索引擎，没什么大的区别。但是从严格分类上说它们属于不同种类的搜索引擎，下面来详细介绍。

搜索引擎按照其工作方式主要可分为 3 种，分别是全文搜索引擎（Full Text Search Engine）、目录索引类搜索引擎（Search Index/Directory）和元搜索引擎（Meta Search Engine）。

1. 全文搜索引擎

全文搜索引擎还可以细分为两种，一种是拥有自己的检索程序（Indexer），俗称"蜘蛛"（Spider）程序或"机器人"（Robot）程序，并自建网页数据库，搜索结果直接从自身的数据库中调用，如上面提到的几种引擎；另一种则是租用其他引擎的数据库，只是搜索结果按自定的格式排列，如 Lycos 引擎。

2. 目录索引

目录索引从严格意义上来说算不上是真正的搜索引擎，虽然有搜索功能，但它仅仅是按目录分类的网站链接列表而已。用户完全可以不用进行关键词（Keywords）查询，仅靠分类目录也能找到需要的信息。目录索引中最具代表性的莫过于大名鼎鼎的 Yahoo（雅虎）。国内的搜狐、新浪、网易搜索等大都属于这一类。

3. 元搜索引擎

元搜索引擎在接受用户查询请求时，同时在其他多个搜索引擎上进行搜索，并将结果返回给用户。著名的元搜索引擎有 InfoSpace、Dogpile、Vivisimo 等（元搜索引擎列表），中文元搜索引擎中具代表性的有搜星搜索（www.soseen.com）引擎。在搜索结果排列方面，有的直接按来源引擎排列搜索结果，有的则按自定义的规则将结果重新排列组合。

除上述三大类引擎外，还有以下几种非主流形式：

① 集合式搜索引擎：如 HotBot 在 2002 年底推出的引擎。该引擎类似 META 搜索引擎，但区别在于不是同时调用多个引擎进行搜索，而是由用户从提供的 4 个引擎中选择，称它"集合式"搜索引擎更确切些。

② 门户搜索引擎：如 AOL Search、MSN Search 等虽然提供搜索服务，但自身既没有分类目录，也没有网页数据库，其搜索结果完全来源于其他引擎。

③ 免费链接列表（Free For All Links）：这类网站一般只简单地滚动排列链接条目，其中一部分有简单的分类目录，不过规模比起 Yahoo 等目录索引要小得多。由于上述网站都为用户提供搜索查询服务，所以通常将其统称为搜索引擎。

4.2　搜索引擎语法规则

搜索引擎为用户查找信息提供了很大的方便，只需要输入几个关键词，任何想要的资料都会从四面八方汇集到用户的计算机中。然而如果操作不当，搜索效率就会大打折扣。例如本来想查询某方面的资料，可搜索引擎返回的却是大量无关的信息。这种情况通常不是错在搜索引擎，而是因为我们没有掌握提高搜索精度的技巧。所以，掌握使用搜索引擎的方法与技巧是高效使用网络资源所必需的。

4.2.1　关键词用法

要在搜索引擎上搜索信息必须先输入关键词，可以说关键词是一切搜索的开始。大部分情况下找不到所需的信息是因为关键词选择发生了偏差。学会从复杂搜索意图中提炼出最具代表性和指示性的关键词对提高搜索效率至关重要，这方面的技巧（或经验）是所有其他搜索技巧的基础。

选择搜索关键词的原则是，首先确定要达到的目标，要在脑子里形成一个比较清晰的概念，即想要找的到底是什么？是资料性的文档还是某种产品或服务？然后分析这些信息都有些什么共性，以及区别于其他信息的特性，最后从这些方向性的概念中提炼出此类信息最具代表性的关键词。如果这一步做好了，往往就能迅速地定位到要找的信息，而且多数时候根本不需要用到其他更复杂的搜索技巧。另外搜索条件越具体，搜索引擎返回的结果就越精确，有时多输入一两个关键词效果就完全不同，这是搜索的基本技巧之一。比如想找一首歌曲"月亮之上"，关键词应该是什么呢？下面以不同的关键词为例来看搜索结果。

① 关键词为歌曲名：进入百度网站，在搜索栏输入"月亮之上"，单击"百度一下"按钮，结果如图4-1所示，得到相关搜索结果 8 340 000 个。

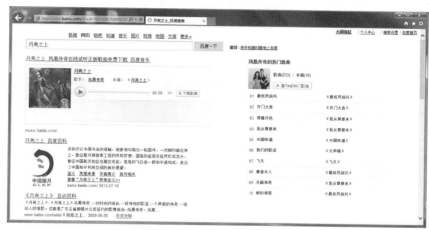

图4-1 "月亮之上"搜索结果

② 关键词为"歌曲月亮之上"：在百度网站的搜索栏输入"歌曲月亮之上"，单击"百度一下"按钮，结果如图4-2所示，得到搜索结果 1 280 000 个。

图4-2 "歌曲月亮之上"搜索结果

显然后者的搜索结果更符合我们的需要。

4.2.2　使用逻辑操作符

逻辑操作符通常是指布尔命令 AND、OR、NOT 等逻辑符号命令。搜索引擎基本上都支持附加逻辑命令查询，用好这些命令符号可以大幅度提高搜索精度，使搜索达到事半功倍的效果。

下面以关键词 computer adventure game 为例比较各搜索条件的含义：

AND 表示逻辑"与"，可用"＆"表示，是指查找包含所有关键词的记录，如 computer and adventure and game，搜索结果中只列出同时包含 3 个关键字的记录。

OR 表示逻辑"或"，可用"|"表示，是指查找至少包含一个指定关键词的记录，如 computer or adventure or game，搜索结果中不仅有同时包含 3 个关键字的记录，也有仅包含部分关键字串（如 computer games）和个别关键字（如 computer）的记录。

NOT 表示逻辑"非"，可用"!"表示，是查找包含 not 前关键字但不包含 not 后关键字的记录，如 computer game not adventure，搜索结果中列出所有包含 computer game 的记录，但排除其中有关 adventure 的记录。

可见，根据不同的要求选择相应的逻辑操作符，可以得到更为精确的结果。

① 以 computer and adventure and game 为关键词：在搜搜（www.soso.com）网站的搜索栏输入 computer and adventure and game，单击"搜搜"按钮，结果如图 4-3 所示，找到约 14 485 条相关结果。

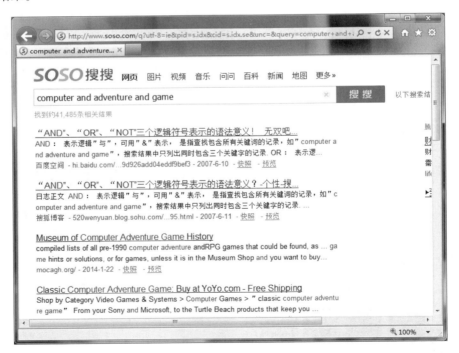

图 4-3　加 AND 的搜索结果

② 以 computer or adventure or game 为关键词：在搜搜网站的搜索栏输入 computer or adventure or game，单击"搜搜"按钮，结果如图 4-4 所示，找到约 15 416 036 条相关结果。

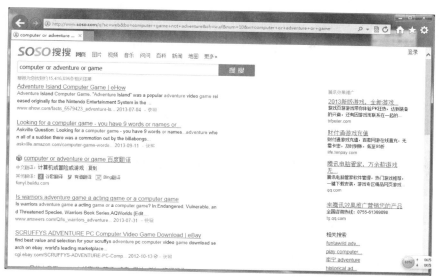

图 4-4　加 OR 的搜索结果

③ 以 computer game not adventure 为关键词：在搜搜网站的搜索栏输入 computer game not adventure，单击"搜搜"按钮，结果如图 4-5 所示，找到约 6 188 699 条相关结果。

图 4-5　加 NOT 的搜索结果

需要注意的是采用逻辑操作符需要考虑优先级，查询的顺序将取决于优先级的高低。

4.2.3　通配符和"+、-"连接号

通配符是一种特殊符号，主要有星号（*）和问号（？），用来模糊搜索。星号表示任意多个字符，而问号只表示一个字符。这个技巧主要用于英文搜索中，如输入 computer*，就可以找到 computer、computers、computerized 等单词，而输入 b?ll，则只能找到 ball、bell、bill 等单词。

+、-连接号一般用于在搜索结果中强制包含或排除特定的关键字。当搜索结果中需要同

时包含多个关键词的内容时，可以把几个关键词之间用+号相连。例如想查询鲁迅作品《呐喊》的情况时，可以输入"鲁迅作品+呐喊"。大多搜索引擎用空格和用加号的查询结果是相同的。

在关键词前面使用减号，意味着在查询结果中不能出现该关键词。在查询某个题材时并不希望包含另一个题材，这时可以使用减号。例如想查找"鲁迅作品"，但又不希望结果中包含《呐喊》这一作品，可以输入"鲁迅作品 –呐喊"，但注意，一定要在减号前留一个空格。

① 以鲁迅作品《呐喊》为关键词：在百度网站的搜索栏输入"鲁迅作品+呐喊"，单击"百度一下"按钮，结果如图 4-6 所示。

图 4-6　以"鲁迅作品+呐喊"为关键词搜索结果

② 用"鲁迅作品 –呐喊"搜索：在百度网站的搜索栏输入"鲁迅作品 –呐喊"，单击"百度一下"按钮，结果如图 4-7 所示。

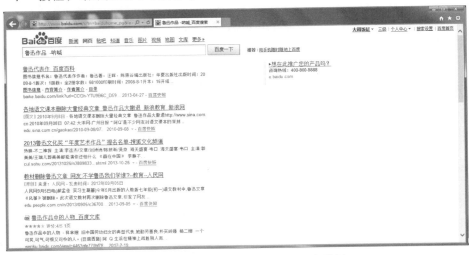

图 4-7　"鲁迅作品 –呐喊"的搜索结果

4.2.4　使用逗号、括号或引号进行词组查找

在搜索引擎中还可以利用逗号、括号、引号进行词组查找。

逗号的作用类似于 OR，用于寻找那些至少包含一个指定关键词的文档。不同的是"越多越好"是它的原则。查询时找到的关键词越多，文档排列的位置越靠前。例如查询关键字是"计算机，多媒体，Windows 2000"，则查询同时包含"计算机""多媒体"和"Windows 2000"的文档。

括号的作用和数学中的括号相似，可以用来使括在其中的操作符先起作用。例如"（网址 or 网站）and（搜索 or 查询）"，则实际查询时，关键词就是"网址搜索""网址查询"，或者是"网站搜索""网站查询"。

精确匹配搜索也是缩小搜索结果范围的有力工具，此外它还可以用来达到某些其他方式无法完成的搜索任务。除了利用前面提到的逻辑命令来缩小查询范围外，还可以使用英文双引号（虽然现在一些搜索引擎已支持中文标点符号，但考虑到其他搜索引擎，最好养成使用英文字符的习惯）来进行精确匹配查询（又称短语搜索）。例如 computer adventure games，它与+computer +adventure +games 的区别是：虽然后者限定网页中要同时包含 3 个关键词，但其顺序和相邻位置允许是任意的。而前者不仅要求网页中必须同时包含 3 个关键词，关键词的顺序也要求完全相同，并且它们还必须是连在一起的，显然带引号的查询范围更小。此外使用引号进行精确匹配查询还可用于达到特殊的搜索目的。例如一般情况下 Who、I 作为停用词被搜索引擎忽略，但有时在搜索特别类型的信息时又必须包含这些停用词（如搜索 Who Am I），这时可以将全部关键词用引号括起来，就可以强制搜索引擎将停用词作为短语的一部分进行搜索。下面举例说明。

① 在关键词中加入逗号，在谷歌网站的搜索栏输入"计算机，多媒体，windows 2000"，单击"搜索"按钮，结果如图 4-8 所示。含有 3 个关键词的网页信息最靠前。

图 4-8　加逗号的搜索结果

② 在关键词中加入括号：在谷歌网站的搜索栏输入"（网址 or 网站）and（搜索 or 查询）"，单击"搜索"按钮，结果如图 4-9 所示。

图 4-9　加括号的搜索结果

③ 在关键词中加入引号：在谷歌网站的搜索栏输入"who am I"，注意输入引号时要在英文输入法下，单击"搜索"按钮，结果如图 4-10 所示。

图 4-10　加引号的搜索结果

4.2.5　使用空格

在输入汉字作为关键词时，不要在汉字后追加不必要的空格，因为空格将被搜索引擎认作特殊操作符，其作用与 AND 一样。例如，如果输入了这样的关键词：飞　机，那么它不会被当作一个完整词"飞机"去查询，由于中间有空格，会被认为是需要查出所有同时包含"飞""机"两个字的文档，这个范围就要比"飞机"作为关键词的查询结果大多了，更重要的是它偏离了本来的含义。关键词应输入"飞机"。下面具体分析。

① 以"飞　机"为关键词：在谷歌网站的搜索栏输入"飞　机"，单击"搜索"按钮，结果如图4-11所示。

图4-11　加空格的搜索结果

② 以"飞机"为关键词：在谷歌网站的搜索栏输入"飞机"，单击"搜索"按钮，结果如图4-12所示。

图4-12　不加空格的搜索结果

4.2.6　特殊搜索

以上是使用各种搜索引擎的基本语法，但也有例外，具体可参考每个搜索引擎的在线帮助。

除一般搜索功能外，搜索引擎都提供一些特殊搜索命令，以满足高端用户的一些特殊需求。例如查询指向某网站的外部链接和某网站内所有相关网页的功能等。这些命令虽然不常用，但当有这方面的搜索需求时，它们有非常大的作用。

对普通用户而言，熟练掌握前面介绍的几种搜索技巧就已经足够了。但有时我们难免会有一些特殊的需求，而搜索引擎也支持一些特殊的搜索命令，以便我们精确定位所需信息。

1. 标题搜索

多数搜索引擎都支持针对网页标题的搜索，命令是 title，在进行标题搜索时，前面提到的逻辑符号和精确匹配原则同样适用。请看下面的例子：

```
title（或 t）:computer adventure games
title:+computer +adventure +games
title:+computer +games -adventure
title:"computer adventure games"
```

返回的结果都是标题中包含关键字、词的信息条目。

2. 网站搜索

此外还可以针对网站进行搜索，命令是 site:(Google)、host:(AltaVista)、url:(Infoseek)或 domain:(HotBot)。如想查找 Games 游戏制作公司网站的所有网页，可以输入：

```
site(或 host/url/domain):www.games.com
```

还可以在其中加入其他命令组成复杂的搜索条件，如：

```
site:www.games.com +title:"computer games" -adventure
```

意思是查找 Games 公司网站中所有标题中含有 computer games 的网页，但排除关于冒险游戏的网页。

通过上面所述大家可能已经意识到，运用此命令可以达到一个极其重要的目的，就是检查网站中被索引的网页有多少。建议大家牢记这个命令。另外运用 site/host/url/domain 等搜索命令还可以实现某一网站的站内搜索。例如 Google 引擎由于技术的先进性，通过其 site 命令实现的网站内部搜索甚至比专门的站内搜索程序还要好。

3. 链接搜索

在 Google 和 AltaVista 中，用户均可以通过 link:命令来查找某网站的外部导入链接（inbound links），如 link:www.games.com 等。其他一些引擎也具有同样的功能，只不过命令格式稍有区别。可以用这个命令来查看是谁以及有多少网站与你进行了链接。除上述命令外，还有其他一些特殊搜索命令，如 filetype:（限定搜索的文档类别）、daterange:（限定搜索的时间范围）、phonebook:（查询电话）等，感兴趣的读者可以自行研究。

Google 引擎提供了比较完备的搜索功能，读者可参考 Google 网站上的专题介绍。

4. 附加搜索功能

搜索引擎为用户提供一些方便搜索的定制功能。常见的有相关关键词搜索、限制地区搜索等。为方便查询信息，各搜索引擎还提供了其他一些附加搜索功能（部分可在搜索引擎的高级搜索 Advanced Search 页面中进行选择）。例如：

（1）单词衍生形态查询

当输入 thought 时，如果选择了此功能，搜索引擎除了以 thought 为条件搜索外，还会以 think、thinking 等同词根的词进行查询。

（2）网页快照（Snap Shot）

直接从引擎数据库缓存（Cache）中调出该网页的存档文件，方便用户在预览网页内容后决定是否访问该网站，或是在对应网页发生变动时查看原始页面。通常缓存中保存的是网页的文字部分，图像等多媒体元素还是要实时从对应的网站上下载。与其他附加功能相比，"网页快照"还是相当实用的。

与网页快照类似的还有一种"网页预览"功能（如 WiseNut 引擎的 Sneek-a-Peek），当用户选择此功能时，将在该条目下方打开一个窗口下载并显示对应的网页内容。

（3）网站内部查询

当用户找到某个网页，搜索引擎提供查询该网站其他页面的功能，类似 site:、host:等命令。

（4）横向相关查询

当用户找到某个感兴趣的网页时，搜索引擎提供查询内容近似的其他网页的功能（不局限于同一网站）。一般是在信息条目后面给出 Similar Pages 或 More results like this 链接。

（5）概念延伸查询

以某个关键词查询时，搜索引擎列出相关领域的其他搜索条件供用户选择。例如输入 furniture，会列出 outdoor furniture、patio furniture、office furniture 等相关的信息类别可供查询。

除上述功能外，现在很多搜索引擎开始提供分类搜索，如新闻搜索、图像搜索、新闻组搜索、Flash 搜索等。搜索引擎的初衷是好的，都是为了方便用户，至于哪些有用哪些没有用则完全看用户的个人喜好。

5. 用什么样的搜索引擎搜索

搜索引擎工作方式的不同，导致了信息覆盖范围方面的差异。而平常搜索信息时仅集中于某一家搜索引擎是不明智的，再好的搜索引擎也有局限性，应该根据具体要求选择不同的搜索引擎。

日常信息需求大致可分为两种，一种是寻找参考资料，另一种是查询产品或服务，那么对应的搜索引擎选择就应该是全文搜索引擎（Full-Text Search Engine）和目录索引（Search Directory）。

对于前一种需求来说，由于目标非常具体，而目录索引中链接条目所容纳的信息量有限，无法满足我们的要求，因此全文搜索引擎便成为最好的选择。按照全文搜索引擎的工作原理，它从网页中提取所有的文字信息，匹配搜索条件的范围就大得多，完全能满足哪怕是最不着边际的信息需求。这也就是为什么现在多数目录索引都采用其他全文搜索引擎提供二级网页搜索的原因。

相反，如果需要搜索的是某种产品或服务，那么目录索引就略占优势。因为网站在提交目录索引时都被要求提供站点标题和描述，且限制字数，所以网站所有者会以最精练的语言概括自己的业务范围，让人一目了然。而多数全文搜索引擎直接提取网页标题和正文作为链接的标题和描述。经常使用全文搜索引擎的用户都有这样的体会，就是搜索结果显示的信息往往过于杂乱，让人无法一眼就判断出该网站的性质。在搜索商业信息时还是经常会用到诸如搜狐、新浪、网易等目录搜索引擎。

此外，当要搜集某一类的网站资料时，目录索引的分类目录就是天然的宝库。

那么究竟哪几个搜索引擎能够为我们所用呢？为方便大家查阅，编者结合平常的经验列出表 4-1 所示的常用搜索引擎供大家参考。

第 4 章 搜索引擎使用

表 4-1　常用搜索引擎一览表

国外搜索引擎	搜索目标（英文）	搜索引擎/目录索引
	一般资料	Google
	资料涉及非常冷僻的领域	AllTheWeb
	特殊资料（其他主要引擎都查不到时）	InfoSeek/WebCrawler/Vivisimo 等多元引擎
	产品或服务	Overture
国内搜索引擎	搜索目标（中文）	搜索引擎/目录索引
	一般资料	Google
	古汉语（诗词）类资料	百度
	产品或服务	搜狐、新浪（质量较高）/网易（较全面）

4.3　中文搜索引擎介绍

不同的搜索引擎有其各自的特点，在使用搜索引擎时，充分利用它们各自的优点，可以得到最佳、最快捷的查询结果。

4.3.1　百度

百度（www.baidu.com）于 1999 年底成立于美国硅谷。2000 年 1 月，百度公司在中国成立了其全资子公司百度网络技术(北京)有限公司，随后于同年 10 月成立了深圳分公司，2001年 6 月又成立了上海办事处。

百度是国内最大的商业化全文搜索引擎，占国内 80% 左右的市场份额。其功能完备，搜索精度高，除数据库的规模及部分特殊搜索功能外，其他方面可与当前的搜索引擎业界领航者 Google 相媲美，在中文搜索支持方面有些地方甚至超过了 Google，是目前国内技术水平最高的搜索引擎，并为搜狐、Tom.com、21CN、广州视窗等搜索引擎，以及中央电视台、商务部等机构提供后台数据搜索支持。

百度目前主要提供中文（简/繁体）网页搜索服务。如无限定，默认以关键词精确匹配方式搜索。此外还提供关键词分类搜索，即将常用关键词进行组合分类，方便用户直接查找相关资料。在搜索结果页面，百度还设置了关联搜索功能，方便访问者查询与输入关键词等有关的其他方面的信息，提供"百度快照"查询。其他搜索功能包括新闻搜索、网站网址链接、MP3 搜索、图片搜索、Flash 搜索等。

4.3.2　Google

Google（www.google.com.hk）成立于 1997 年，在短短十几年间迅速发展成为目前规模最大的搜索引擎，并向 Yahoo、AOL 等其他目录索引和搜索引擎提供后台网页查询服务。每个月，Google 要处理 1000 亿次查询请求，并且通常以几微秒（百万分之一秒）的速度返回结果。

Google 属于全文（Full Text）搜索引擎，为用户提供常规及高级搜索功能。在高级搜索中，用户可以限制某一搜索必须包含或排除特定的关键词或短语。Google 允许用户自定义搜索结果页面所含信息条目数量，可从 10 到 100 条任选；并提供网站内部查询和横向相关查询。

Google 还提供特别主题搜索，如 Apple Macintosh、BSD UNIX、Linux 和高等院校搜索等。

Google 支持多种语言进行搜索，在操作界面中提供多达 30 余种语言选择，包括英语、主要欧洲国家语言（含 13 种东欧语言）、日语、中文简繁体等。同时还可以在多达 40 个地区专属引擎中进行选择。

Google 有着这样的搜索规则：以关键词搜索时，返回结果中包含全部及部分关键词；短语搜索时默认以精确匹配方式进行；不支持单词多形态（Word Stemming）和断词（Word Truncation）查询；字母无大小写之分，默认全部为小写。搜索结果显示网页标题、链接（URL）及网页字节数，匹配的关键词以粗体显示。其他特色功能包括"网页快照"（Snap Shot），即直接从数据库缓存（Cache）中调出该页面的存档文件，而不实际连接到网页所在的网站（图像等多媒体元素仍需从目标网站下载），方便用户在预览网页内容后决定是否访问该网站，或者在网页被删除或暂时无法连接时，方便用户查看原网页的内容。

Google 借用 Dmoz 的目录索引提供分类目录查询，但默认网站排列顺序并非按照字母顺序，而是根据网站 PageRank 的分值高低排列。

Google 的"蜘蛛"程序名为 Googlebot，属于非常活跃的网站扫描工具。Google 一般每隔 28 天使用"蜘蛛"程序检索现有网站一定 IP 地址范围内的新网站，然后将其添加到自己的数据库中，供用户搜索。

4.3.3　新浪网

新浪（www.sina.com.cn）是全球范围内最大的华语门户网站之一。新浪自己有独立的目录索引，共设 15 大类目录，10 000 多个子目录，收录网站达 20 余万个，是规模最大的中文搜索引擎。新浪采用百度搜索引擎技术，提供网站、中文网页、英文网页、新闻、软件、游戏等查询项目，并且支持中文域名。

新浪的搜索规则是默认综合搜索，涉及网站、网页、新闻等内容。网站搜索仅限于自身目录中的注册网站。网页搜索时，调用百度搜索引擎进行查询。新浪具备相关搜索功能，如检索有"清华大学"的信息，会自动列出"北京大学"等其他院校的链接可供查询。网站排名根据目录及网站信息与搜索条件的关联程度确定。

4.3.4　搜狐

搜狐（www.sohu.com）是我国最著名的门户网站之一，也是我国最早提供搜索服务的站点。搜狐站点的全部内容采用人工分类，适合人们的思维习惯。因特网概念在国内的普及，搜狐功不可没。2011 年 9 月 13 日，《财富》杂志公布 2011 年全球"100 家增长最快的公司"，搜狐排名第 89 位。搜狐设有独立的目录索引，并采用百度搜索引擎技术，提供网站、网页、类目、新闻、黄页、中文网址、软件等多种搜索选择。搜狐搜索范围以中文网站为主，支持中文域名。

搜狐的搜索规则是：网站搜索（默认搜索设置）时，范围仅限于自身目录中的注册网站。但在目录中没有相应记录的情况下，自动转为网页搜索。网页搜索时则调用百度搜索引擎进行检索。此外，用户还可以选择"综合"搜索同时查找匹配的网站和网页，返回的结果中网站链接显示在页面上半部，而来自百度搜索引擎的网页结果则显示于页面下半部。

第 4 章　搜索引擎使用

4.3.5 网易

网易（www.163.com）是国内著名的门户站点，也是最受欢迎的中文搜索引擎之一。网易提供了两种搜索方式：分类目录和关键字搜索。

网易的分类目录功能比较大，所有目录是专为中国用户设计的，分类方式比较符合中国人的思维方式。网易将精选的中文站点分为 18 个大类，包括工商产业、娱乐休闲、医疗保健、政治军事、计算机网络、文学艺术等；每个大类下又分为不同的小类，用户可以通过它们找到自己要访问的站点。此外，网易还提供了热门查询功能，可将一段时期内查询次数较多的词汇列出。但是，网易的关键字搜索功能比较薄弱，它只支持最简单的布尔表达式，并且很多关键字的搜索都会返回空项。

4.4 其他搜索引擎

1. 搜狗

搜狗（www.sogou.com）是搜狐公司于 2004 年 8 月 3 日推出的完全自主技术开发的全球首个第三代互动式中文搜索引擎，是一个具有独立域名的专业搜索网站。它以一种人工智能的新算法，分析和理解用户可能的查询意图，给予多个主题的"搜索提示"，在用户查询和搜索引擎返回结果的人机交互过程中，引导用户更快速、更准确地定位自己所关注的内容，帮助其快速找到相关搜索结果，而且可以在用户搜索冲浪时，给予用户未曾意识到的主题提示。

搜狗以用户体验为准则，根据用户需求，开发了许多方便易用的贴心功能，例如查询 IP、查询股票、查询天气、英文单词翻译、查询汉字、查询成语等功能，最大程度地方便了用户相关的查询。

值得一提的是，2005 年 4 月，搜狐公司以 930 万美元的价格收购了 Go2Map，并迅速整合，于同年 5 月底推出了全新搜狗地图服务，目前此项服务在地图搜索领域取得了巨大的成功。Go2Map 是中国最著名的地图服务解决方案提供商，以独有的网络地图信息平台 Go2Map-MIP 为基础，为用户提供地图应用系统开发中间件、电子地图租用、在线地图服务、地图数据销售等全面的地图服务解决方案。拥有了 Go2Map 国内最先进的数百万条数据资源，搜狗地图搜索将为用户提供中国最好的网上地图服务。

2. 中搜

中搜（www.zhongsou.com）是一个年轻、充满激情、富于创新、高速成长的因特网公司。2003 年 12 月"中国搜索"正式宣告成立，并推出搜索门户 www.zhongsou.com 及新闻中心。从推出国内第一款新闻搜索引擎到形成自己独具特色的搜索门户，中搜创造了因特网行业一个又一个的奇迹。

中搜拥有全球领先的中文搜索引擎技术，现在已被新浪、搜狐、网易、TOM 以及 5 000 多家联盟成员网站所采用。每天有数千万次的搜索服务是通过中搜的技术实现的。与一般的搜索引擎相比，中搜具有网页覆盖率高、数据更新快、支持中文模糊查询、强大的个性化查询、智能查询、内容相关性分析、便利的专业信息查询等优势，被公认为是第三代智能搜索引擎的代表。

3. 有道搜索

有道搜索（www.youdao.com）是网易旗下的搜索引擎，作为网易自主研发的全新中文搜索引擎，致力于为因特网用户提供更快更好的中文搜索服务。2006 年底有道搜索推出测试版，并于 2007 年 12 月 11 日推出正式版。目前有道搜索已推出的产品包括网页搜索、图片搜索、购物搜索、音乐搜索、视频搜索、博客搜索、地图搜索、海量词典、桌面词典、工具栏和有道阅读、有道热闻等。

伴随着因特网在国内的蓬勃发展，中文网民仍有许多新兴的搜索需求和应用，有道试图架设一条道路，以缩短问题与答案之间的距离，让用户更快一秒找到，搜索体验之旅更畅快。

4. 必应

2009 年 6 月，微软公司推出全新搜索品牌 Bing 以及中文搜索品牌"必应"（cn.bing.com）。必应搜索是在微软 Live 搜索的基础上，通过一系列突破目前搜索服务常规的创新，为用户提供更为准确的搜索信息，更快速地完成关键的搜索任务，做出更加明智的决策，享受更快乐的搜索体验。

微软致力于持续对搜索市场进行投入和创新，确保对搜索用户的需求做出最快速的决策。通过不断推出创新功能以及与合作伙伴（Facebook 等）合作，完善搜索体验，帮助用户更快速、更准确的找到所需信息。

"必应"中文搜索是微软全球搜索服务品牌战略发布的一个重要组成部分，旨在帮助中国搜索用户更快捷、更准确完成关键搜索任务，更快、更明智地完成搜索决策，实现"快乐搜索，有问必应"。

4.5 应 用 实 例

4.5.1 Google 使用实例

① 多个关键词之间只需用空格分开，例如：想去网易聊天，只需在搜索框中输入"网易聊天"，而不必输入"网易 and 聊天"，如图 4-13 所示。输入的关键词越多，查询到的结果越少、越准确。

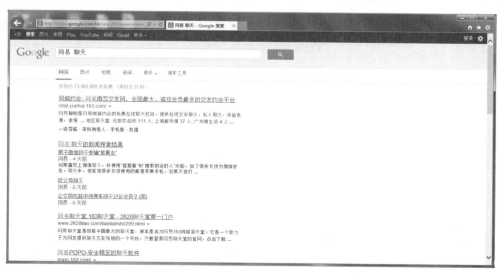

图 4-13 "网易 聊天"搜索结果

② 没有空格切割的关键词相当于或者。例如：在搜索框中输入"苹果梨子"，则关于苹果或梨子的内容都可兼得，如图 4-14 所示。

图 4-14 "苹果梨子"搜索结果

③ 在结果中再搜索,这个功能其实就是利用前面所说的 and 了。读者应该已经注意到了，谷歌搜索引擎的搜索框可以保留用户上一次输入的关键词，例如：先输入"网易"，得到结果约 408 000 000 条，这时搜索框中已经保留有"网易"两字，看完这次的结果后，再在搜索框中输入"聊天"，注意"聊天"前面有个空格，按【Enter】键，得到的结果约 13 400 000 条,就这样完成了在结果中再次搜索的任务了，如图 4-15、图 4-16 所示。

图 4-15 "网易"搜索结果

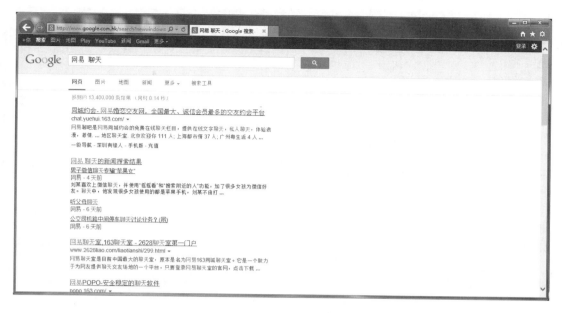

图 4-16　"网易 聊天"搜索结果

④ 英文字母不区分大小写。谷歌搜索引擎不区分英文字母大小写，所有的字母均当做小写处理。例如，输入 netease，或是 NETEASE，或是 NetEase，结果都是一样的，如图 4-17、图 4-18 和图 4-19 所示。

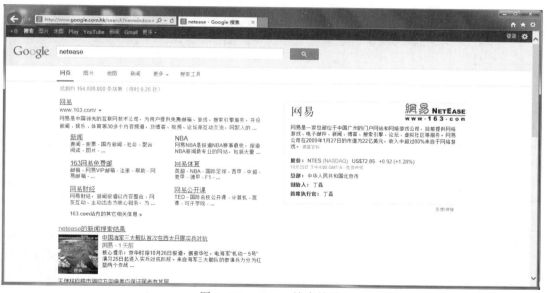

图 4-17　netease 搜索结果

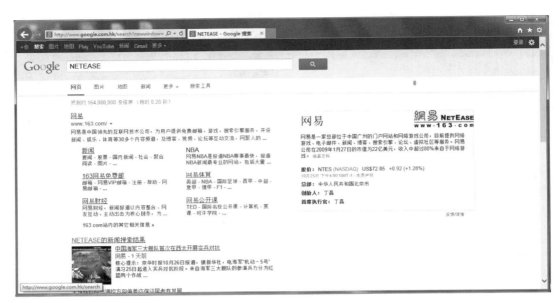

图 4-18　NETEASE 搜索结果

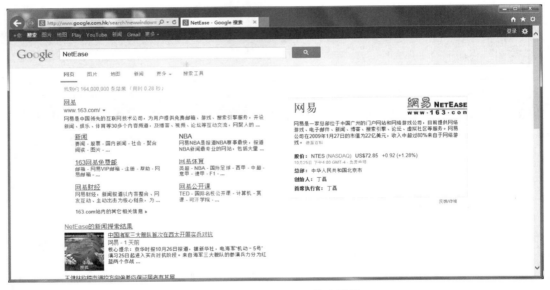

图 4-19　NetEase 搜索结果

⑤ 网页查询时可以直接用网址进行查询。例如：输入 www.baidu.com 可以搜索到所有链接到百度主页的网页，如图 4-20 所示。但这种方法不能与关键字查询联合使用。要说明的是：这时谷歌搜索引擎忽略 "http" 和 "com" 等字符，以及标点符号和单个英文字母，例如查询 http://www.netease.com 和查询 netease 的结果一样。

⑥ "–" 号可以排除无关信息，搜索到更准确的内容。例如输入 A –B（切记要在减号前留一个空格位），可以检索包含 A，但不包含 B 的内容，更有利于缩小查询范围（A 和 B 代表关键词）。例如，输入 "windows –xp" 表示查看除了 windows xp 以外的 windows 信息，如图 4-21 所示。

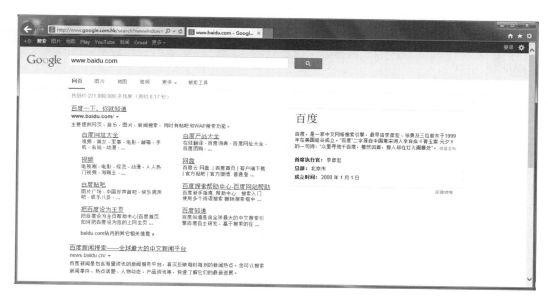

图 4-20　www.baidu.com 搜索结果

图 4-21　windows –xp 搜索结果

⑦ "" 使搜索结果绝对忠实于你的检索提问，搜索有时需要精确匹配整句话，包括词的顺序，那么可以把需要精确匹配的部分用 "" 括起。这一方法在查找名言警句或专有名词时显得格外有用。例如搜索成语 "永不言弃"，如图 4-22 所示。

⑧ 新增 "定制文件类型搜索"，在输入框中输入[关键词]+[空格]+[filetype:]+[想要的文件类型]，选择 "网页" 搜索模式，按【Enter】键。例如：输入 "倒霉熊 filetype:swf" 就得到了所有版本 "倒霉熊" 的 Flash 动画，如图 4-23 所示。可用的文件类型有 doc、pdf、ppt、rtf、swf 等，不过搜索时，要注意选择 "网页" 搜索模式。

图 4-22 "永不言弃"搜索结果

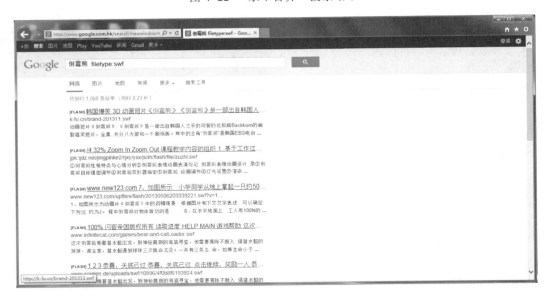

图 4-23 "倒霉熊 filetype:swf"搜索结果

4.5.2 百度使用实例

利用百度可以搜索新闻、网页、贴吧、音乐、图片、视频等，还可以利用百度知道提问题，此外还有百度百科、百度文库、百度地图等应用。下面只对百度网页搜索、音乐搜索、贴吧做实例介绍。

1. 在网页中搜索"台湾职业教育"并在结果中找"专科升本科"

进入百度主页，默认是百度网页搜索状态，在搜索文本框中输入"台湾职业教育"，然后单击"百度一下"按钮，显示图 4-24 所示的搜索结果页面，向下拖动滚动条，可以看到找到相关结果约 15 800 000 个，如图 4-25 所示。此时，给出了相关搜索的关键词列表，还有在结果中找、高级搜索等功能。单击"结果中找"超链接，在新页面的文本框中输入"专科升本科"，单击"结果中找"按钮，得到图 4-26 所示的结果，找到相关结果约 53 300 000 个。

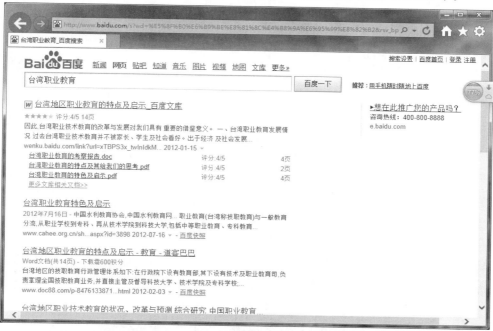

图 4-24　百度"台湾职业教育"搜索结果

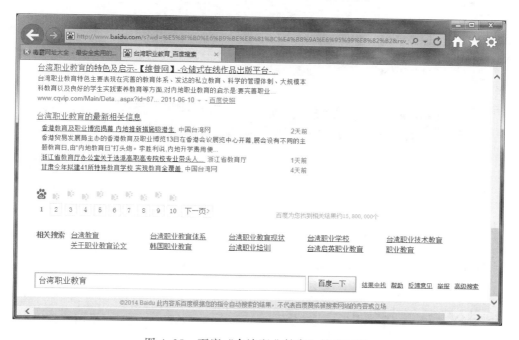

图 4-25　百度"台湾职业教育"搜索结果

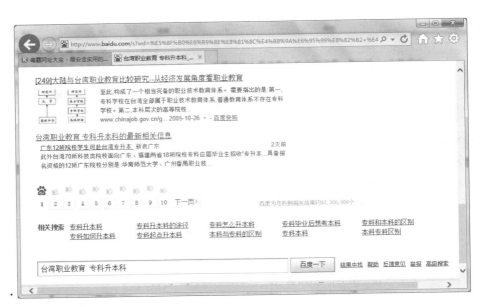

图 4-26 "专科升本科"结果中找搜索页面

2. 搜索王菲的歌曲《传奇》并播放

打开百度主页，在文本框中输入"歌曲传奇 王菲"，单击"音乐"超链接，显示搜索结果，如图 4-27 所示。单击 按钮播放歌曲，播放页面如图 4-28 所示。

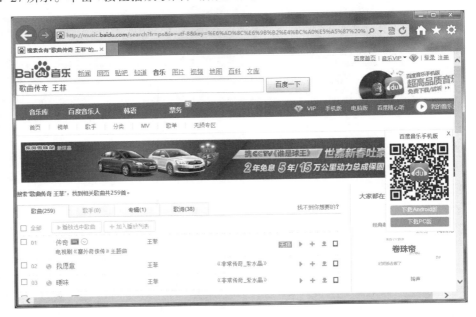

图 4-27 "歌曲传奇 王菲"音乐搜索页面

3. 进入威海职业学院贴吧

在百度主页文本框中输入"威海职业学院"，单击"贴吧"超链接，进入图 4-29 所示的威海职业学院贴吧首页。此时，可以选择感兴趣的话题进入，或者在贴吧中搜索感兴趣的话题。

图 4-28   播放王菲歌曲《传奇》页面

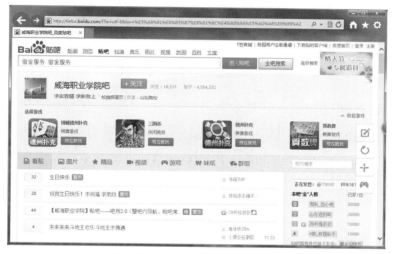

图 4-29   威海职业学院贴吧首页

习　　题

1. 分别说明 AND、OR、NOT 这 3 个逻辑符号表示的语法意义。

2. 分别进入"搜狐"（http://www.sohu.com）和"新浪"（http://www.sina.com.cn）查询旅游网站，对比查找的结果。

3. 如果要查询"信息与网络专业的课程设置"的相关内容，输入什么样的关键词，才能更准确、更快速地找到相关内容？

4. 使用搜索引擎网站搜索中国香港特别行政区旅游的信息，将需要的站点收藏起来。

5. 搜索关于介绍计算机发展过程的网页，并将其中的某些文本复制到其他文档中。

6. 搜索国外关于手表介绍的网站，将某个漂亮的图片保存起来。

第 4 章　搜索引擎使用

电子邮件（E-mail，即 Electronic Mail 的缩写）是在 Internet 上使用最多的功能之一，用户可以通过电子邮件与 Internet 上的任何人进行联系，使用方法就像收发信件一样，但其快速和便捷的特点却是一般信件所无法比拟的。熟练地掌握和利用电子邮件，会给我们的学习、工作和生活带来很多便利。

本章要点：
- 电子邮件系统的组成，POP3 和 SMTP 的原理
- 使用 Outlook 2010 和 Foxmail 收发邮件和管理邮件

5.1 电子邮件简介

5.1.1 电子邮件系统组成

1. 邮件服务协议

E-mail 的广泛流行得益于 POP3/IMAP 和 SMTP 协议的应用，可以说没有它们就没有 Internet 繁荣的今天。

POP（Post Office Protocol，邮件办公协议）目前使用的是第三个版本，即 POP3。它负责从 POP3 服务器上获取邮件，发送到用户的计算机中。

SMTP（Simple Mail Transfer Protocol，简单邮件传输协议）规定应该如何把邮件传输到目的地。邮件发送服务器好比邮局，用户将信件存放到邮局，由邮局把邮件传递到目的地。

IMAP（Internet Message Access Protocol，Internet 信息访问协议）提供了一个在服务器上管理邮件的手段，它与 POP 相似，但功能比 POP 要多，可以从邮件服务器上提取邮件的主题、来源等信息，决定下载还是直接在邮件服务器上删除该邮件。这对于处理垃圾邮件十分有效。

2. 电子邮箱

电子邮件实际上是具有特殊格式的文件，它们被存放在邮件接收服务器上。为了区分不同用户的电子邮件，顾及安全和管理的需要，不同用户的邮件被放置在不同的文件夹下，这就是用户的邮箱。出于安全考虑，用户在访问自己的邮箱时，必须输入相应的账号和密码。

5.1.2 电子邮件组成

一封完整的电子邮件通常包括以下几个部分的内容：发件人、收件人、主题、正文和附件。

1. 发件人

发件人包括发件人的电子邮件地址和姓名，姓名可以任意输入，可使用自己的姓名或对

方能够识别出来的名字。

给他人发送电子邮件时，发件人的信息对与否并不重要，只要发件人的电子邮件地址符合邮件发送服务器的要求，写清楚收件人的电子邮件地址和邮件发送服务器的地址，对方就能收到邮件。

2. 收件人

收件人是用户寄给对方的地址，收件人地址包含 3 个部分的内容：收件人的用户名、@和服务器域名。

3. 主题

主题一般表示邮件的主要内容，可以是一个问候语，也可以是正文内容的概述。好的主题能让收信方一看便知邮件的主要内容，从而帮助收件者区分事情的轻重缓急，方便对电子邮件的分类和整理。尽管没有主题的电子邮件也能正常发送，但还是建议大家在撰写邮件时加上主题内容。

4. 正文

正文通常是信件的主要内容，是发件人要说的话。一般由文字构成，需要时也可以加入图形、动画或网页。

5. 附件

附件就是附加在电子邮件上的文件。通过电子邮件可以将一个文件或多个文件发送给他人，文件的数量和大小取决于电子邮件系统。若要通过电子邮件将文件传送给他人，首先要将文件作为附件插入到电子邮件中，对方收到电子邮件后，最好将附件中的文件保存到磁盘上再使用。

5.1.3 免费电子邮箱申请与使用

Internet 上很多网站都为用户提供了免费邮箱，国内影响力较大的网站都提供这样的服务。一般用户申请一个免费邮箱既方便又经济。当然经常用邮箱发送重要信息的用户最好申请收费邮箱，以保证安全性。下面以网易免费邮箱为例，说明申请免费电子邮箱的操作过程。

1. 申请之前应考虑的因素

（1）邮箱容量越大越好

邮箱容量越大，可以接收的电子邮件越多。同时，用户还应考虑其允许的一封邮件的大小，有的网站提供的邮箱容量虽然很大，但允许的每封电子邮件太小，当他人准备给用户发送某些大文件或软件时，就不能成功。

大容量的、可靠的免费邮箱还可用于保存用户的资料。用户可以将重要的资料发送到自己的免费邮箱中，一是比较安全，二是在任何地方都能访问，非常方便，不需要用户携带 U 盘或光盘等物品。

（2）网站信誉

信誉好的网站可以提供可靠、长久的电子邮箱服务且服务质量较高，不会出现用户的邮箱不能使用的问题，也不会泄露用户的通信秘密。

（3）使用是否方便

应考虑邮箱是否使用 POP3 协议来访问，是否可使用浏览器来访问，访问速度如何，是否有特殊访问限制等问题。

第 5 章 电子邮件

2. 申请免费邮箱的具体步骤

（1）任务

到网易申请一个免费电子邮箱。

（2）任务分析

在网络上申请免费邮箱，一般要考虑该网站所提供的邮箱服务水平，如邮箱访问速度、邮件附件大小等因素，像网易、新浪、搜狐等网站都提供了优秀的邮箱服务，此处以网易为例进行邮箱申请。

（3）具体步骤

① 打开 IE 浏览器，在地址栏中输入 www.163.com，按【Enter】键，进入网易的主页，如图 5-1 所示，单击屏幕上方的"注册免费邮箱"超链接。

图 5-1　网易的主页

② 进入注册网易免费邮箱页面，如图 5-2 所示，可以选择注册 163、126、yeah.net 三大免费邮箱。这里选择 126.com。在第一行"邮件地址"栏右侧的下拉列表框中选择 126.com 即可。目前也有很多年轻人注册手机号码邮箱，注册过程相似，这里以注册字母邮箱为例。

图 5-2　注册网易免费邮箱

③ 经过不断改进，现在邮箱注册只需要一个页面。如图 5-3 所示，按页面提示填写邮件地址、密码等用户资料。注意带*号的资料必须填写，密码应尽量避免使用电话号码、生日等，否则容易被盗。

图 5-3　用户资料填写界面

④ 单击"立即注册"按钮，进入"注册信息处理"界面，需要进行手机验证或图片验证码验证，为安全起见，建议大家选择图片验证码验证。按提示输入相应验证码后，单击"提交"按钮，显示注册成功页面，如图 5-4 所示。

图 5-4　注册成功页面

关闭注册成功页面后，直接显示 126 邮箱主页，可以看到邮箱左侧列出了免费邮件服务的所有功能，用户根据自己的需要单击相应功能即可，如图 5-5 所示。

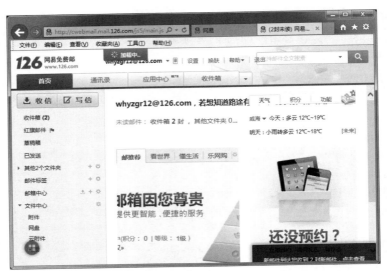

图 5-5　登录进入邮箱

⑤　邮箱注册成功后，网易邮件中心会立即发送邮件给新用户，帮助用户了解和使用网易邮箱的特色功能。

3. 免费电子邮箱的使用

（1）任务

收发邮件、阅读和删除邮件。

（2）任务分析

在电子邮箱使用中，收发邮件、阅读和删除邮件是最基本也是最常用的操作，这些操作网易不仅提供了友好的界面，还提供了简单明了的操作方法。

（3）操作步骤

①　单击"收件箱"超链接或窗口中部未读邮件链接，就会打开"收件箱"界面，如图 5-6 所示。

图 5-6　"收件箱"界面

在"收件箱"界面中,单击邮件列表中某封邮件的主题或发件人名称,如单击图 5-6 中的发件人"网易邮件中心",就会打开阅读邮件界面,如图 5-7 所示。在该界面中,可以阅读、转发、回复或删除邮件。

② 要给朋友发送邮件,可单击"写信"按钮,如图 5-8 所示,然后在编辑邮件界面中输入相关内容。

图 5-7　阅读邮件界面

图 5-8　编辑邮件界面

在"收件人"一栏中输入接收邮件的邮箱地址。如果原来已有通讯录,可在右侧通讯录中进行选择。

一封电子邮件可以抄送给许多人(包括自己),格式同收件人的格式一样。只要单击发件人地址栏右侧的"添加抄送"链接,在"抄送"栏输入地址即可。不过需要将多个收件人的电子邮件地址或姓名用;或,隔开。

无论将某人的电子邮件地址写在收件人或者抄送的位置,此人都能够收到邮件。收件人和抄送是有区别的，某封信是写给你的或者某封信是抄送给你的，两者语气不同，抄送的目的可能仅是告诉或通知一声。这就像现实生活中发通知，通知里要写明上报、下发、抄送某个人或单位。具体怎么选择，视用户的理解而定，但用户使用抄送应慎重，避免产生不必要的误会。

除了抄送，还可以密送。两者的区别在于：抄送邮件，所有接收邮件的用户都能看到你发送给其他用户的邮件地址，即每个人都知道这封邮件还同时发给了谁。而密送则是每个接收邮件的用户只能看到邮件发送给他自己。密送的操作也非常简单，和抄送一样，单击发件人邮箱右侧的"添加密送"链接，在"密送"栏输入地址即可。

在"主题"栏中可以输入邮件的主题，也可以不填。

在下面的空白区域中输入邮件的主要内容，然后单击上方的"发送"按钮即可。

另外，如果想让邮件更有特点，可以单击"信纸"选项卡，选择一种信纸的样式。

按照上面的方法，只能发送文本形式的邮件，如果要向朋友发送照片、图片或其他文件，可以通过"附件"发送。

单击"主题"栏下方的"添加附件"链接，弹出"选择要上载的文件"对话框，如图 5-9 所示。选择要发送的文件，再单击"打开"按钮。

如果要同时发送多个附件，可重复上述步骤，但发送的附件有大小和数目的限制。文件太大，不能用附件发送。一般用户能发送附件的大小要小于 50 MB。

图 5-9　"选择要上载的文件"对话框

单击"发送"按钮，就可以把带附件的邮件发送出去。

③ 当邮箱中的邮件过多或一些邮件不再需要时，应及时将它们从邮箱中清除，以确保信箱清洁及方便阅读邮件。

在收件箱窗口中选择要删除的邮件：在该邮件发件人前面的复选框内单击，如图 5-10 所示。

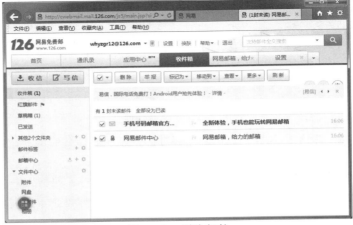

图 5-10　删除邮件

单击上方的"删除"按钮，即可删除所选邮件。

当邮箱中邮件很多时，可以在"删除"按钮前面的下拉列表中选择"已读"选项，一次性选择所有已读邮件，再单击"删除"按钮，将所有已读邮件删除。

5.2　使用 Outlook 2010 收发邮件

5.2.1　Outlook 2010 简介

Office Outlook 是 Microsoft office 套装软件的组件之一，对 Windows 自带的 Outlook Express 的功能进行了扩充。由于它将收发电子邮件、管理联系人信息、安排日程、分配任务等功能集成于一身，成为许多商业用户进行内部交流及和外部人员进行联系的较常用的一种电子邮件工具。目前最常用的版本是 Outlook 2010，其主要功能和特点如下：

1. 友好的用户界面方便用户更快地获得结果

Outlook 2010 与以往版本相比，采用了全新的、面向结果的工作界面，这种界面使撰写信息、设置信息格式和处理信息等操作成为一种更轻松、更直观的体验。

2. 直观地标识信息

利用 Outlook 2010 的颜色类别，用户可以轻松地让任何类型的信息具有个性化特色，也可以给任何类型的信息添加类别。颜色类别提供了一种简单、直观的方式来区分项目，让用户能更容易地组织数据和搜索信息。

3. 让用户轻松快捷地浏览邮件

通过"附件预览"功能，用户在阅读窗格单击即可轻松预览 Outlook 2010 的附件内容；通过即时搜索，可以查找电子邮件、日历或任务中的项目，节省宝贵的时间和提高工作效率。

4. 邮件垃圾自动检测

在 Internet 上，除了网络安全问题外，还有一个常常困扰人们的问题就是垃圾邮件。它不但占用了用户电子邮箱的大量空间，而且加重了网络的负担。

Outlook 2010 的新功能可帮助用户防范垃圾邮件和"仿冒"Web 站点。Outlook 2010 具有改进垃圾邮件过滤器，并增加了可以禁用链接和通过电子邮件向用户通知威胁性内容的新功能。

5.2.2　账号的设置

在使用电子邮件程序（如 Outlook 2010）之前需要做的一件重要工作是建立邮件账号。用户需要从申请邮箱的网站或 Internet 服务提供商处获得邮件服务器的类型、账号和密码，以及接收邮件服务器和发送邮件服务器的名称。

1. 任务

建立邮件账号。

2. 任务分析

邮件账号的建立有两种方法，一种是通过 Outlook 2010 自带的向导完成，一种是手动设置，下面分别介绍。

第 5 章　电子邮件

3．操作步骤

（1）通过向导完成

启动 Outlook 2010，可以选择下面的操作：

① 单击"开始"按钮![开始按钮]，选择"所有程序"→"Microsoft Office"→"Outlook 2010"命令。如果是第一次启动 Outlook 2010，则会打开 Outlook 2010 启动向导，进行 Outlook 2010 的配置，如图 5-11 所示。

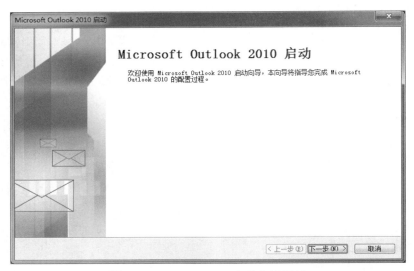

图 5-11　Outlook 2010 启动向导窗口

② 单击"下一步"按钮进行账户配置，如图 5-12 所示，在该界面选择"是"单选按钮。

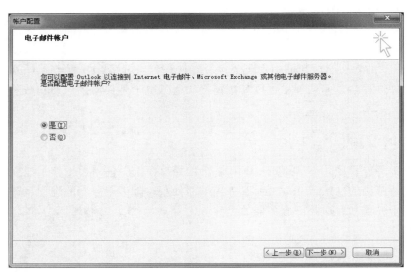

图 5-12　账户配置

③ 继续单击"下一步"按钮，添加新账户，在该界面需要输入电子邮件地址及密码等用户的邮箱信息，读者可以使用上一节中建立的邮箱，如图 5-13 所示。

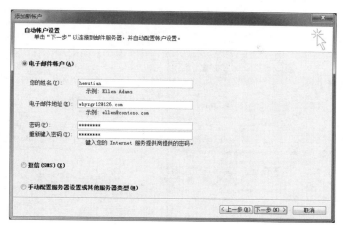

图 5-13　自动账户设置

④ 单击"下一步"按钮，配置电子邮件服务器设置，如图 5-14 所示，单击"允许"按钮后，显示配置成功页面，如图 5-15 所示。

图 5-14　配置电子邮件服务器

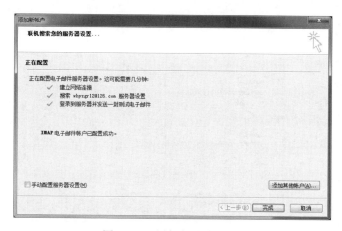

图 5-15　添加新账户成功

配置完成后，单击"完成"按钮，打开 Outlook 2010 收件箱窗口，如图 5-16 所示。

图 5-16　Outlook 2010 收件箱窗口

该窗口和 Microsoft Office 2010 中的其他办公组件非常类似，在界面上方使用功能区取代了传统的菜单栏和工具栏，功能区由多个选项卡组成，选项卡的前后顺序都与用户所要完成的任务相一致，常用的功能都放在"开始"选项卡中。选项卡中包含的各个命令按钮是分门别类放置的，每一个类别属于一个组，用户可以更直观地找到所需要的命令。

只是工作区与其他组件不同。通常情况显示导航窗格、主视图、阅读窗格和待办事宜 4 栏。在此界面可以完成邮件收发等基本操作。

（2）手动添加账号

通过上述方法添加了一个账号，如果还需要添加其他邮件账号，则可以在 Outlook 2010 窗口中进行操作，具体步骤和上述相似。

① 选择"文件"→"信息"→"添加账户"命令，如图 5-17 所示。

图 5-17　添加账户

弹出"选择服务"对话框，如图 5-18 所示。

② 选择"电子邮件账户"单选按钮，再单击"下一步"按钮，弹出图 5-13 所示的对话框，这时可以看到仍然可以用向导的方式进行自动账户设置。

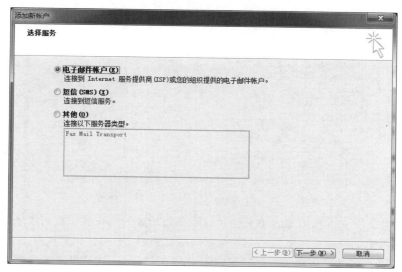

图 5-18 "选择服务"界面

③ 在图 5-13 中，不输入任何内容，而是选择"手动配置服务器设置或其他服务器类型"单选按钮，再单击"下一步"按钮，再次弹出"选择服务"界面，如图 5-19 所示（两个界面不一样）。

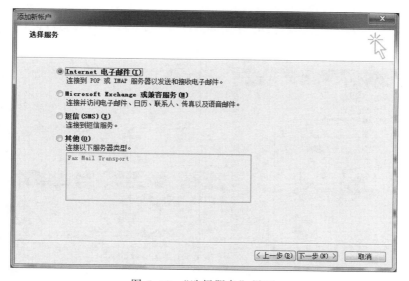

图 5-19 "选择服务"界面

④ 选择"Internet 电子邮件"单选按钮，单击"下一步"按钮，进入"Internet 电子邮件设置"界面，进行用户信息和服务器信息的填写，如图 5-20 所示。

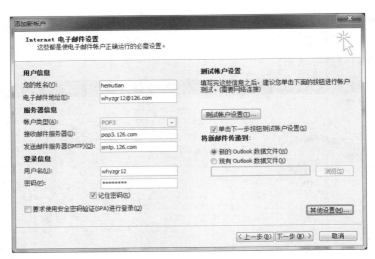

图 5-20　"Internet 电子邮件设置"界面

　　在"您的姓名"文本框中输入中文姓名或者邮箱地址的用户名，在"电子邮件地址"文本框中输入邮箱地址全称。"账户类型"通常按默认选择 POP3，如果选择了 POP3，以 126 邮箱为例，则在"接收邮件服务器"文本框中输入 pop3.126.com，在"发送邮件服务器（SMTP）"文本框中输入 smtp.126.com，此时"用户名"文本框中会自动显示邮箱用户名，在"密码"文本框中输入邮箱的正确密码，并选择"记住密码"复选框。

　　⑤ 在图 5-20 中先不要单击"测试账户设置"按钮，先单击"其他设置"按钮，在弹出的对话框中选择"发送服务器"选项卡，选择"我的发送服务器（SMTP）要求验证"复选框，如图 5-21 所示。

　　单击"确定"按钮，返回图 5-20 所示的对话框，单击"测试账户设置"按钮"或单击"下一步"按钮，弹出完成测试对话框，如图 5-22 所示。

图 5-21　"发送服务器"选项卡

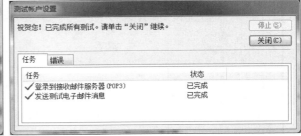

图 5-22　"测试账户设置"对话框

　　单击"关闭"按钮，弹出成功界面，显示"您已成功地输入了设置账户所需的所有信息"，单击"完成"按钮即可，如图 5-23 所示。

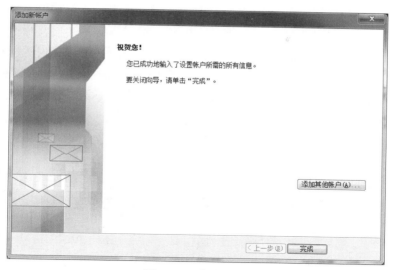

图 5-23　完成界面

5.2.3　接收和回复邮件

在 Outlook 2010 主窗口中，选择"文件"→"选项"命令，弹出"选项"对话框，可以对 Outlook 2010 的工作环境进行全局性的设置。如图 5-24 所示，在"常规"选项卡可以设置界面配色方案、是否显示浮动工具栏和实时预览等内容，其他还有邮件、日历、联系人等的设置，读者可自行查看。

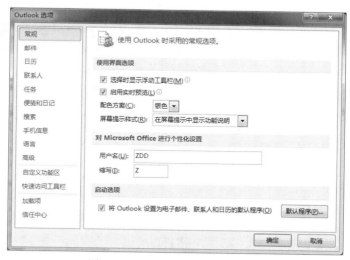

图 5-24　"Outlook 选项"对话框

1. 任务

接收和回复他人发送的电子邮件。

2. 任务分析

之前介绍的 126 等邮箱是单个用户的，登录后只能接收该用户的邮件。而在 Outlook 2010 中，可以添加多个账户，所以在接收前一定要先确认是哪一个账户的邮件。

在计算机上保存 Outlook 信息时，将会用到数据文件。在以前版本的 Outlook 中，这些文件被命名为个人文件夹文件（.pst）和脱机文件夹文件（.ost）。现在，这些文件分别命名为 Outlook 数据文件（.pst）和脱机 Outlook 数据文件（.ost）。用户创建的任何新数据文件默认情况下都将保存在 Documents\My Outlook Files 文件夹中。这样，用户就可以更方便地备份 Outlook 数据以及将数据文件复制到新的计算机。

3. 操作步骤

① 在图 5-16 所示的 Outlook 2010 收件箱窗口左侧文件夹列表中单击相应账户名称前的小三角形按钮，其对应的内容会全部列出。

② 单击"收件箱"图标，在邮件区列出所有已经收到的电子邮件，如图 5-25 所示。

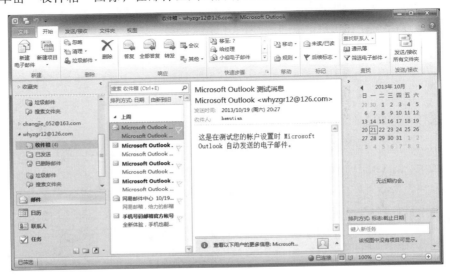

图 5-25　收件箱窗口

③ 要想接收新邮件，可单击窗口右上角的"发送/接收"按钮，如果有邮件到达，将出现 Outlook 发送/接收进度提示框，显示邮件接收进度，接收邮件结束，会在邮件区显示出邮件信息。

说明：按【F9】键，可以发送和接收全部邮件。

④ 双击想要阅读的电子邮件，可在新窗口打开邮件。单击想要阅读的邮件，可在本窗口右方的阅读区打开此邮件。

⑤ 若要回复邮件，选择要回复的邮件，单击"答复"按钮，会弹出"答复"界面，在下方的编辑区中输入回复内容，单击"发送"按钮即可。

5.2.4　建立新邮件并发送

1. 任务

建立一封新邮件并发送。

2. 任务分析

所有邮件的创建、拼写检查和格式化均可用 Outlook 2010 来实现。

3. 操作步骤

创建新邮件并发送的操作步骤如下：

① 启动 Outlook 2010。

② 单击"新建电子邮件"按钮，弹出"未命名邮件"窗口。

③ 在"收件人"文本框中输入收件人的电子邮件地址，在"抄送"文本框中输入需要接收邮件副本的用户的地址，多个地址之间用分号（;）隔开。

④ 在"主题"文本框中输入邮件的主题，如图 5-26 所示。

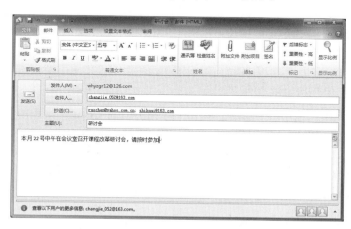

图 5-26　新建邮件窗口

⑤ 移动光标至主邮件区，输入邮件信息。

⑥ 若需要发送附件，单击"附加文件"按钮，打开插入文件对话框，选择要发送的文件，单击"插入"按钮即可。

⑦ 假如要添加简单的背景颜色，单击"选项"选项卡中"页面颜色"按钮的向下箭头，不仅可以选择颜色还可以设置填充效果，如图 5-27 所示。

⑧ 邮件撰写完毕，单击"发送"按钮即可。

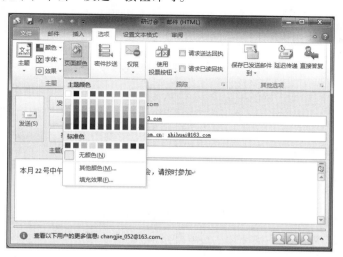

图 5-27　设置页面颜色

5.2.5 电子邮件常规管理

1. 任务

管理邮件，包括保存邮件，打开和存储附件，删除附件等。

2. 任务分析

当收到非常重要的邮件时，希望把它们保存起来；当邮箱里的邮件太多时，会想删除其中的一部分，这都属于邮件的常规管理。

3. 操作步骤

（1）保存邮件

保存邮件的操作和保存普通文件的操作相同。选择要保存的电子邮件，选择"文件"→"另存为"命令，弹出"另存为"对话框，选择保存的位置和文件类型，并输入文件名。单击"保存"按钮，即可保存选定的文件。

（2）打开和存储附件

一些邮件有另外附加的文件，将文件附在电子邮件中是 Internet 上从用户到用户发送文件的一种方法。当收到一封有附件的邮件时，可以打开并存储附件到硬盘上，操作步骤如下：

① 在收件箱中选择包含附件的邮件主题，在其右侧会列出对应的附件及其一些提示信息。

② 单击附件标题可以查看附件的全部或部分内容，如图 5-28 所示。也可以直接双击附件标题，在新窗口打开附件。

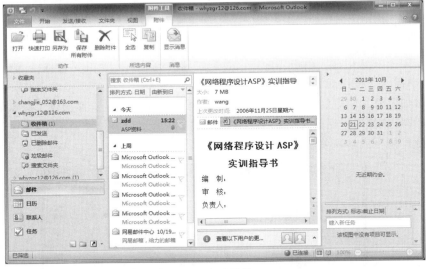

图 5-28 查看附件

③ 要存储附件到硬盘，则单击"保存"命令。当弹出"另存为"对话框时，为附件选择一个存储位置，然后单击"保存"按钮。

（3）删除邮件

① 在邮件列表中，单击要删除的邮件，然后单击"删除"按钮。

注意： 要恢复已删除的本地邮件，可打开"已删除邮件"文件夹，然后单击"移动"按钮，选择某一文件夹即可。

② 如果不希望在退出 Outlook 2010 时将邮件保存在"已删除邮件"文件夹中，可选择"文件"→"选项"命令，在弹出的对话框中选择左侧列表中的"高级"选项，再选择右侧的"退出时清空'已删除邮件'文件夹"复选框，如图 5-29 所示。

图 5-29　删除邮件的设置

③ 要手动清空所有已删除的邮件，可右击"已删除邮件"文件夹，在弹出的快捷菜单中选择"清空文件夹"命令，如图 5-30 所示。或者选择"文件夹"选项卡，选择"清理"→"清空文件夹"命令。

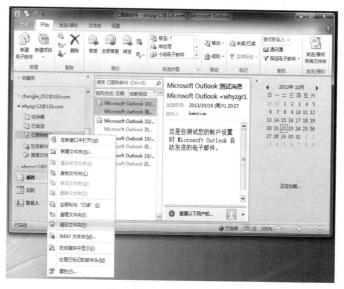

图 5-30　手动删除邮件

5.2.6　管理联系人

利用管理联系人功能，可以快速找到特定联系人的邮件地址、电话号码和传真号码等信息。在 Outlook 2010 主窗口的导航窗格中，选择文件夹列表中的联系人选项，即进入联系人管理窗口，如图 5-31 所示。

图 5-31　联系人管理窗口

1. 建立联系人

（1）任务

新建一个联系人。

（2）任务分析

与用户通信的人，称为联系人。建立联系人可以方便地进行邮件往来。建立方法有多种，以下进行具体介绍。

（3）操作步骤

① 单击图 5-31 中的"新建联系人"按钮，则弹出输入联系人信息的新窗口，如图 5-32 所示。

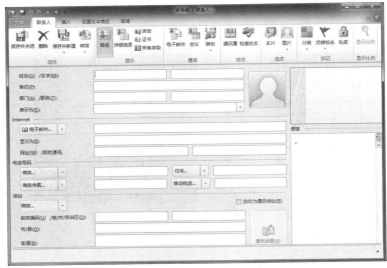

图 5-32　输入联系人信息窗口

② 在其中输入联系人的姓名、电子邮件地址和其他信息（具体输入哪些信息，由用户决定，但至少应该输入联系人的姓名和电子邮件），单击"电子邮件"按钮右侧的向下箭头，有3 个选项，表明一个联系人可以有多个邮件地址，所有信息填写完毕后，如果只添加一名联系人，则单击"保存并关闭"按钮；如果要继续添加，则单击"保存并新建"按钮，重复上述步骤，即可创建多个联系人。

③ 其实联系人的信息没有必要手动输入。当用户收到一封电子邮件时，若要保存该人的信息，则可双击该邮件主题或发件人，在新窗口打开该邮件，此时在该窗口发件人上右击，在弹出的快捷菜单中选择"添加到 Outlook 联系人"命令，还可以选择某种样式，实现相关信息的自动输入，如图 5-33 所示。

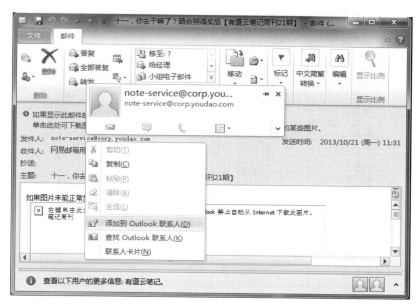

图 5-33　自动添加联系人

④ 一个更为简单的添加联系人的方式是在收件箱列表中直接将邮件拖动到导航窗格的"联系人"按钮上，会立刻显示图 5-32 所示窗口，电子邮件地址将自动添加到地址栏中。

2. 建立联系人组

（1）任务

新建一个联系人组。

（2）任务分析

如果联系人比较多，使用起来就不是很方便了，这时，可以把联系人分类，把具有同一种关系的人放到一个组里，以便一次向一组人发送电子邮件。当在邮件的"收件人"或"抄送"栏中填写成某个组时，该组的所有成员都能收到这一封信。

（3）操作步骤

① 单击图 5-31 中"新建"组中的"新建联系人组"按钮，弹出"未命名-联系人组"窗口，如图 5-34 所示。在"名称"文本框中输入联系人组的名称，如"高中同学"。

图 5-34 "未命名–联系组"窗口

② 单击"添加成员"按钮，出现 3 个选项："来自 Outlook 联系人""从通讯簿"和"新建电子邮件联系人"，如图 5-35 所示。

图 5-35 添加成员

③ 如果选择"来自 Outlook 联系人"选项，会弹出"选择成员：联系人"对话框，在"通讯簿"下拉列表框中，选择要包括在该组中的电子邮件所属的通讯簿，在姓名列表中选择所需的姓名，然后单击"成员"按钮，如图 5-36 所示。

图 5-36 "选择成员：联系人"对话框

④ 重复步骤③，可将来自不同通讯簿中的联系人添加到同一个联系人组中。

⑤ 单击"确定"按钮，系统自动返回到5-35所示窗口，添加的联系人全部显示在此窗口中，单击"保存并关闭"按钮，即创建了一个组。

⑥ 选择"从通讯簿"选项的操作和"来自Outlook联系人"相同。选择"新建电子邮件联系人"选项会打开图5-32所示窗口，输入相关信息即可。

3. 查看联系人

默认情况下，单击导航窗格中的"联系人"按钮，即可显示出联系人列表，如图5-37所示。

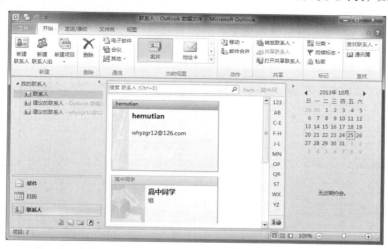

图 5-37　联系人列表

双击联系人，即可打开联系人工作界面，可以再次对联系人进行编辑。

在导航窗格的"联系人"选项卡中，可以更改联系人的显示方式，图5-37为名片显示方式，对于其他显示方式可以选择相应的单选按钮。常见的显示方式主要有电话列表、详细地址卡等。

5.3　Foxmail 使用

5.3.1　Foxmail 主要功能

当电子邮件刚刚在国内开始流行时，我们只能使用外国人编写的电子邮件管理软件，如上节讲解的Outlook 2010，中国人在使用时遇到不便是在所难免的。为了满足中国人使用电子邮件的习惯，现在国内已经出现了一些比较优秀的邮件程序，Foxmail就是其中的代表。它是电子邮件客户端软件，属于腾讯旗下的软件产品。它支持全部Internet电子邮件功能，设计优秀，使用方便，提供全面而强大的邮件处理功能，运行效率高，赢得了广大用户的青睐。

Foxmail 7.1 在性能上有了许多新突破：

（1）全新界面

精简了百余项功能，界面更简介直观，自然流畅的体验，使工作如享受一般。

（2）海量存储

Foxmail 7.1 支撑百万级的海量邮件存储，并且速度更快，性能更稳定，给邮件足够的安全保障。

（3）邮件会话

同主题的邮件自动聚合成一封会话，单击一下，即可一览所有相关邮件。让邮件像聊天一样简单清晰，一目了然。

除此以外，Foxmail 7.1 还提供了定时发送、邮件存档、超大附件等重磅功能。

5.3.2 Foxmail 界面组成

启动 Foxmail 后，弹出图 5-38 所示的界面。该界面由左右两部分组成。窗口左侧是导航窗格，主要有文件夹列表、邮件等选项卡，右侧是内容区，根据导航选项不同，所显示的形式和内容也有所不同。在这个主界面中，可以完成邮件收发、回复、转发、删除、撰写等基本操作。

图 5-38　Foxmail 7.1 界面

5.3.3 设置邮件账号

与其他电子邮件程序一样，要利用 Foxmail 收发电子邮件，首先必须进行邮件服务器和邮箱地址的配置，设置邮件账号。具体步骤如下：

如果是第一次安装使用，启动 Foxmail 后，会打开一个对话框，如图 5-39 所示。

图 5-39　第一次打开 Foxmail 7.1

可以使用 Microsoft Outlook 账号设置新账号，这里单击"新建账号"按钮，出现"新建账号"对话框，输入 E-mail 地址和邮箱密码，单击"创建"按钮，如图 5-40 所示，系统会进行相应验证，之后打开"新建账号"对话框，并自动显示所需信息，将接收服务器类型改为"POP3"，其他选项不变，如图 5-41 所示。查看无误后，单击"创建"按钮，完成账号设置。

图 5-40　设置 E-mail 和密码

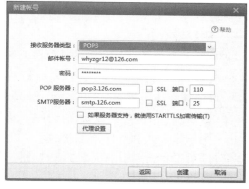

图 5-41　账号建立完成

系统会自动打开主窗口，并立即显示收取该账号的邮件对话框，如图 5-42 所示。收取结束，会打开 Foxmail 主窗口。

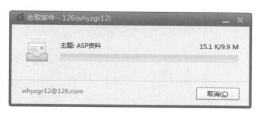

图 5-42　"收取邮件"对话框

如果需要添加多个账户，可以在主窗口中进行添加。

单击主窗口（见图 5-38）右上角的 ▤ 按钮，弹出菜单，选择"账号管理"命令，弹出"系统设置"对话框，如图 5-43 所示。

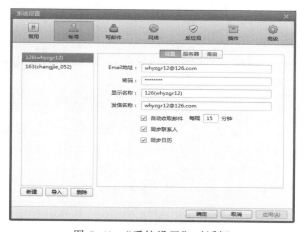

图 5-43　"系统设置"对话框

单击"新建"按钮，弹出图 5-40 所示的界面，其他操作相同。

5.3.4　接收和发送邮件

1. 任务

接收和阅读邮件，写一封新邮件并发送。

2. 任务分析

Foxmail 是客户端软件，登录时不用下载网站页面内容，速度更快；用户收到的和曾经发送过的邮件都保存在自己的计算机中，不用上网就可以对旧邮件进行阅读和管理。

3. 操作步骤

① 接收邮件：在左侧导航栏选择某一账号，单击"收取"按钮。如果邮件较多，接收过程中会显示进度条和邮件信息提示。也可以直接单击"收取"按钮，接收所有账户的新邮件。另外还可以单击窗口右上角的 ▦ 按钮，选择"收取"命令，在其下级子菜单中做相应选择即可，如图 5-44 所示。

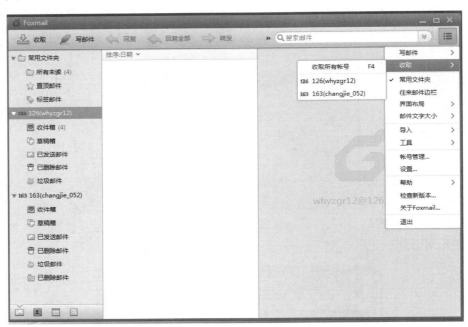

图 5-44　收取邮件

一般情况下，可设置自动收取邮件。方法是打开"账号管理"对话框，如图 5-43 所示，选择"自动收取邮件"复选框。后面的间隔时间可以根据实际需要自行设置，直接输入即可。

已经接收的邮件会自动保存到客户端，如果希望在服务器上保留备份，则打开"服务器"选项卡，单击服务器备份下拉列表，可以选择永久保留，也可以选择某一时间段，如图 5-45 所示。

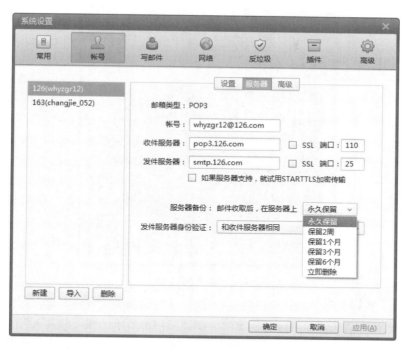

图 5-45　在服务器上保留邮件备份

② 阅读邮件：单击该用户的收件箱，窗口右侧会列出接收到的所有邮件，单击某个邮件，该邮件内容会在右侧的预览区中显示出来，如图 5-46 所示。拖动两个框之间的边界，可以调整预览区的大小。双击邮件标题，将以邮件阅读窗口显示邮件，如图 5-47 所示。

图 5-46　阅读邮件

图 5-47　邮件阅读窗口

③ 写邮件：Foxmail 的写邮件窗口是独立的，可视面积大，切换方便。直接单击"写邮件"按钮，按默认方式进入"写邮件"窗口，如图 5-48 所示。在"收件人"文本框中填写邮件接收人的 E-mail 地址。如果需要把邮件同时发给多个收件人，可以直接在收件人地址栏中输入邮件地址，或者将其他收件人的地址写在抄送栏中，注意要用英文逗号（,）分隔多个 E-mail 地址，在"主题"文本框中填写邮件的主题。邮件的主题相当于邮件内容的题目，可以让收信人大致了解邮件可能的内容，方便收件人管理邮件。

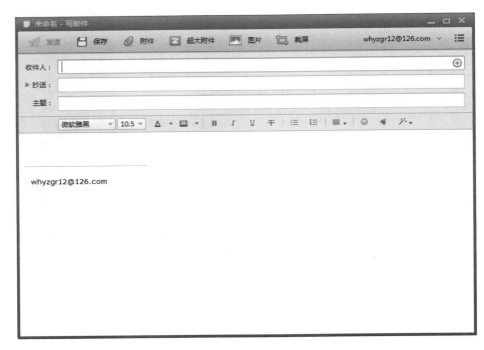

图 5-48　"写邮件"窗口

④ 发送邮件：单击"发送"按钮，发送过程中会显示进度条和发送信息。单击写邮件窗口右上角的▤按钮，选择"设置分别发送"选项，表示会对多个人一对一发送，每个收件人将收到单独发送给他的邮件。

发送邮件后，如果想确认收件人是否收到邮件，可设置"阅读收条"。"阅读收条"又称"已读回执""阅读回执"，当收件人打开邮件时，回执就会自动发出，发件人就可以确认对方是否收到了该邮件，并知道对方是在什么时间阅读该邮件的。

具体操作为：在"写邮件"窗口中单击▤按钮，选择"阅读收条"命令，如图 5-49 所示。

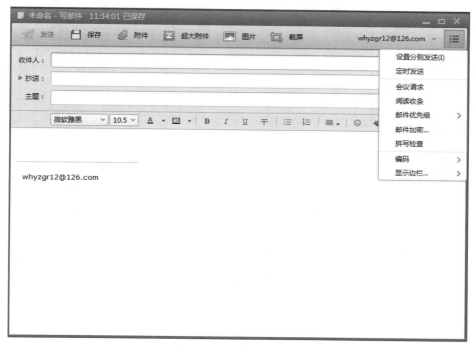

图 5-49　阅读收条设置

如果希望所有发出的邮件都要"阅读收条"，则可以在图 5-46 所示"账号管理"对话框中选择账号，在"高级"选项卡中选择"发邮件都请求阅读收条"复选框。

5.3.5　邮件常用管理功能

对已收取或发送的邮件进行及时有效的管理，会极大地提高工作效率。Foxmail 7.1 具有强大的邮件管理功能，现简单介绍如下。

① 建立多级子邮箱，实现邮件的分类管理。在 Foxmail 中可以建立本地文件夹来分类管理邮件，右击"收件箱"文件夹，在弹出的快捷菜单中选择"新建文件夹"命令，输入新邮件夹的名称，如"同事"，系统即会在"收件箱"下建立一个名为"同事"的一级子邮箱，然后在"同事"文件夹上右击，在弹出的快捷菜单中选择"新建文件夹"命令，依次在该邮箱中建立"诗诗"、"若尘"等二级子邮箱，如图 5-50 所示。这样就可以利用 Foxmail 的邮件过滤功能将收到的邮件自动转移到相应的邮箱中。

图 5-50　建立多级子邮箱

② 快速全文搜索。当一天收取邮件较多或收件箱内邮件很多时，邮件的搜索是个必备技能，对于 Foxmail 7.1 来说，邮件搜索异常简单、快捷，单击主窗口右上方搜索右侧的 ⬇ 按钮，将其展开，如图 5-51 所示，可以按全文、主题、发件人、收件人等多种搜索方式进行搜索，单击 ➕ 按钮可以设置其他搜索方式，用户可针对性地对需要搜索的邮件内容进行筛选。

图 5-51　邮件搜索

③ 集中查看附件。电子邮件中经常包含附件，时间久了，累积的附件就很多，当想要查看某一附件时，如果自己查找就非常麻烦了，Foxmail 提供了"附件管理"功能，将系统中所有附件集中显示，方便用户进行查看和管理。在主界面单击 ≡ 按钮，选择"工具"→"附件管理"命令，如图 5-52 所示。

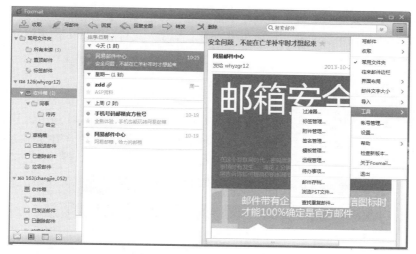

图 5-52　进入"附件管理"

在"附件管理"窗口中可以按账号排序显示附件，也可以按文件扩展名排序显示附件，选择某一文件类型后，会在窗口右侧显示所有该类型的文件，如图 5-53 所示。

图 5-53　"附件管理"窗口

5.4　应用实例

5.4.1　使用免费邮箱发送邮件

1. 任务

使用免费邮箱发一封电子贺卡。

2. 任务分析

节假日给亲朋好友发一张贺卡，带去自己浓浓的祝福，是每个人的心愿。在这个快节奏的信息化社会，先进的网络为人们的生活提供了便利，人们心愿的表达方式也有所改变，电子贺卡既漂亮又不需要花钱，轻轻一点，祝福就可以送达，免去了邮寄的麻烦。而且电子贺卡不仅有画面，还有音乐和动画，目前正成为都市年轻人流行的首选。这里使用 5.1.3 节中申请的免费邮箱发一张电子贺卡。

3. 操作步骤

（1）登录到网易邮箱

首先在 IE 地址栏中输入网易地址 http://www.163.com，按【Enter】键进入网易首页（或者直接输入 www.126.com），如图 5-54 所示。单击"登录"按钮，会在登录下方显示登录信息，输入邮箱账号和密码，再单击"登录"按钮。

图 5-54　网易首页

（2）进入贺卡界面

进入邮箱后，先选择上方的"应用中心"选项卡，然后在邮箱左侧列表中选择"沟通"选项，右侧显示 4 种分类应用，如图 5-55 所示。单击"贺卡"按钮，如果是第一次使用，会要求添加触点，直接单击添加按钮即可。再次单击"贺卡"按钮，进入贺卡界面。

图 5-55　贺卡界面

（3）选择所需贺卡

选择自己喜欢的贺卡，在左侧可以看到贺卡内容，如图 5-56 所示。在收件人栏填写收件人邮箱地址。

图 5-56　填写邮箱

4. 发送贺卡

在贺卡界面下方写下祝福语，或直接从祝福语模板选择喜欢的话语，单击"发送"按钮即可，如图 5-57 所示。

图 5-57　发送贺卡

5.4.2　使用 Outlook 发送邮件

1. 任务

使用 Outlook 发送一封组邮件。

2. 任务分析

高中同学阔别多年，想办一个同学聚会，可以发邮件邀请所有的同学，使用 Outlook 2010

发一个组邮件。

3. 操作步骤

① 启动 Outlook 2010，进入联系人窗口，在联系人窗口中有多种视图可以选择，这里选择"地址卡"视图，如图 5-58 所示。

② 窗口中部的"高中同学"按钮是已经建立的一个组，在此按钮上右击，在弹出的快捷菜单中选择"创建"→"电子邮件"命令，如图 5-59 所示。

③ 显示写邮件窗口，组名自动显示在收件人栏中，输入邮件内容并发送，如图 5-60 所示，组中每一位同学都会收到此邮件。

图 5-58　联系人窗口

图 5-59　快捷菜单

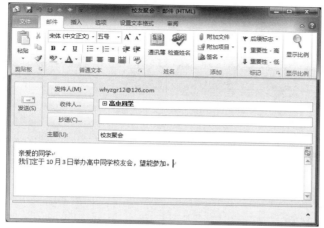

图 5-60　组发邮件

5.4.3　使用 Foxmail 发送邮件

1. 任务

使用 Foxmail 发送一封含附件的邮件并接收。

2. 任务分析

作者在单位计算机上有一篇 Word 文档"ASP 课程标准",想回家使用,决定发一封邮件在家里接收。

3. 操作步骤

①　启动 Foxmail 7.1,在主窗口中选择账户名 whyzgr12@126.com,再单击"写邮件"按钮,进入"写邮件"窗口。

②　在"收件人"栏中输入作者的邮箱地址,在"主题"栏中写上"ASP 资料",然后单击"附件"按钮,弹出"打开"对话框,如图 5-61 所示,在其中找到文档《ASP 动态网页设计》实验指导书"并选中,单击"打开"按钮。

图 5-61　"打开"对话框

③ 返回"写邮件"窗口，所选文档会自动出现在附件栏，单击"发送"按钮即可，如图 5-62 所示。

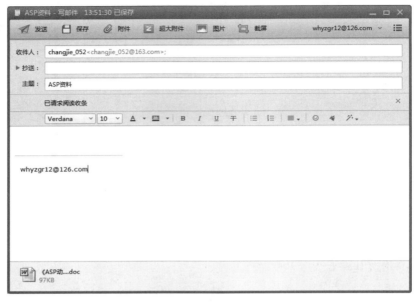

图 5-62　发送邮件

④ 回到家中打开计算机，再打开 Foxmail 主窗口，选择 163（changjie_052），再单击"收取"按钮，系统即可收到此封邮件，该邮件主题会在窗口中部显示，内容在右侧显示，附件名称同时显示在该区域，可以选择"极速下载"，也可以选择"在线预览"，如图 5-63 所示。在 Word 文档名称上右击，选择"另存为"命令，将该文档保存到本地硬盘上，然后可以从硬盘中打开该文档。

图 5-63　收邮件窗口

习　题

1. 进入搜狐或新浪等网站，申请两个免费的邮箱，一个用于与朋友之间的联系，另一个用于工作上的联系。

2. 将申请的邮箱地址添加到 Outlook 2010 的账户中，并在该账户中练习邮件的撰写、附件的添加以及邮件的发送和接收。

3. 设计一个生日贺卡的邮件，并将其发送给一个过生日的朋友。

4. 利用附件功能，将一张照片发送给一个好朋友。

5. 在 Foxmail 7.1 中添加一个账户，并在该账户中练习邮件的撰写、发送和接收。

第⑥章

➡ 文件传输

在 Internet 上进行文件的上传和下载，是 Internet 应用一个非常重要的功能，例如制作网页和维护网站，文件的上传和下载操作是必不可少的。文件传输所遵从的是文件传输协议（File Transfer Protocol，FTP），文件传输的实现既可以借助浏览器，也可以使用相应的工具软件。通过文件传输，用户可以方便地把客户机的文件上传到服务器上，或者从服务器下载自己所需要的文件。

学习要点:
- 文件传输的有关概念和工作原理
- 使用浏览器上传和下载文件
- 使用迅雷下载文件
- 文件传输工具 CuteFTP
- 使用 Serv-U 架设 FTP 服务器

6.1 文件传输协议

文件传输协议（FTP）是计算机网络用户在计算机之间传输文件所使用的协议，该协议属于网络协议组的应用层，规定了在 TCP/IP 网络和 Internet 上文件传输的规则，用于文件的上传和下载。上传文件就是将本地计算机中的文件复制到远程服务器上；下载文件就是将远程服务器中的文件复制到本地计算机上。Internet 上的软件资源非常丰富，用户通过一个支持FTP 协议的客户端程序连接到远程的 FTP 服务器并发出上传或下载的服务请求，服务器端的应用程序处理用户所发出的请求，决定是否允许用户进行上传或下载操作。

6.1.1 Internet 资源

Internet 蕴藏着丰富的资源，有文档、音乐、视频、各类软件等。软件分为系统软件和应用软件，如 Linux、Windows XP 是系统软件，Office 是应用软件。这些软件资源按照授权方式又分为共享软件、免费软件和测试软件。

（1）共享软件

共享软件一般是让用户免费下载试用的软件，只能使用该软件的部分功能或限定使用期限，如果希望使用它的全部功能和取消时间限制，则需要支付一定的费用。

（2）免费软件

完全免费使用的软件，用户不用花一分钱就可以使用它的全部功能，如 360 安全卫士、金山网盘等。

（3）测试软件

测试软件是软件开发商在该软件正式发布之前所推出的一个版本，其目的在于发现软件中的错误和推销该软件的正式版本。有些是完全免费的，有些则需要支付少许费用。

通过遵循 FTP 的文件传输，可以方便地将 Internet 上的这些软件资源下载到自己的计算机上。

6.1.2 FTP 用户连接

用户如何连接到 FTP 服务器获得相关资源呢？如果在服务器上注册了账号，就称为注册用户连接，否则称为匿名用户连接。一般来说注册用户对服务器的访问有更高的权限。

（1）注册用户

用户在远程服务器注册后，远程服务器的系统管理员会分配给注册用户一个用户名和密码并赋予一定的权限，这样用户每次登录远程服务器时要输入用户名和密码，经过远程服务器验证确认是合法用户后才能执行相应权限的操作。使用这种方式登录的用户，一般可以执行文件的下载及上传功能。但是 Internet 上有成千上万用户，不可能每一个用户都有一个登录账号，有的 FTP 服务器允许用户进行匿名登录。

（2）匿名用户

用户以 anonymous 为用户名，以电子邮件地址为密码登录远程服务器。使用匿名身份登录的用户，一般只能从所登录的服务器上下载文件而不能向服务器上传文件。

匿名 FTP 是 Internet 上应用广泛的服务之一，Internet 上有成千上万的匿名 FTP 站点提供各种免费资源。

6.1.3 文件传输格式

FTP 可用两种格式传输文件，即文本格式和二进制格式。文本格式使用 ASCII 字符，二进制不用转换格式就可传送字符，二进制格式比文本格式的传输速度更快，并且可以传输所有 ASCII 值。在使用 FTP 传输文件前，首先要进行传输格式的设置，保证传输文件的正确性。按文本格式传输二进制文件必将导致错误，一般情况下传输纯文本文件使用文本格式，传输可执行文件和带有中文字符的文件使用二进制格式。

6.2　使用浏览器下载文件

文件的下载有多种方式，可以直接使用浏览器下载文件，也可以借助专门的下载工具来提升下载速度或完善下载功能。使用浏览器下载文件具有简单、方便的特点。

6.2.1 使用网页链接下载文件

1. 任务

在华军软件园网站中使用网页链接下载"迅雷"软件。

2. 任务分析

现在很多网站都提供软件下载，一般根据网页中的相关提示，单击网页链接即可下载文件。

3. 操作步骤

① 进入华军软件园（http://www.onlinedown.net）的"PC 装机必备"页面，如图 6-1 所示。

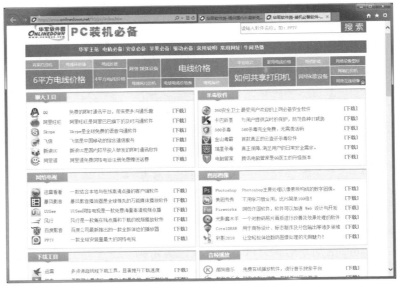

图 6-1　装机必备软件

② 在图 6-1 窗口的左下方，单击"迅雷"链接，在迅雷的简介页面中再单击"下载地址"链接，进入迅雷软件下载页面，如图 6-2 所示。

图 6-2　文件下载页面

③ 单击"联通用户通道"栏的"山东泰安网通下载"链接，弹出文件下载提示框，单击"保存"按钮，并选择保存位置，即可开始下载文件，下载文件的过程即文件从服务器向本机传输的过程，如图 6-3 所示。

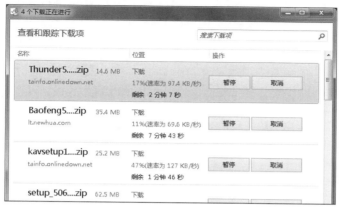

图 6-3 使用浏览器直接下载文件

6.2.2 使用浏览器连接 FTP 服务器

1. 任务

使用 IE 10 浏览器连接到 FTP 服务器，查看 FTP 服务器中的文件资源，并下载其中的一个文件。

2. 任务分析

IE 10 浏览器本身即具有 FTP 客户端软件的功能，使用 IE 10 浏览器登录 FTP 服务器，可直接在浏览器的地址栏中输入"FTP://"+服务器的 IP 地址（或域名）。

3. 操作步骤

① 连接一个 IP 地址为 172.17.9.122 的 FTP 服务器，在浏览器地址栏中输入 FTP://172.17.9.122，按【Enter】键弹出"登录身份"对话框，如图 6-4 所示。

② 输入用户名和密码，单击"登录"按钮。登录成功后在浏览器窗口中显示 FTP 服务器中的文件和文件夹等资源信息，如图 6-5 所示。

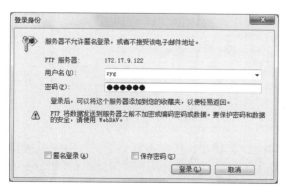

图 6-4 "登录身份"对话框

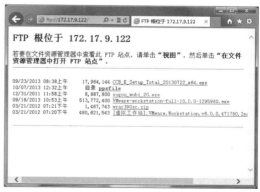

图 6-5 登录到 FTP 服务器

③ 按照系统的提示：单击视图，然后单击"在文件资源管理器中打开 FTP 站点"，打开图 6-6 所示的 FTP 窗口。

图 6-6　在 Windows 资源管理器中打开 FTP

④ 下载其中的 ppsfile 文件夹，在文件夹上右击，在弹出的快捷菜单中选择"复制到文件夹"命令，在"浏览文件夹"对话框中，选择目标文件夹，如图 6-7 所示。

⑤ 选择 E 盘根目录，单击"确定"按钮，开始从 FTP 服务器中下载 ppsfile 文件夹到本地计算机的 E 盘中，如图 6-8 所示。

图 6-7　"浏览文件夹"对话框

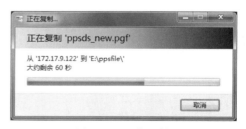

图 6-8　下载文件

4. 重要提示

细心的读者可能已经发现：在操作步骤③中，浏览器窗口中看不到"视图"菜单。这是因为窗口的菜单栏处于隐藏状态。在窗口标题栏上右击，选择"菜单栏"命令即可显示菜单栏。还有更快捷的方法：按一下键盘上的【Alt】键，可以立即显示菜单栏。

6.3 使用迅雷下载文件

下载文件除了使用浏览器，还可以选择功能更强大的专业下载软件。迅雷（Thunder）就是一款基于 P2SP（Peer to Server&Peer，点对服务器和点）技术的专业下载软件。迅雷使用的多资源超线程技术基于网格原理，能够将网络上存在的服务器和计算机资源进行有效的整合，构成独特的迅雷智能网络。通过智能网络使各种数据文件的下载速度显著提高。多资源超线程技术还具有因特网下载负载均衡功能，在不降低用户体验的前提下，迅雷网络可以对服务器资源进行均衡，有效降低了服务器负载。下面以迅雷 7 版本为例讲解其安装和使用方法。

6.3.1 迅雷的安装

1. 任务

到华军软件园网站下载并安装迅雷 7 软件。

2. 任务分析

按照 6.2 节介绍的方法使用浏览器直接从网页下载迅雷 7 安装程序，通过双击安装程序，并根据提示完成安装。

3. 操作步骤

① 下载"迅雷（Thunder）7"的安装程序 Thunder7.9.9.4578.exe。

② 双击安装程序，弹出图 6-9 所示的安装画面。

③ 选择"自定义安装"，以避免自动安装不必要的额外程序。调整有关选项后，单击"立即安装"按钮完成迅雷的安装。安装完成后，启动迅雷，如图 6-10 所示。

图 6-9　安装迅雷

图 6-10　迅雷主界面

4. 重要提示

安装软件时为什么没有选择"快速安装"，而是选择"自定义安装"呢？这两种安装方式各有什么优、缺点呢？"快速安装"省时省力，但不能很好地规划安装位置、快捷方式存放位置等参数。还有一点值得关注的是：一些安装程序集成了带有广告性质的第三方软件或插件，"自定义安装"可以有效地剔除这些不需要的部分，避免计算机在不知不觉中安装垃圾程序。

6.3.2　新建下载任务

1. 任务

使用安装好的迅雷程序新建下载任务，为下载文件打基础。

2. 任务分析

在迅雷中建立新的下载任务可以有多种方式：

① 单击方式，迅雷可以监视浏览器中的单击动作，一旦判断出单击符合下载要求，便会拦截该链接，并自动添加至下载任务列表中，如图 6-11 所示。

② 右键方式：在下载的链接上右击，在弹出的快捷菜单中选择"使用迅雷下载"命令，可启动图 6-11 所示的"建立新的下载任务"对话框。

图 6-11　"建立新的下载任务"对话框

③ 手动方式：在迅雷窗口中选择"文件"→"新建任务"→"普通任务"命令，弹出"建立新的下载任务"对话框，在"下载链接"栏中手动输入链接，亦可建立新的下载任务。

3. 重要提示

迅雷还监视剪贴板，如果剪贴板中复制了有效的下载链接，那么，在手动方式新建下载任务时，下载的链接地址会自动出现在"下载链接"栏中。

6.3.3　下载文件

1. 任务

使用迅雷下载华军软件园中的文件 Phothshop_12_ls3.zip。

2. 任务分析

在上一个任务的基础上，单击图 6-11 中的"立即下载"按钮，即可启动下载过程，可以通过右键打开下载的详情页面，如图 6-12 所示，可以很直观地查看"任务信息"、"属性详情"等下载情况。

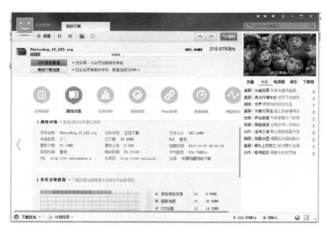

图 6-12　下载文件

① 文件夹：窗口左侧的任务栏分为"我的下载"与"功能推荐"两大部分。正在下载的文

件处于"正在下载"任务中，当下载任务完成之后，会自动移至"已完成"任务中等待处理；"我的应用"中包括了"迅雷看看""玩玩游戏""幸福树"等应用。窗口右侧详细地列出了下载文件的各项参数，包括 "文件名""大小""进度""剩余时间""速度"等信息。

② 状态图标：下载文件名前有一个状态图标，通过它可以查看出当前的下载任务处于一种什么样的下载状态。

③ 任务信息与基本信息：下载文件的具体状态可以通过任务信息直观地用图像显示出来。这里每一个圆点代表文件的一个组成部分，灰色的圆点表示未下载的部分，浅蓝色和紫色圆点表示已下载的部分。下载时会发现这些圆点正逐渐由灰色变成浅蓝色或紫色。文件中好几个区域同时在由灰色向浅蓝色或紫色转变，表明迅雷正用多个线程同时进行下载。当所有的圆点都变成浅蓝色或紫色，文件即下载完成。

6.3.4　迅雷配置

在使用迅雷软件时，为了更好地适应使用习惯，需要对其一些参数进行配置。良好的配置可以大大提高工作效率。

1. 任务

对迅雷进行如下配置：常用下载目录设定为 F 盘的根目录，同时将下载的最大任务数设置为 6，监视剪贴板，监视浏览器。

2. 任务分析

迅雷的"系统设置"窗口是迅雷系统配置的中心，在此窗口中可以完成相应的操作。

3. 操作步骤

① 单击配置按钮 ✿ 或通过"工具"→"下载配置中心"命令打开迅雷的"系统设置"对话框。在"基本设置"选项卡的"常用设置"中，指定迅雷的下载目录为 F 盘的根目录，如图 6-13 所示。

② 选择"我的下载"选项卡，在"常用设置"的"任务管理"选项区域中，将同时下载的最大任务数设置为 6，如图 6-14 所示。

③ 在"监视设置"的"监视对象"选项区域中，选中"监视剪贴板"和"监视浏览器"复选框，如图 6-15 所示。

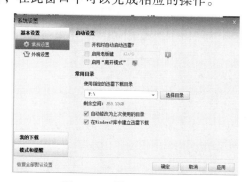

图 6-13　设置下载目录

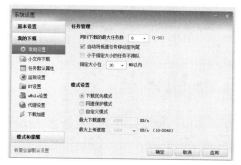

图 6-14　设置最大任务数

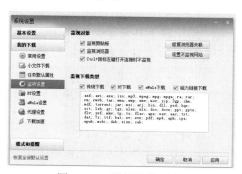

图 6-15　设置监视对象

6.3.5 迅雷的 FTP 工具

浏览器可以连接 FTP 服务器，那么迅雷是否可以连接 FTP 服务器，实现文件传输的操作呢？下面的任务回答了这个问题。

1. 任务

使用迅雷的 FTP 工具，连接 FTP 服务器，查看、下载其中的文件。

2. 任务分析

前面使用 IE 10 浏览器连接到 FTP 服务器，迅雷的 FTP 工具是一个 FTP 客户端软件，具有 FTP 功能。

3. 操作步骤

① 单击迅雷主界面中的 ▦ 按钮，打开小工具面板，选择其中的"FTP 工具"，打开"FTP 资源探测器"窗口。FTP 资源探测器的作用类似于 Windows 资源管理器，它可以分层列出站点上的文件夹和文件，让用户轻松浏览 FTP 站点的目录结构，有助于选择特定的文件下载。

② 在 FTP 资源探测器地址栏中输入网址，如 ftp://172.17.9.122，用户名输入 zyg，输入正确的口令后单击后面的连接按钮或按【Enter】键登录，指定 FTP 站点的完整结构便呈现出来了，如图 6-16 所示。选中某文件双击即可下载它们（若是文件夹，双击即可打开）。

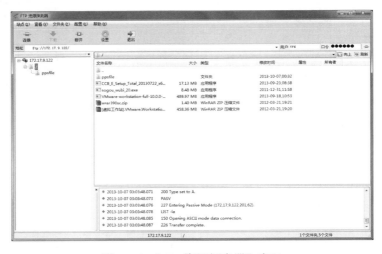

图 6-16 "FTP 资源探索器"窗口

4. 重要提示

常用的下载工具软件除迅雷外，还有快车（FlashGet）、网络蚂蚁（NetAnts）等，它们具有类似的功能和使用方法，不再赘述。

6.4 工具软件 CuteFTP

CuteFTP 是一个专业的 FTP 客户端程序，有着良好的用户界面和强大而丰富的传输功能。用户使用鼠标拖动即可方便、直观地实现从远程服务器下载文件或向其上传文件。

6.4.1 CuteFTP 安装

1. 任务

安装 CuteFTP 软件。

2. 操作步骤

① 从华军软件园(http://www.onlinedown.net)
网站下载 CuteFTP 的安装程序压缩包,文件名为
cuteftppro.zip,其大小约为 20.4 MB。

② 解压安装程序压缩包,得到安装程序文
件 cuteftppro.exe。

③ 双击安装程序文件开始安装,如图 6-17
所示。按照屏幕提示依次单击"下一步"按钮即
可完成安装操作。

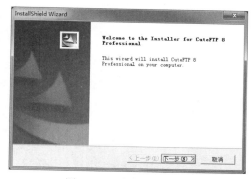

图 6-17 安装 CuteFTP

6.4.2 CuteFTP 主窗口

1. 任务

启动 CuteFTP 主窗口,连接到 FTP 服务器,观察 CuteFTP 主窗口布局。

2. 操作步骤

① 选择"开始"→"所有程序"→"GlobleSPACE"→"CuteFTP Profesional"→"CuteFTP 8
Professional"命令打开 CuteFTP 主窗口。

② 观察 CuteFTP 的 4 个子窗口,如图 6-18 所示,左窗口显示的是本地硬盘当前目录;
右上方窗口显示的是所连接的 FTP 服务器的远程目录和文件信息;右下方窗口显示 FTP 命令
及所连接 FTP 站点的连接信息,通过此窗口,用户可以了解到当前的连接状态,如该站点是
否处于连接状态、是否支持断点续传、正在传输的文件等;底部的窗口用于临时存储传输文
件和显示传输队列信息。

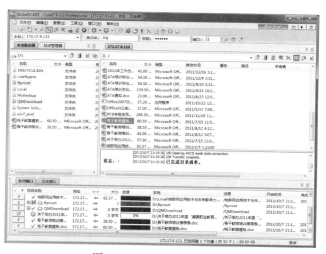

图 6-18 CuteFTP 主窗口

6.4.3 CuteFTP 站点管理器

CuteFTP 站点管理器用于连接远程 FTP 服务器，使用它可以添加、删除和编辑 FTP 服务器的信息。

1. 任务

在 CuteFTP 中新建一个名为"文档资料"的站点，连接到服务器 172.17.9.122，用户名和密码分别为 zyg 和 123456，设置登录方法为"普通"。

2. 操作步骤

① 单击 Cute 主窗口左上方的"站点管理器"标签，打开"站点管理器"选项卡，显示已有的 FTP 站点的名称，如图 6-19 所示。

② 选择"文件"→"新建"→"FTP 站点"命令，弹出"此对象的站点属性"对话框，填入相关信息，如图 6-20 所示。

图 6-19 "站点管理器"窗口　　　　　图 6-20 "此对象的站点属性"对话框

CuteFTP 站点管理器包含预先定义好的文件夹和站点，属性对话框显示当前站点的设置信息。CuteFTP 预先设定了一些免费或共享的 FTP 站点，单击文件夹内的某一站点，再单击"连接"按钮，或双击站点名称，即可连接该站点。

3. 重要提示

在 CuteFTP 站点管理器中，可进行以下操作：

（1）添加文件夹

选择"文件"→"新建"→"文件夹"命令，输入新文件夹的名称，然后单击空白区域，就在左边窗口中建立了新的文件夹，文件夹建成后可以将站点放入其中。

（2）添加站点

选择"文件"→"新建"→"FTP 站点"命令，弹出"此对象的站点属性"对话框，输入标签即站点的名称，根据需要依次设置远程服务器主机地址、用户名、密码。这里设置站点的名称为"文档资料"。在主机地址文本框中输入 FTP 服务器的域名或 IP 地址，如 FTP 服务器地址为 172.17.9.122。输入用户名为 zyg 并设置相应的密码，单击"确定"按钮，即增加了一个新的站点，如图 6-21 所示。

（3）编辑站点

编辑已有站点，可以选择"文件"→"属性"命令，弹出"此对象的站点属性"对话框，可对相关属性进行编辑。例如设置当客户端连接时，切换到此本地文件夹为 E:\soft，如图 6-22 所示。

图 6-21 建立"文档资料"新站点

图 6-22 编辑站点

（4）删除站点

对于不再使用的 FTP 站点，可以从站点管理器中删除。选择需要删除的站点，选择"编辑"→"剪切"命令，或在站点上右击，在弹出的快捷菜单中选择"删除"命令，也可直接按【Delete】键。

6.4.4 连接远程服务器

CuteFTP 提供了"站点管理器""快速连接"和"书签"方式连接远程服务器。

1. 任务

分别通过"站点管理器""快速连接"和"书签"方式连接远程服务器。

2. 任务分析

使用站点管理器中已经建好的站点连接远程服务器适合于较为固定的连接，站点一次建立，反复使用；"快速连接"方式适合于临时连接远程服务器，其特点是很方便地输入要连接的服务器地址、用户名、密码等；对于一个经常访问的站点中的某一目录可以建立一个书签保存起来，下次连接该目录时，单击建立的书签即可快速连接。

3. 操作步骤

① 单击"站点管理器"标签。

② 选择预先定义好的服务器站点，单击"连接"按钮，或直接双击站点标签。

③ 在 CuteFTP 主窗口中选择"查看"→"工具栏"→"快速连接栏"命令，或单击工具栏中的"快速连接"按钮 ，弹出快速连接工具栏，如图 6-23 所示。

图 6-23 快速连接工具栏

④ 选择或输入用户名和密码，单击"连接"按钮开始连接。

⑤ 选中 FTP 服务器中需要建立书签的目录（在此选择服务器中/VRP 作品目录），选择"工具"→"书签"→"将当前文件夹添加为书签"命令，弹出"设置书签"对话框，如图 6-24

所示，输入新书签名"/VRP 作品-远程"，单击"确定"按钮。

完成后，在站点管理器中可看到名字为"/VRP 作品-远程"的书签，如图 6-25 所示。

图 6-24　设置书签

图 6-25　站点中的书签

4. 重要提示

在文件传输过程中，如果中断文件传输，选择"查看"→"停止"命令，或单击工具栏中的"停止"按钮；若要继续传输，在队列窗口中双击中断的任务即可。若要断开连接，可选择"文件"→"断开"命令，或单击工具栏中的"断开"按钮；若要重新连接，可选择"文件"→"重新连接"命令或单击工具栏中的"重新连接"按钮，恢复断开的连接。

6.4.5　文件传输

CuteFTP 有几种方法可以实现文件的上传和下载。文件传输过程中，CuteFTP 主窗口的底部会显示传输速度、剩余时间、已用时间和完成传输的百分比等信息。如果在文件传输过程中因为某些原因传输被中断，可以使用 CuteFTP 的断点续传功能，在文件中断处继续传输。断点续传功能在传输较大的文件时非常有用。只有经过注册的 CuteFTP 才能使用断点续传功能，并且所连接的 FTP 服务器要支持断点续传的功能。在进行续传时，本地计算机中的文件名要与远程服务器中的文件名相同。

1. 任务

以各鼠标手动、菜单、双击、右击、队列等各种操作方式进行文件传输。

2. 操作步骤

（1）用鼠标拖动传输文件

在 CuteFTP 主窗口中，选中需要传输的文件，拖动文件到指定目录中，从服务器向本地目录拖动，或从本地目录向服务器拖动，即开始下载或上传文件。

（2）菜单/工具栏传输文件

在 CuteFTP 主窗口中，选中需要传输的文件，选择"文件"→"上载"/"下载"命令，或单击工具栏中的"上载"/"下载"按钮。

（3）双击文件开始传输

在 CuteFTP 主窗口中，双击需要传输的文件，该文件如果是 FTP 服务器上的文件则自动下载到当前本地目录中；文件如果是本地目录中的文件，则自动上传到服务器上。

（4）队列传输

在 FTP 主窗口中，选中传输文件，选择"工具"→"队列"→"添加所选项"命令，文件被添加到 CuteFTP 主窗口底部的队列窗口中。可以将不同路径中的本地或远程的多个文件添加到队列窗口中。选择"工具"→"队列"→"全部传输"命令，队列窗口中的文件开始传输。选择"工具"→"队列"→"删除所选项"命令，可将不需要传输的文件从队列中删除。

（5）右击传输文件

右击需要传输的文件，在弹出的快捷菜单中选择"上载"或"下载"命令来传输文件。

6.4.6　制订文件传输计划

如果传输的文件较多，既不想占用白天繁忙的工作时间，又不想熬夜，怎么办？这时可以设定文件传输计划，CuteFTP 会按照这个日程进行运作。

1. 任务

计划将远程服务器的"1 质量管理.ppt"和"2 教学发展.ppt"两个文件于 2013 年 10 月 8 日 5 点 10 分下载到本地目录。

2. 操作步骤

① 选中待传输的两个文件，或将文件先添加到队列中。

② 选择"工具"→"队列"→"计划所选项"命令，或右击，在弹出的快捷菜单中选择"计划所选项"命令，弹出"计划属性"对话框，如图 6-26 所示。

③ 选择"计划当前项"复选框，设定计划开始的日期和时间，并确定是否选择"启用重复"复选框，如图 6-27 所示，单击"确定"按钮。完成上述设定之后，CuteFTP 会按照日程自动、按时地进行文件传输工作。

图 6-26　"计划属性"对话框一

图 6-27　"计划属性"对话框二

6.4.7　文件夹工具

1. 任务

使用文件夹工具进行"比较文件夹""同步文件夹""备份文件夹"和"监视文件夹"操作。

2. 操作步骤

（1）比较文件夹

使用"比较目录"命令，将本地计算机的 ASP 目录和远程服务器中的 ASP 目录进行比较，对下载的文件进行校验。选择"工具"→"文件夹工具"→"比较文件夹"命令，弹出"目录比较选项"对话框，经过比较后，不相同的文件以图例所示的颜色被突出显示，如图 6-28 所示。

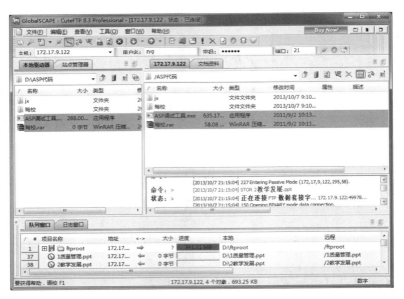

图 6-28　目录比较

（2）同步文件夹

同步文件夹操作可以使本地路径的文件与远程端保持同步，同步的方向可以是镜像本地、镜像远程或镜像两者。选择"工具"→"文件夹工具"→"同步文件夹"命令，弹出"文件夹同步向导"界面，如图 6-29 所示。按照提示依次单击"下一步"按钮，完成文件夹的同步。

（3）备份文件夹

备份文件夹可以将本地文件夹备份到远程服务器上，也可以将远程服务器上的文件备份到本地文件夹。在必要时进行恢复，以保证文件夹的安全。选择"工具"→"文件夹工具"→"从本地备份到远程"命令，在弹出的界面中选择"创建备份"，启动"本地备份向导"的第 1 步，如图 6-30 所示。按照提示依次单击"下一步"按钮，完成本地文件夹的备份。

图 6-29　同步文件夹向导

图 6-30　本地备份向导

（4）监视文件夹

CuteFTP 可以设定监视特定文件夹，自动使被监视的文件夹与服务器上指定的文件或文件夹保持一致。为达到这个目标，在监视的过程中，自动上载已经添加到特定本地文件夹中的任何新建文件或文件夹，也可以自动上载经修改的文件或文件夹。选择"工具"→"文件夹工具"→"监视文件夹"命令，弹出"文件夹监视向导"界面，按照提示依次单击"下一步"按钮，完成文件夹监视操作。

6.4.8 宏命令

对于一些可能多次反复用到的命令，可以通过录制宏来简化以后的重复操作。

1. 任务

录制一个包含上传、下载动作的宏并执行宏。

2. 操作步骤

① 启动 CuteFTP，连接到远程服务器。

② 选择"工具"→"宏和脚本"→"开始录制"命令。

③ 从这以后的每一个命令和每一次按键都被保存下来。

④ 选择"工具"→"宏和脚本"→"停止录制"命令结束宏录制工作，弹出"另存为"对话框，如图 6-31 所示。

选取保存的位置，并为文件命名，单击"保存"按钮。

⑤ 在"工具"→"宏和脚本"→"运行"→"浏览"命令。

⑥ 寻找宏路径后单击文件名。

⑦ 单击"确定"按钮。

图 6-31 保存宏文件

3. 特别提示

可以录制的宏仅限于上传、下载、删除和改变目录等操作。

6.4.9 CuteFTP 的全局选项

CuteFTP 的设置主要由全局选项来完成，选项设置会影响 CuteFTP 的操作。在 CuteFTP 主窗口中选择"工具"→"全局选项"命令，弹出"全局选项"对话框，对其中的选项进行设置。

1. 任务

对 CuteFTP 的全局选项进行设置。

2. 操作步骤

① 单击"全局选项"对话框中的"一般"目录，设置一般选项，如图 6-32 所示。

在此可以设置启动和退出时 CuteFTP 所执行的操作，可以设置下载文件夹的默认设置，也可以将 Shell 集成到 Windows 资源管理器上下文菜单中。

② 单击"全局选项"对话框中的"连接"目录，进行连接方面的设置，如图 6-33 所示。

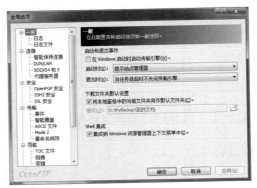

图 6-32 "全局选项"中的"一般"选项

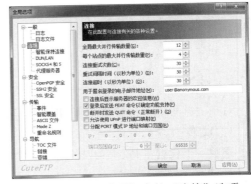

图 6-33 "全局选项"中的"连接"选项

"连接"选项包括了基本的连接选项和"智能保持连接"选项、DUN/LAN 选项、"SOCKS4 和 5"选项、"代理服务器"选项。在基本连接选项中，"用于匿名登录的电子邮件地址"选项的作用是输入 E-mail 地址，作为进行 FTP 站点连接时的密码；"连接超时"选项的作用是正连接时，可设置重新连接的次数以及重新连接到服务器的等待时间。

③ 单击"全局选项"对话框中的"传输"目录，设置文件传输的方法、数据模式、是否允许在现有（浏览）会话的基础上传输，还可以进行全局带宽的限制，如图 6-34 所示。

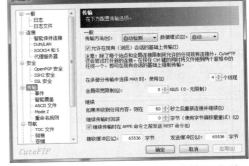

图 6-34 "全局选项"中的"传输"选项

"ASCII 文件"设置：可以作为纯文本文件（ASCII）文件传输的文件类型。可以增加文件类型，也可以删除文件类型。例如增加一个 .dat 文件类型，文件也可以按照自动检测的类型进行传输。

④ 单击"全局选项"对话框中的"导航"目录，如图 6-35 所示，在此配置各种处理事件和导航选项。

⑤ 单击"全局选项"对话框中的"显示"目录，设置文件显示方式，包括提示、声音、语言 3 个子项，如图 6-36 所示。

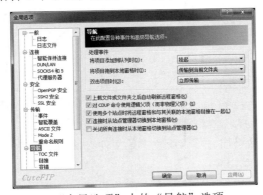

图 6-35 "全局选项"中的"导航"选项

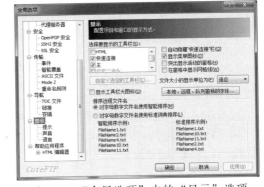

图 6-36 "全局选项"中的"显示"选项

在"显示"选项中，可以设置要显示的工具栏和菜单及相关设置；可以对远程文件的排序方式进行设置。"提示"子项列出了在所有情况下，需要进行提示和确认的内容；"声音"子项中，可以为各种事件添加指定的声音文件；"语言"子项设置供 CuteFTP 资源使用的语言文件。

6.5　使用 Serv-U 架设 FTP 服务器

FTP 服务器是在因特网上提供存储空间和资源下载服务的计算机，用户可以连接到服务器下载文件，也可以将自己的文件上传到 FTP 服务器中。Serv-U 是 FTP 服务器端软件，使用 Serv-U 可以把自己的计算机配置为一台 FTP 服务器，和网络中的朋友一起分享资源。

6.5.1　Serv-U 安装

可以在网上下载 Serv-U 安装程序。双击安装程序，弹出图 6-37 所示的安装界面。依次单击"下一步"按钮，使用默认的选项，完成 Serv-U 的安装。

6.5.2　创建 Serv-U 服务器域

"域"是一个虚拟的 FTP 服务器，在一台计算机上可以创建多个域。

1. 任务

启动 Serv-U 软件，创建 Serv-U 服务器域。

2. 操作步骤

① 运行 Serv-U 主程序，其管理控制台如图 6-38 所示。

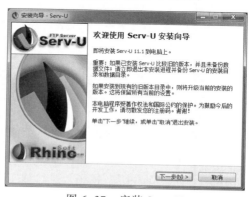

图 6-37　安装 Serv-U

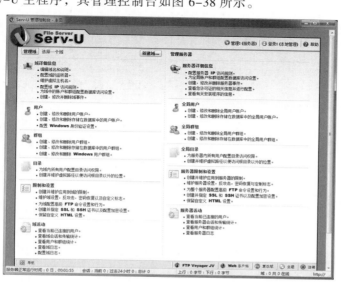

图 6-38　Serv-U 管理控制台

② 单击"新建域"按钮，弹出"域向导–步骤 1 总步骤 4"界面，如图 6–39 所示，输入名称 domain1。

③ 单击"下一步"按钮，弹出"域向导–步骤 2 总步骤 4"界面，设置相关协议端口，如图 6–40 所示。

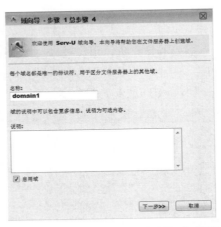

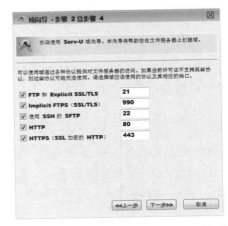

图 6-39 "域向导–步骤 1 总步骤 4"界面　　　图 6-40 "域向导–步骤 2 总步骤 4"界面

④ 单击"下一步"按钮，设置监听的 IP 地址，默认为选择所有可用 IP 地址，如图 6–41 所示。

⑤ 单击"下一步"按钮，进行加密设置，此处选择"使用服务器设置（加密：单向加密）"单选按钮，如图 6–42 所示。单击"完成"按钮，即成功创建了名字为 domain1 的域。

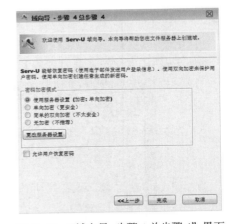

图 6-41 "域向导–步骤 3 总步骤 4"界面　　　图 6-42 "域向导–步骤 4 总步骤 4"界面

6.5.3 创建域用户

1. 任务

在新建的域 domain1 中创建全名为 zhangyonggang 的域用户，设置用户目录为 D:\ftproot，访问权限设为只读。

2. 操作步骤

① 在 Serv-U 管理控制台主页中单击"创建、修改和删除用户账户"超链接，弹出

"Serv–U 管理控制台–用户"界面，如图 6-43 所示。

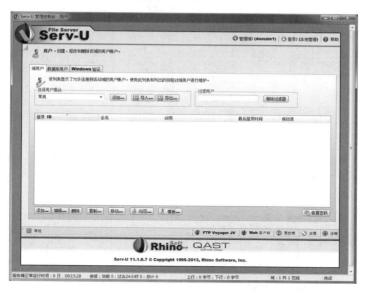

图 6-43　"Serv–U 管理控制台–用户"界面

　　② 单击"向导"按钮，弹出"用户向导–步骤 1 总步骤 4"界面。输入登录 ID 为 zyg，全名 zhangyonggang，电子邮件地址 zygwhzyxy@163.com，如图 6-44 所示。

　　③ 单击"下一步"按钮，进入"用户向导–步骤 2 总步骤 4"界面，设置用户密码，此处设置为 1234，如图 6-45 所示。

图 6-44　"用户向导–步骤 1 总步骤 4"界面

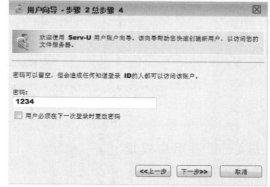

图 6-45　"用户向导–步骤 2 总步骤 4"界面

　　④ 单击"下一步"按钮，进入"用户向导–步骤 3 总步骤 4"界面，设置服务器根目录，如图 6-46 所示。

　　⑤ 单击"下一步"按钮，进入"用户向导–步骤 4 总步骤 4"界面，设置服务器根目录访问权限，如图 6-47 所示。

　　⑥ 单击"完成"按钮，返回"Serv–U 管理台控制–用户"界面，此时主界面上显示一个名字为 zyg 的账户，完成了用户的创建。此时，其他计算机可以使用创建的用户名和密码登录这台服务器，如图 6-48 所示。

第6章　文件传输

143

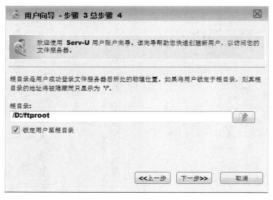

图 6-46 "用户向导–步骤 3 总步骤 4"界面

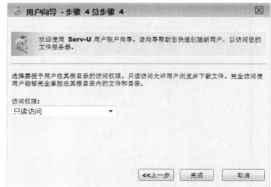

图 6-47 "用户向导–步骤 4 总步骤 4"界面

图 6-48 "Serv-U 管理台控制–用户"界面

6.5.4 设置用户权限

1. 任务

将用户 zhangyonggang 的权限设置为读、写、删除和列表，设置子目录继承权限，将目录内容的最大容量设置为 100 MB。

2. 操作步骤

① 在"Serv-U 管理台控制–用户"界面中选择一个用户，单击"编辑"按钮，弹出 "用户属性"对话框。

② 选择"目录访问"选项卡，可以看到当前用户的目录访问权限，如图 6-49 所示。

③ 单击"编辑"按钮，弹出"目录访问规则"对话框，用户默认的权限是读取和列表，增加"写""删除""列表"权限，选择"子目录"选项区域中的"继承"复选框，如图 6-50 所示。

图 6-49 "用户属性"对话框

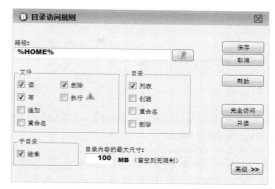

图 6-50 "目录访问规则"对话框

6.6 应 用 实 例

6.6.1 使用浏览器连接 FTP 服务器

1. 任务

连接一个 FTP 服务器，地址为 192.168.1.20，用户名为 zyg，密码为 1234，下载其中的文件。

2. 操作步骤

① 在浏览器的地址栏中输入 ftp://192.168.1.20，并按【Enter】键。

② 弹出"登录身份"对话框，输入用户名和密码，如图 6-51 所示。

③ 单击"登录"按钮，进入 FTP 服务器目录，右击"3 项目管理.ppt"文件，在弹出的快捷菜单中选择"复制到文件夹"命令，如图 6-52 所示。在弹出的对话框中选择 E 盘 FilePPT 文件夹，如图 6-53 所示。

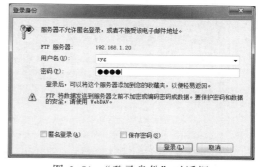

图 6-51 "登录身份"对话框

图 6-52 FTP 远程目录

图 6-53 "浏览文件夹"对话框

④ 单击"确定"按钮，E 盘 FilePPT 文件夹中出现了下载的文件，连接 FTP 服务器并完成文件下载。

6.6.2 使用迅雷下载文件

1. 任务

到华军软件园的装机必备软件页面找到 Photoshop 安装程序，使用迅雷将其下载到本地计算机。

2. 操作步骤

① 进入网站 www.onlinedown.net，进入装机必备页面，找到要下载的程序文件，单击"下载地址"超链接，进入下载地址页面，右击"中国联通网络"超链接，在弹出的快捷菜单中选择"使用迅雷下载"命令，如图 6-54 所示。

② 建立新的下载任务，如图 6-55 所示。

图 6-54　使用迅雷下载

图 6-55　建立新的下载任务

③ 选择存储路径为 E:\soft，单击"立即下载"按钮，开始下载，绿色的小方框表示原始地址来源，棕黄色的小方框表示 P2P 加速的部分，如图 6-56 所示。当任务分块信息全部由灰色变成深色时，便下载完成。单击右下角的速度显示区域，可打开"迅雷流量监控"窗口，如图 6-57 所示。

图 6-56　使用迅雷下载文件

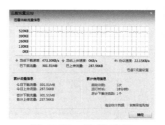

图 6-57　流量监控

6.6.3 架设 FTP 服务器

1. 任务

在局域网内架设 FTP 服务器，与同学之间相互上传、下载文件。

2. 操作步骤

① 在局域网内选择一台计算机，安装 Serv-U 软件。

② 运行 Serv-U 主程序，在"Serv-U 控制管理台-主页"界面中单击"新建域"按钮，启动新建域向导，如图 6-58 所示。

③ 输入域名称，如 xxgcx，单击"下一步"按钮，设置 FTP 使用的协议和相应用的端口号，通常使用默认设置即可，如图 6-59 所示。

图 6-58 "域向导-步骤 1 总步骤 4"界面

图 6-59 "域向导-步骤 2 步骤 4"界面

④ 单击"下一步"按钮，进入"域向导-步骤 3 总步骤 4"界面，设置域对其监听的 IP 地址，此处使用默认的"所有可用的 IPv4 地址"选项，如图 6-60 所示。

⑤ 单击"下一步"按钮，进入"域向导步骤 4 总步骤 4"界面，设置密码加密模式为"使用服务器设置（加密：单向加密）"，如图 6-61 所示。

图 6-60 "域向导-步骤 3 总步骤 4"界面

图 6-61 "域向导-步骤 4 总步骤"界面

⑥ 单击"完成"按钮，Serv-U 系统提示是否为该域创建用户账户，如图 6-62 所示。单击"是"按钮，启动"用户向导-步骤 1 总步骤 4"界面，输入用户登录名 twfx，如图 6-63 所示。

⑦ 单击"下一步"按钮，进入"用户向导-步骤 2 总步骤 4"界面，设置用户口令，如图 6-64 所示。

图 6-62　系统提示

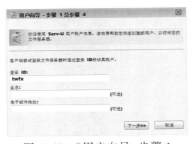

图 6-63　"用户向导–步骤 1
总步骤 4"界面

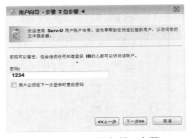

图 6-64　"用户向导–步骤 2
总步骤 4"界面

⑧ 单击"下一步"按钮，进入"用户向导–步骤 3 总步骤 4"界面，设置用户成功登录文件服务器后所处的物理位置，如图 6-65 所示。

⑨ 单击"下一步"按钮，进入"用户向导–步骤 4 总步骤 4"界面，设置用户成功登录文件服务器后的访问权限，默认为只读访问，在此选择"完全访问"，以便使创建的用户能够上传文件，如图 6-66 所示。

图 6-65　"用户向导–步骤 3 总步骤 4"界面

图 6-66　"用户向导–步骤 4 总步骤 4"界面

单击"确定"按钮，即创建了一个名字为 twfx 的用户，并出现在"Serv-U 管理控制台-用户"界面，如图 6-67 所示，服务器设置完成。

⑩ 在局域网中的另一台计算机上启用 CuteFTP，建立站点，服务器为刚才安装 Serv-U 的计算机的 IP 地址，用户名为 twfx，密码为 1234，如图 6-68 所示。

图 6-67　"Serv-U 管理控制台-用户"界面

图 6-68　建立站点

⑪ 单击"连接"按钮，成功连接到 FTP 服务器，如图 6-69 所示。

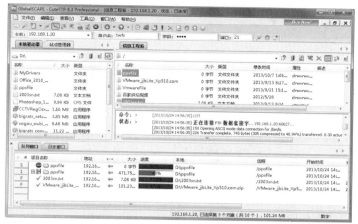

图 6-69　连接到 FTP 服务器

⑫ 将两个服务上的视频文件 clip1.mpg 和 clip2.mpg 从右边的远程目录拖动到左边本地驱动器 D 盘，下载这两个文件；将 3 个图像文件 L2.jpg、L3.jpg 和 L5.jpg 从左边的本地驱动器 F 盘拖动到右边的远程目录，实现这 3 个文件的上传。下载和上传开始后，这 5 个任务出现在队列中，如图 6-70 所示，操作完成。

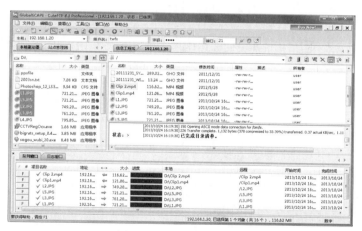

图 6-70　上传下载文件

习　题

1. 简述利用 IE 登录 FTP 服务器的方法。
2. 简述在 CuteFTP 中建立站点的方法。
3. 在 CuteFTP 中如何制订传输计划？
4. 在 CuteFTP 中如何录制和使用宏？
5. 简述使用 Serv-U 架设 FTP 服务器的基本步骤。
6. 试使用 Serv-U 架设 FTP 服务器。

第 6 章　文件传输

第 7 章

→ 网络娱乐与互动

网络除了可以给人们的工作、学习提供方便之外，还可以提供层出不穷的娱乐项目，很多人在感到新鲜的同时往往有点手足无措。下面将介绍网络中的娱乐项目：网上音乐、网上电视与电影、网上聊天、博客、微博及客户端的使用。

本章要点：

- 网上音乐、电影、电视
- 网上聊天
- 博客
- 微博及客户端

7.1 网 络 影 音

影视、音乐是人们生活中不可缺少的休闲内容，现代人在网络生活中同样可以享受到高品质的数字视频和音频带来的前所未有的视听乐趣。如何在网上听音乐、看电影呢？下面介绍网络中的影音世界。

7.1.1 网上音乐

在现代生活中，音乐无处不在，大街小巷、超市商场到处都有音乐伴随着我们。网络世界中，音乐同样占据着重要的地位。一边听音乐，一边上网冲浪，多惬意啊！网上的音乐内容全，形式多，更加吸引了众多网民的注意力。在网络中不用再去买磁带、CD，想听什么歌就有什么歌。无论什么时期的歌曲，无论是原唱、翻唱还是伴奏，几乎都可以在网上找到。

在网上听音乐，有两种方式。一种是直接访问音乐网站在线播放，另一种就是在网上利用搜索引擎找到音乐文件后，下载到计算机硬盘中利用已安装好的音乐播放软件播放。事实上有些音乐网站将这两种方式集合到一起，可以先在线试听音乐，如果感觉不错，便可以下载到计算机上慢慢欣赏。

图 7-1 所示是百度的音乐搜索引擎，根据歌曲名称或者歌手姓名甚至歌曲名中的关键词就可以搜索到想要找的歌曲，页面上既有下载链接也有试听链接，用户只需要用鼠标单击相应的链接就可以了。

图 7-1　百度音乐搜索

7.1.2　网上电影

网上看电影早已不是可望不可及的事情了，在成千上万个在线电影网站中，每天都有许多网迷享受着网络带给他们的无限乐趣。

下面以"宽带中国"为例说明网络影院的使用。

首先在地址栏输入宽带中国的网址：www.bdchina.com，进入网上宽带中国的主页，如图 7-2 所示。

图 7-2　宽带中国主页

在宽带中国中，可以注册成为会员，享受更全面的服务。将鼠标移至"高清电影""高清电视剧""动漫"等选项上单击，显示出相应的影视列表。例如在"高清电视剧"选项中，搜索电视剧"大学生士兵的故事"，显示图 7-3 所示的画面。

图 7-3　宽带中国付费电视剧"大学生士兵的故事"

单击图 7-3 中的"观看"按钮，显示宽带中国登录界面，如图 7-4 所示。输入账号类型、账号名称、账号密码，单击"登录"按钮就可以播放了。

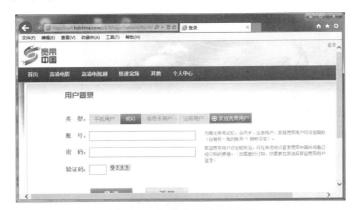

图 7-4　宽带中国登录画面

7.1.3　网上看电视

由于数字电视的兴起，很多电视台将目标转移到网络，相继在网上开通了数字频道，将电视节目搬到了网上，使得网上生活更加丰富多彩。通过下载安装网络电视播放软件，就可以在线收看多套电视节目。这里向大家介绍一款比较成熟的网络电视播放软件：PPTV（主页：http://www.pptv.com/）。

PPTV 网络电视是 PPLive 旗下产品，是一款 P2P 网络电视软件，支持对海量高清影视内容的"直播+点播"功能。可在线观看电影、电视剧、动漫、综艺、体育直播、游戏竞技、财经资讯等丰富的视频娱乐节目。PPTV 采用 P2P 传输技术，越多人看越流畅，完全免费，是广受网友推崇的上网必备软件。

PPTV 网络电视有着丰富的影视资源，CCTV、各类体育频道、动漫、丰富的电影、娱乐频道、凤凰卫视尽收眼底。

PPTV 的特性可以归纳成如下几点：

① 清爽明了，简单易用的用户界面。

② 利用 P2P 技术，人越多越流畅。

③ 丰富的节目资源，支持节目搜索功能。

④ 频道悬停显示当前节目截图及节目预告。

⑤ 优秀的缓存技术，不伤硬盘。

⑥ 自动检测系统连接数限制。

⑦ 对不同的网络类型和上网方式实行不同的连接策略，更好地利用网络资源。

⑧ 在全部 Windows 平台下支持 UPnP 自动端口映射。

⑨ 自动设置网络连接防火墙。

图 7-5 所示就是 PPTV 的节目库界面，选择某个电视台或频道后，只需要单击"立即播放"按钮就可以开始播放节目。图 7-6 所示播放的是山东卫视的电视剧节目。

图 7-5　PPTV 节目库

图 7-6　PPTV 正在播放

7.2　网络即时通信

网络即时通信从早期的聊天室、论坛变为以 MSN、QQ 为代表的即时通信形式，包括最近兴起的微信、飞信等。

7.2.1 即时通信工具 QQ

QQ 是 1999 年 2 月由腾讯自主开发的基于 Internet 的即时通信网络工具——腾讯即时通信（Tencent Instant Messenger，简称 TM 或腾讯 QQ），其以合理的设计、良好的易用性、强大的功能、稳定高效的系统运行，赢得了用户的青睐。腾讯 QQ 的标志一直没有改变，一直是小企鹅。因为标志中的小企鹅很可爱，用英语来说就是 cute，因为 cute 和 Q 是谐音，所以小企鹅配 QQ 也是很好的一个名字。此外 QQ 还具有与手机聊天、聊天室、点对点断点续传传输文件、共享文件、QQ 邮箱、网络收藏夹、发送贺卡等功能。

QQ 不仅仅是简单的即时通信软件，它与全国多家移动通信公司合作，实现传统的 GSM 移动电话的短消息互联，是国内最为流行、功能最强的即时通信软件。腾讯 QQ 支持在线聊天，即时传送视频、语音和文件等多种多样的功能。同时，QQ 还可以与移动通信终端、IP 电话网、无线寻呼等多种通信方式相连，使 QQ 不仅仅是单纯意义的网络虚拟呼机，而是一种方便、实用、超高效的即时通信工具。QQ 可能是现在中国人使用次数最多的通信工具。

随着时间的推移，基于 QQ 所开发的附加产品越来越多，如 QQ 宠物、QQ 音乐、QQ 空间等，受到 QQ 用户的青睐。为使 QQ 更加深入生活，腾讯公司开发了移动 QQ 和 QQ 等级制度。只要申请移动 QQ，用户即可在自己的手机上享受 QQ 聊天。

不同版本的 QQ 使用略有差异。QQ 是免费使用的软件，用户可以任意下载、安装和使用。可以从腾讯公司的腾讯网（http://www.qq.com）下载最新版本的 QQ 软件。QQ 软件是一个可执行文件，从网上下载以后双击安装文件，按照提示很快就可以完成安装操作。

使用 QQ 首先要申请 QQ 号码，有了 QQ 号码才能登录使用 QQ 的各种功能。可以在线申请免费 QQ 号，也可以利用手机等付费方式获得 QQ 号码。下面以腾讯 QQ 2013 正式版为例介绍 QQ 的使用。

1. QQ 的使用

（1）登录 QQ

具体操作步骤如下：

① 双击 QQ 图标，打开 QQ 用户登录界面，如图 7-7 所示。

② 输入 QQ 号码和密码，单击"登录"按钮，完成登录操作，其界面如图 7-8 所示。

图 7-7 QQ 登录对话框

图 7-8 QQ 界面

（2）查找朋友

如果是第一次登录，那么 QQ 好友栏中是空白的，需要查找并添加好友。具体步骤如下：

① 单击图 7-8 中的"查找"按钮，将弹出图 7-9 所示的"查找"窗口。其中有多种选择，用户可以根据需要选择其中的一项。

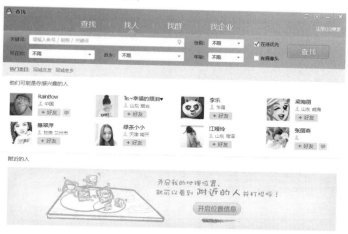

图 7-9 "查找"窗口

② 可以选择"按条件查找"查询方式，逐条设定好查找条件，单击"查找"按钮，出现查询结果，如图 7-10 所示。

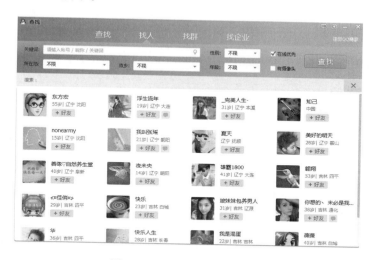

图 7-10 查询在线用户结果

在该查找结果中，列出了用户的头像、昵称以及所在省份或城市，还可以单击昵称或头像查看用户资料。

③ 选中一个在线的用户，单击"+好友"按钮，系统开始与这个用户进行联系。这时，如果对方不想接受你的申请，则系统返回"对方拒绝"的信息；如果对方接受你的申请，会向你发回接受申请的信息。

④ 连接成功后，你会听见两声滴滴的声音，对方的头像就会添加进你的 QQ 好友名单，

就可以和对方在网上聊天、互传信息了。

2. 常用功能

（1）收发消息

双击要聊天的用户头像,弹出聊天窗口,在窗口下方空白区域输入想要说的话,如图 7-17 所示,然后单击"发送"按钮即可。

（2）传送文件

在聊天过程中,可以给好友传送文件、音乐、图片等资料,这项功能比电子邮件传送文件更方便,而且速度很快。如图 7-11 所示,单击窗口上方的"传送文件"按钮,则显示"选择文件/文件夹"对话框,如图 7-12 所示。选定要传送的文件,单击"发送"按钮,等待对方接收即可。

传送文件按钮

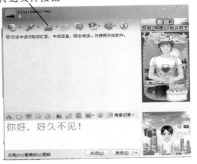

图 7-11　"发送消息"对话框窗口

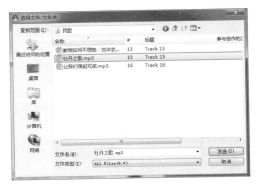

图 7-12　文件传送

当然,QQ 的功能远不止这些,用户可以在使用的过程中逐渐掌握其他功能。

7.2.2　微信与飞信

1. 微信

微信是腾讯公司推出的手机聊天软件,用户可以通过手机、平板和网页快速发送语音、视频、图片和文字。微信提供公众平台、朋友圈和消息推送等功能,用户可以通过摇一摇、搜索号码、附近的人、扫二维码方式添加好友和关注公众平台,同时微信可帮助用户将内容分享给好友以及将用户看到的精彩内容分享到微信朋友圈。

（1）基本功能

微信支持发送语音短信、视频、图片和文字,具备聊天功能,更可支持多人群聊。通过在微信客户端添加好友（微信支持查找微信号、查看 QQ 好友添加好友、查看手机通讯录和分享微信号添加好友、摇一摇添加好友、二维码查找并添加好友和漂流瓶接受好友等多种方式）,不但可以进行简单文字或者语音聊天,还可以实现实时对讲机功能。用户可以通过语音聊天室和一群人语音对讲,但与在群里发语音不同的是,这个聊天室的消息几乎是实时的,并且不会留下任何记录,在手机屏幕关闭的情况下仍可进行实时聊天。

（2）扩展功能

微信客户端还有以下一些实用方便的扩展功能：

朋友圈：用户可以通过朋友圈发表文字和图片，同时可通过其他软件将文章或者音乐分享到朋友圈。用户可以对好友新发的照片进行"评论"或"赞"。

语音提醒：用户可以通过语音提醒打电话或是查看邮件。

通讯录安全助手：开启后可上传手机通讯录至服务器，也可将之前上传的通讯录下载至手机。

QQ邮箱提醒：开启后可接收来自QQ邮箱的邮件，收到邮件后可直接回复或转发。

私信助手：开启后可接收来自QQ微博的私信，收到私信后可直接回复。

漂流瓶：通过扔瓶子和捞瓶子来匿名交友。

查看附近的人：微信将会根据用户的地理位置找到在用户附近同样开启本功能的人（LBS功能）。

语音记事本：可以进行语音速记，还支持视频、图片、文字记事。

摇一摇：是微信推出的一个随机交友应用，通过摇手机或单击按钮模拟摇一摇，可以匹配到同一时段触发该功能的微信用户，从而增加用户间的互动和微信粘度。

群发助手：通过群发助手把消息发给多个人。

微博阅读：可以通过微信来浏览腾讯微博内容。

流量查询：微信自身带流量统计的功能，可以在设置里随时查看微信的流量动态。

游戏中心：可以进入微信玩游戏（还可以和好友比高分），如"飞机大战"。

2. 飞信

飞信是中国移动提供的可同时在计算机和手机上使用，能实现消息、短信、语音等多种沟通方式的综合通信服务。

飞信可通过PC客户端、手机客户端或WAP方式登录，也可用普通短信方式与各客户端上的联系人沟通。使用和开通飞信不但无月租，还能通过计算机或手机向自己或好友手机免费发短信、语音群聊、手机计算机文件互传等更多强大功能，令用户在使用过程中产生更加完美的产品体验。飞信不但可以免费从PC给手机发短信，而且不受任何限制，能够随时随地与好友开始语聊，并享受超低语聊资费。中国移动飞信实现无缝连接的多端信息接收，MP3、图片和普通Office文件都能随时随地任意传输，让用户随时与好友保持畅快有效的沟通，工作效率较高。同时，飞信还具备防骚扰功能，只有对方被用户授权为好友时，才能与用户进行通话和短信，安全又方便。飞信最新版已经具有向未加为好友的移动号码直接发送短信的功能。

7.3 博　客

7.3.1 博客简介

"博客"（Blog或Weblog）一词源于"Web Log（网络日志）"，中文名字是博客——中国的王俊秀灵机一动的产物。博客是一种十分简易的个人信息发布方式。任何人都可以像免费电子邮件的注册、写作和发送一样，完成个人网页的创建、发布和更新。如果把论坛（BBS）比喻为开放的广场，那么博客就是开放的私人空间。可以充分利用超文本链接、网络互动、动态更新的特点，在"不停息的网上航行"中，精选并链接全球互联网中最有价值的信息、知识与资源；也可以将个人工作过程、生活故事、思想历程、闪现的灵感等及时记录和发布，发挥个人无限的表现力；更可以以文会友，结识和汇聚朋友，进行深度交流沟通。

博客一般包含 3 个要素：

一是网页主体内容由不断更新的、个性化的众多"帖子"组成。

二是它们按时间顺序排列，而且是倒序方式，也就是最新的放在最上面，最旧的在最下面；

三是内容可以是各种主题、各种外观布局和各种写作风格。

博客的三大主要作用为：

一是个人自由表达和出版；

二是知识过滤与积累；

三是深度交流沟通的网络新方式。

如果你对博客感兴趣，可以去找一个提供博客托管的网站，开一个博客账号尝试一下。下面来认识一下"博客中国"网站。

7.3.2 "博客中国"简介

博客中国（www.blogchina.com）是国内第一博客专业网站，是全新的互联网个人门户网站。博客中国为普通用户提供博客托管服务（BSP）。在博客中国，任何用户都可以建立自己的博客，并通过博客与其他人交往，丰富自己的网络生活。博客中国的博客托管服务频道名称是"博客公社"。

目前，博客中国为用户提供以下 4 类免费服务，只需要注册一次"博客通行证"，即可享受全部 4 种服务。

一是博客（Blog）：目前互联网最流行、最时尚的应用之一。博客和电子邮件、QQ、MSN一样，成为互联网上最时尚的个人展示、网友交流工具，成为最精彩的网络生活方式。

二是博客论坛：博客论坛定位于理性、宽容、有趣，自 2004 年 6 月 1 日开版以来，在众多网友的热心支持和参与下，进步非常快，尤其是在 2005 年 3 月改版之后，人气急剧上升。博客论坛致力于提供一个优秀的言论空间，"社会关注""博客评论""读书生活"等版块在整个中文论坛享有很高的声誉。

三是博采：博客中国推出的网络书签服务。"博采"能方便地采集、收集、聚合、分类网络信息，让用户把"好东西，藏起来"；同时，其社会性书签功能使得用户之间能更为便利地分享、讨论、协作，让用户更方便地通过互联网获得信息，"博采众长，为我所用"。

四是博客周刊：博客周刊每周推出《博客文萃》《科技先知》《万象博览》《活色生香》《博采周刊》5 类刊物，全力打造博客文化精品，汇聚博客大众智慧精髓，每周都有新鲜事，每周都有独特视点。

7.3.3 注册博客通行证

在 IE 浏览器的地址栏中输入 www.bokee.com，访问全球第一中文博客网站"博客网"首页，如图 7-13 所示。

单击首页上方的"立刻注册博客"按钮，进入注册博客网页面，根据要求填写相应内容；

填写完毕后，单击页面下方"立刻注册"按钮，提交注册信息，如图 7-14 所示。

图 7-13　博客网首页

图 7-14　"博客网"注册页面

稍等片刻，弹出注册成功页面，如图 7-15 所示，提示进入注册时填写的邮箱收取邮件，完成激活流程后，单击确认连接就可以登录博客账号。按照提示完成一系列操作，就可以登录博客进一步完善博客空间。

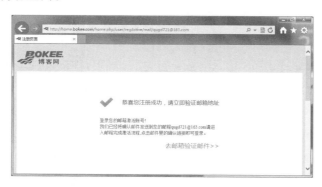

图 7-15　注册成功提示页面

7.3.4 登录博客

1. 二级域名

当你拥有一个博客时，肯定希望让你的朋友们都来看看；但要让朋友们在茫茫网络中找到你的博客，就需要告诉他们一个地址，在博客网，这个地址就是个人博客的二级域名，它是根据注册用户名而定的。例如，当注册用户名是 xxxx 时，二级域名就是 http://xxxx.bokee.com。把这个地址告诉朋友们，他们就可以从互联网无数的网站中找到你的博客。

2. 个人博客的首页

当你的朋友访问你给他的地址时，他就来到了你的博客首页，如图 7-16 所示。博客首页，就是让朋友以及所有互联网用户访问的博客页面。

图 7-16　博客首页

3. 写博文

在图 7-16 所示页面中，单击"写博文"按钮，进入图 7-17 所示的博文撰写页面，输入博文标题及博文内容，然后对分类、标签、权限进行设置，并设置是否允许评论、是否开启观点投票，选择频道，全部完成后，单击"保存草稿"或"发布"按钮。

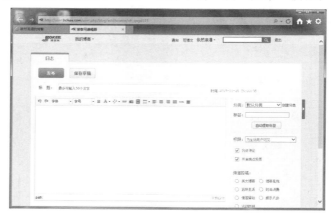

图 7-17　撰写博文页面

单击"发布"按钮之后，所写的博文即发布在博客中，如图 7-18 所示。

图 7-18　博文发布后页面

4. 图样

单击"图样"按钮，进入图 7-19 所示的图样页面，在其中可以上传图片到相册中。在该页面中也可以进入"博文相册"或"我的订阅"中查看图片。

图 7-19　图样页面

7.3.5　微博介绍

微博，即微博客（MicroBlog）的简称，是一个基于用户关系的信息分享、传播以及获取平台，用户可以通过 Web、WAP 等各种客户端组建个人社区，以 140 字左右的文字更新信息，并实现即时分享。最早也是最著名的微博是美国的 twitter，根据相关公开数据，截至 2010 年 1 月份，该产品在全球已经拥有 7 500 万注册用户。2009 年 8 月，中国最大的门户网站新浪网推出"新浪微博"内测版，成为门户网站中第一家提供微博服务的网站，微博正式进入中文上网主流人群视野。图 7-20 是新浪微博标志。

图 7-20　新浪微博

国内知名新媒体领域研究学者陈永东在国内率先给出了微博的定义：微博是一种通过关注机制分享简短实时信息的广播式的社交网络平台。其中有 5 方面的理解：

一是关注机制：可单向可双向。

二是简短内容：通常为 140 字。

三是实时信息：最新实时信息。

四是广播式：公开的信息，谁都可以浏览。

五是社交网络平台：把微博归为社交网络。

在地址栏输入新浪微博的网址：weibo.com，显示图 7-21 所示的新浪微博的主页，右边是登录栏，页面中间有提示，如果还没有微博账号，可"立即注册"。

图 7-21　新浪微博主页

单击"立即注册"按钮，进入新浪微博注册的第一步——完善资料，如图 7-22 所示，把生日、学校、公司、QQ、联系邮箱等信息输入，之后可以找到同学或者同事的信息，并加以关注。

图 7-22　完善资料

单击"下一步"按钮，显示图 7-23 所示的页面，用户可以选择自己感兴趣的内容。

单击"下一步"按钮，显示图 7-24 所示的推荐微博，提醒用户可以关注。此时，选择感兴趣微博并单击"关注"按钮，或者选择"关注他们"对所列微博都给予关注。此处，单击"关闭"按钮，进入微博页面，如图 7-25 所示。

图 7-23　兴趣推荐

图 7-24　推荐微博

图 7-25　微博页面

在文本框中输入内容，单击"发布"按钮，就可以发布微博了。

7.4 应用实例

7.4.1 网络影音应用实例

1. 任务

到百度音乐搜索并试听刘和刚的《父亲》，然后下载并保存到本地硬盘上。

2. 任务分析

首先，打开百度首页，单击进入音乐频道首页（也可直接输入 http://music.baidu.com 进入）。如图 7-26 所示，各类音乐资源按照榜单、歌手、分类、歌单等不同关键词归类，我们可以按照所要搜索的音乐到各选项里面去寻找；也可以在知道歌名、歌手或歌词的情况下直接在搜索栏中输入关键词并"百度一下"。下面直接在百度音乐搜索栏中输入"父亲"关键词来找到需要的音乐资源。

图 7-26 百度音乐首页

3. 操作步骤

① 打开百度音乐主页，输入关键词"父亲"，单击"百度一下"按钮，显示图 7-27 所示页面。我们发现百度找到了很多条跟"父亲"有关的歌曲，其中第 3 条正是我们要找的刘和刚演唱的《父亲》。

图 7-27 百度音乐搜索结果播放

② 将鼠标移至第 3 条歌曲的右边小三角位置并单击，则进入百度音乐盒开始播放《父亲》这首歌曲，如图 7-28 所示。

图 7-28　百度音乐盒播放中

③ 当想要把《父亲》这首歌下载到自己的计算机上时，只需要单击图 7-29 所示页面中心"下载"按钮，便弹出下载链接页面，如图 7-30 所示。

图 7-29　百度音乐搜索结果下载

图 7-30　百度音乐下载链接页面

4. 提示

百度音乐资源非常丰富，检索关键词的准确性也决定了找到想找到音乐文件的速度。对于上面的案例，还可以直接输入"父亲 刘和刚"关键词，这样就可以更加快速、精确地找到想要的音乐了，如图 7-31 所示。

图 7-31　百度音乐关键词搜索结果

7.4.2　微博应用实例

由于博客相关内容前面已经做了简单介绍，这里以更加快捷方便、容易让大家管理维护的微博应用为例。

1. 任务

访问 t.cntv.cn 开通央视微博账号，选择关注央视微博用户，并发布自己的第一条微博。

2. **任务分析**

网络如此发达，使得电视观众数量逐年减少，而各类电视节目为了吸引观众提高收视率，各大电视台陆续推出了微博平台吸引广大观众积极参与，实时互动的乐趣一点不亚于网上冲浪。下面的操作就是在央视微博平台注册并开通微博账号。

3. **操作步骤**

① 在 IE 中输入网址 t.cntv.cn 打开央视微博欢迎登录页面，如图 7-32 所示。

图 7-32　央视微博平台登录页面

将鼠标移至"还没有央视微博账号？"区域，单击"马上开通"按钮，进入"注册央视网通行证"页面，如图 7-33 所示。注册方式有 3 种，这里选择电子邮箱注册方式。填完相关必填项后单击"提交"按钮，很快弹出图 7-34 所示页面显示成功注册并要求激活账号的信息。

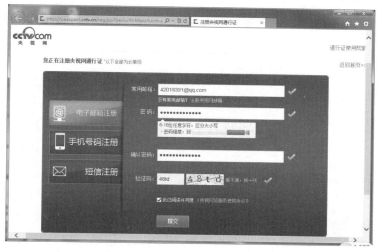

图 7-33　注册央视网通行证页面

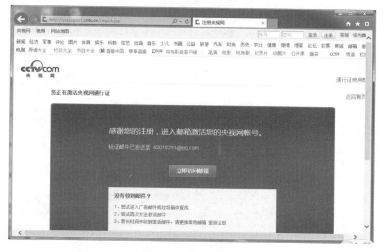

图 7-34　注册央视网通行证提示激活页面

② 进入注册时填写的邮箱，找到央视网发来的注册确认邮件，单击激活链接即进入央视微博平台的欢迎界面，如图 7-35 所示。首先应该按照表单要求完善微博资料，准确输入相关个人真实信息，注意选择"我已看过并同意《中国网络电视台网络服务使用协议》"复选框，然后单击"下一步"按钮完成激活央视微博的第一步，进入选择关注页面，如图 7-36 所示。弹出的页面上推荐了一些热门微博账号，页面左边还可以按照微博类型展开，可以选择自己感兴趣的微博账号然后单击"关注他们"按钮。继续单击"下一步"按钮，弹出图 7-37 所示的页面提示，如果还有其他微博平台的账号，可以选择同步，这样在一个微博账号发布的信息就会同时在各微博账号同步显示。在这里也可以直接单击页面下方的"进入我的微博"

按钮，标志着我的微博账号已经完全激活，也就完成了央视微博账号注册任务。

图 7-35　央视微博完善资料页面

图 7-36　央视微博选择关注页面

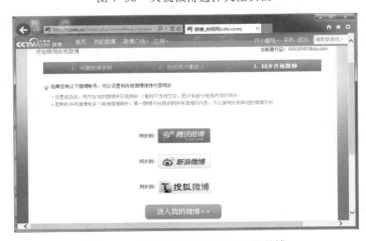

图 7-37　同步其他微博进入我的微博

需要注意的是，第一次进入微博时弹出的页面上会浮动着一层导航说明，告诉我们微博页面布局以及常用的微博维护按钮位置，如图 7-38 所示。

图 7-38　微博页面布局指引

仔细阅读后可以单击"我知道啦"，直接进入微博首页，如图 7-39 所示。

图 7-39　首次进入微博

③ 进入"我的微博"首页后，在页面上弹出的文本框中就可以输入想要发布的第一条微博的内容。编辑好文字或者图片内容后，单击右下角的"发布"按钮，第一条微博就发出去了。当然如果还没想好该说些什么，可以先退出微博账号，以后再重新登录，这时候在图 7-40 所示微博首页直接可以输入想发布的消息。编辑好文字内容后，单击"发布"按钮，第一条微博便成功发布，如图 7-41 所示。

4．提示

在编辑微博内容的时候除了输入文本文字外，还可以插入个性化表情、图片、视频等元素使得微博信息更加丰富多彩，甚至还可以发起一个自定义话题讨论或者发起一次投票活动。

图 7-40　编辑微博内容并发布

图 7-41　发布的第一条微博信息

7.4.3　手机客户端应用实例

随着 3G 时代的到来，手机上网已经慢慢进入了人们的生活，无线互联网行业以手机客户端为主的产品越来越多。客户端软件，需要在手机上安装才能使用。目前除了游戏类客户端，商务应用的客户端也渐渐被大家熟悉和应用，为人们的生活、工作带来了便捷。手机客户端为企业开辟全新的营销推广手段。手机客户端通过软件技术将公司把产品和服务安装于客户的手机上，相当于把公司的名片、宣传册和产品等一次性派发给用户，而且用户还会主动保留它们。通过手机客户端进行这些宣传的花费是很低的，用户使用次数也不受限制。这是最便携的企业宣传册，省去资料携带不便的烦恼，随时随地洽谈客户，企业成本也不会随着客户下载数量的增加而增加。

现在手机客户端的市场前景非常大，其中占手机客户端市场最大的是系统是 Android、IOS、Windows 三大系统。而手机客户端的下载方式一般有三大类型：

一是通过扫描二维码下载手机客户端。

二是直接通过下载入口下载到手机或者计算机上。

三是通过一些应用商店下载。

1. 任务

在手机上下载并安装网易新闻客户端。

2. 任务分析

使用智能手机可以让我们不用再像以前那样趴在计算机前或者守在电视机前看新闻了，手机新闻客户端可以让来自世界各地的各种新闻以迅雷不及掩耳之势尽收在眼底，使我们的消息更加灵通起来。下面的操作就是将网易新闻客户端下载并安装到手机上。

3. 操作步骤

① 找到网易新闻客户端软件并下载到本地计算机上，如图 7-42 所示，再将手机与计算机相连，或者直接下载网易新闻客户端软件至手机。

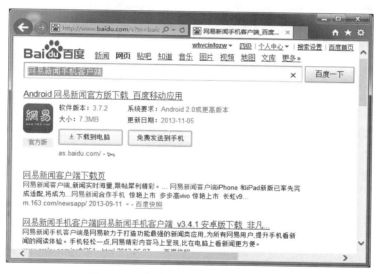

图 7-42　找到手机客户端软件并下载

② 将下载下来的客户端软件安装到手机上，手机屏幕上就会生成一个网易客户端的图标，如图 7-43 所示。在手机上单击网易新闻客户端图标，经过简单设置，就可以看到网易新闻主页面，如图 7-44 所示。这时就可以像在计算机上一样浏览网易新闻了。

4. 提示

在网易新闻客户端主页右上角单击可进入网易登录界面，像在计算机上一样输入用户名和密码登录以后，就可以参与讨论、跟帖甚至收发网易邮件了。另外，还可以完成客户端软件相关参数的个性化设置，诸如网络选择、显示字号字体、屏幕亮度等，使得我们在手机上使用客户端软件非常方便舒适。需要注意的是，手机客户端软件经常会根据实际情况推出最新版本，为了及时得到最好的手机使用体验，需要经常更新各种手机客户端软件。当然，也可以积极参与改进计划，根据使用感受不断给开发组提出不足及反馈意见，这些宝贵的反馈意见没准在更新版本中就有可能被采纳。

图 7-43　手机桌面截屏

图 7-44　网易新闻主页

习　　题

1. 练习在百度搜索《同一首歌》，在线视听后下载到计算机上。
2. 在网上找到一个免费电影网站观看感兴趣的电影。
3. 申请一个 QQ 号，使用 QQ 与好友取得联系。
4. 在腾讯网开通腾讯微博并发布一条微博信息。

第8章

→ 网上学习与生活

随着计算机和网络技术的不断发展，以及多媒体和网络在教育过程中的普遍应用，以"网校"为标志的现代远程教育模式逐渐发展壮大。从网上初等教育到网上大学，从网上英语教室到网络化的图书馆，从因特网上做实验到网络化电子大论坛，普通百姓在网上也可以接受名校名师的教育。本章将介绍如何利用因特网上的教育资源实现"网上成才"之梦，同时介绍网上如何实现求职、订票、炒股、旅游等各种生活服务。

本章要点：
- 网上学习
- 网上生活
- 出国留学
- 天气预报

8.1 网 上 学 习

8.1.1 网上阅读

阅读是一种获取知识和信息的重要途径，同时也是自娱自乐的休闲方式。能够在网上阅读各类书籍和报刊，对爱好阅读的人来说是最好不过的了。

1. 任务

在网上阅读书籍、报刊、文学作品，到图书馆查询资料。

2. 任务分析

现在，网上各种资源丰富多彩，有网上图书、报纸、小说、电视、电影、课程、各种视频等，只要熟悉网上的各种资源获取的方法，就可以很好利用这些资源，协助工作、生活及学习。除了下面介绍的网址可以获取相应的资源以外，充分利用好搜索引擎或者分类导航网站是必要的，常用的分类导航网站如毒霸网址大全 http://www.duba.com/、360 导航 http://hao.360.cn/、hao123 网址之家 http://www.hao123.com/等。下面将对网上读书、看报、看小说及使用图书馆等任务进行叙述。

3. 网上读书

古人云"书中自有颜如玉，书中自有黄金屋"。在书价飞涨、国内大多数图书馆形同虚设、爱书人难读到好书的背景下，上网读书虽说有些浪费眼力，但毕竟有书可读，而且各种不同类型的读者都能找到自己所需要的书，确实是个好去处。

"网易云阅读"频道（http://yuedu.163.com/book?pek=1）如图8-1所示，可以直接输入网址进入，也可以通过网易首页的"读书"频道或"云阅读"链接进入。

网易读书频道按照"流行小说""经济管理""社科历史""文学艺术""两性感情""成功励志""亲子少儿""生活保健""动漫图文""经典名著"进行分类，每一类中又给出了详细项目，如图8-2所示，并给出了搜索栏目及搜索热词、热门作者。此外，读书频道有精品图书、期刊杂志、漫画绘本、文学社科、财经生活、合作专区等栏目。网站为人们提供了大量的书籍，有些是图形版本，有些是文字版本，用户可以在网上阅读，也可将内容下载下来慢慢品味。

图8-1　网易读书频道

图8-2　网易读书频道-图书分类

4.　网上看报

图8-3所示为"中国青年报"官网首页（http://www.cyol.net），其中好多内容是已出版的报纸上所没有的，因为印刷的报纸有篇幅等各方面的制约，而网上的报纸则没有，所以这里的信息量大于发行的报刊。单击"中国青年报"链接可进入电子版的中国青年报页面。网上类似的报刊很多，如羊城晚报报业集团主办的金羊网（http://www.ycwb.com/）、中国日报

（http://www.chinadaily.com.cn/）等，还有包括政治、经济、科技、教育、卫生、国际、体育、各地、文化等类新闻的文汇报（http://wenhui.news365.com.cn）。要看到更多的报纸电子版，可以在网上搜索读报软件并安装，即可阅读上千份的报纸。图 8-4 所示是运行的"6 点报"读报软件首页，在报纸栏目中给出了自选报纸、当地报纸、推荐报纸、今日报纸、全国报纸等可选标签，使用本软件可以读到 1 900 份报纸。

图 8-3　中青在线-中国青年报官网首页

图 8-4　6 点报软件首页

5. 网上文学

网络文学虽说良莠混杂，但也有许多精品，可以让人净化心灵、陶冶情操。"榕树下"是全球中文原创作品网站，其中设有多位著名作家的专栏，以普通用户为主的撰稿人的作品也体现了一定的艺术水准和思想深度，值得一看。

在 IE 地址栏中输入网址 http://www.rongshuxia.com，按【Enter】键打开"榕树下"首页，如图 8-5 所示。可在其中选择自己喜欢的主题进行浏览。

图 8-5　"榕树下"首页

6. 网上图书馆

无论是学校里的学生，还是已在社会上工作的人，对图书馆都不会感到陌生。但是网上图书馆大家也许还并不熟悉，网上图书馆其实就是普通图书馆在 Internet 上开办的 Web 站点。

第 8 章　网上学习与生活

一般来说，网上图书馆比传统图书馆所提供的服务要多。例如，用户不但可以检索普通书目，还可以检索到博士论文、会议论文、报刊论文以及查找各种国家标准、统计资料、专题文摘等。

表 8-1 列出了部分网上图书馆的网址，用户可到相应的网站上查阅资料，还可通过搜索引擎查找更多国内外的网上图书馆。图 8-6 所示是中国国家图书馆的主页。

表 8-1　部分网上图书馆网址

名　　称	网　　址	名　　称	网　　址
中国国家图书馆	http://www.nlc.gov.cn	法律图书馆	http://www.law-lib.com/
清华图书馆	http://www.lib.tsinghua.edu.cn	超星数字图书馆	http://book.chaoxing.com/
北大图书馆	http://www.lib.pku.edu.cn	北极星书库	http://www.help99.com/
上海图书馆	http://www.library.sh.cn	中国科学院国家图书馆	http://www.las.ac.cn

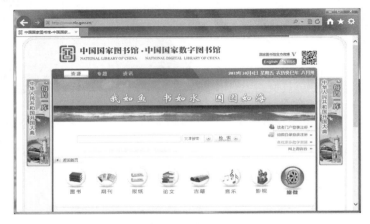

图 8-6　中国国家图书馆主页

8.1.2　网上考试

随着因特网的发展，教育方式也发生着革命性的变化。现在，网上各种考试资源丰富多彩，在线考试已成为人们接受教育的一种新方式。本节将简要介绍如何在网上查询考试资源和如何进行在线考试。

1.　任务

到大学四、六级官方网站查看口试试题，并练习。之后，进行四级考试真题交互考试练习。

2.　任务分析

英语四、六级考试网络资源很多，本节将按要求，到大学英语四、六级考试官方网站，进行资源的查询与考试练习。

3.　操作步骤

① 进入全国大学四、六级英语考试官方网站，在百度中搜索取得网站的链接（或直接输入网址：http://www.cet.edu.cn），进入该网站，主页如图 8-7 所示。该网站有 CET 概览、CET 笔试、CET 口试、CET 口试网上报名、CET 与教学、CET 与学生、CET 与科研、专家谈测试、相关报道、出版物、下载区栏目，可以根据需要选择。

图 8-7　大学英语四六级网站

②　单击"CET 口试"按钮，显示 CET 口试列表：口试目标、口试大纲、口试样题、考生手册、等级样例、视频介绍等，如图 8-8 所示。单击"口试样题"按钮，弹出图 8-9 所示的页面，显示了一份口试样题，可以进行习题练习了。

图 8-8　CET 口试下拉菜单

图 8-9　口试样题页面

③ 单击"CET 与学生"中的"实考试题交互测试"，然后选择 2013 年 6 月四级考试全真试题，进入实考试题交互测试状态，如图 8-10 所示，此时根据英语听力提示和个人对题目的理解，在网上做题就可以了。

做题过程中可以看到试题分为 Listening Comprehension、Reading Comprehension、Vocabulary and Structure、Short Answer Questions、Writing 五个部分，右上角是考试时间的倒计时提示。

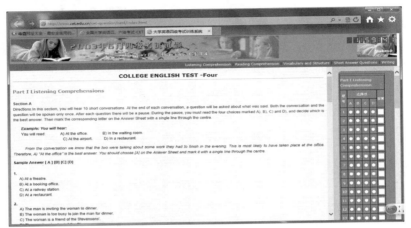

图 8-10　大学英语四级试题交互测试页面

4. 提示

以上是在知道了大学四、六级考试网站的情况下进行的，事实上可以在 IE 地址栏中输入 http://www.hao123.com 并按【Enter】键，显示 hao123 导航网站，它把网站做了系统的分类，便于使用。在主页单击"考试"栏目进入考试页面。该页面按照学历类、外语类、资格类、财经类、工程类、医学类、其他类等分类列出各类考试的网站列表，下方又给出了近期或正在报名的按月份列表的主要考试报名及具体考试日期。只要在外语类中选择四、六级考试就可以进入图 8-11 所示的大学英语四、六级考试的专题网站无忧考网，并进行相关的操作。

图 8-11　无忧考网-大学英语四级专题页面

8.1.3 网络教育

随着当代信息技术向教育领域的扩展，多媒体和网络在教育过程中被普遍应用。从世界上发达国家的教育信息化发展历程和经验来看，从单机发展到网络是学校教育信息化发展的一大趋势。以"网校"为标志的现代远程教育模式的出现和发展则是这一趋势的必然产物。

从网上初等教育到网上大学，从网上英语教育到网络图书馆，从在网上做实验到网络化电子大论坛，普通百姓在网上也可以接受名校名师的教育。

远程教育的种类很多，有学历教育、非学历教育；有幼儿教育、基础教育、高等教育；有家庭教育、职业教育等。本节将介绍如何应用网上的教育资源，实现"网上成才"之梦。

1. 中小学教育

说到中小学教育网校，就不能不提到 101 网校。101 远程教育教学网由北京高拓公司于1996 年 9 月创办，是国内首家中小学远程教育网络，由数百位一线任课老师担任教师，开设从小学六年级到高中三年级的各门功课。网上开设同步学习、练学测系列、答疑专区、教师专区、家长专区、全国分校、合作中心等栏目，给中小学生一个全新的学习环境和学习方式。网址为 http://www.chinaedu.com，首页如图 8-12 所示。

图 8-12 101 网校首页

101 网校在各大中城市均有其分校，采用会员卡管理制，需报名交费购买学习卡，凭学习卡方可注册使用。

随着因特网在我国的高速发展，以 101 网校为代表的网校大量涌现，网校师资力量强大，内容丰富，教学方式多姿多彩，学生可随时选学自己需要的内容。

2. 高等教育

现在国内大部分高等院校都接入了中国教育和科研计算机网，这些高校利用自己雄厚的师资力量，开发了各具特色的远程教育，为用户提供了丰富的网络教学资源。图 8-13 和图 8-14 所示为中国人民大学网络教育（http://www.cmr.com.cn/）首页、清华大学网络学堂（http://learn.tsinghua.edu.cn/）首页。

远程教育网的实施，将打破我国中小学和各类成人教育的原有教育格局，对提高教育资源的合理配置和利用率，尽快缩小教育的地区差别，实现教育促优扶贫，提高国民素质，以及"科教兴国"战略的实施，都将起到巨大的推动作用。

图 8-13　中国人民大学网络教育首页

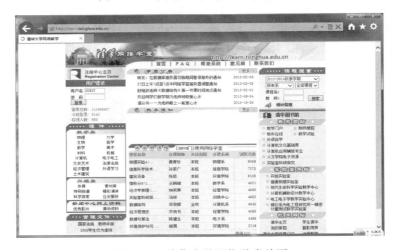

图 8-14　清华大学网络学堂首页

8.1.4　网络公开课

近十年来，一场致力于通过因特网提供免费教育资源的"开放教育资源"运动（Open Educational Resource, OER）悄然兴起，目前正在全球各地蓬勃发展，逐渐成为一种世界性的潮流。作为教育资源拥有主体的高等院校，在这场运动中起到了至关重要的作用。高校开放课程（OCW）是开放教育资源（OER）的一大组成部分，是指高校在某种开放协议下提供全世界免费共享的课程资源。

2001 年美国麻省理工学院（MIT）率先启动开放课程项目，至今为止已在网上免费开放课程 2 000 多门。而后，其他世界知名高校，如哈佛大学、耶鲁大学、斯坦福大学、剑桥大学、东京大学等，也都推出了自己的开放课程计划。

2003 年 4 月 8 日，中国国家教育部正式宣布启动"高等学校本科教学质量与教学改革工程"，决定在全国高等学校（包括高职高专院校）启动高等学校教学质量与教学改革工程精品课程建设工作。根据国家精品课程资源中心 2011 年第五期工作简报，截至 2011 年 5 月，国家精品课程资源中心共拥有国家级精品课程 3 835 门，省级精品课程 8 279 门，校级精品课程

8 169 门，OCW 课程 4 162 门，累计共形成各类精品课程 24 445 门。这些精品课程构成了全球开放教育资源的一道亮丽的风景。

由 MIT 引爆的全球开放教育资源运动，在过去十年间，并没有受到国人的普遍关注。但 2010 年 11 月 1 日，网易首批 1 200 集课程上线，其中有 200 多集配有中文字幕。其中包括了 YYeTs 课程翻译组等非营利性组织和爱好者翻译的国外开放式课程视频。网易公开课的启动，使得用户可以在线免费观看来自哈佛大学等世界级名校的公开课课程。目前除网易外，新浪、搜狐、腾讯等也在使用世界名校的开放教育资源。下面是一些常用开放课程的网址：

国家精品课程资源网：http://www.jingpinke.com/

中国开放教育资源联合体：http://www.core.org.cn/

中国教育科研网–大学公开课：http://www.edu.cn/html/opencourse/index.shtml

中国教育在线–开放资源平台–公开课：http://www.oer.edu.cn/

中国网络电视台–中国公开课 http://opencla.cntv.cn/

网易公开课：http://open.163.com/

新浪公开课：http://open.sina.com.cn/

1. 任务

到国家精品课程资源网上查找威海职业学院的国家精品课（2005–2011），并单击浏览"酒水调制"课程。

2. 任务分析

按照前述的国家精品课程资源网的网址进入网站，再进入高职高专课程分类之后，按照条件搜索威海职业学院的国家级精品课程，就可以得到结果。

3. 操作步骤

① 在 IE 地址栏中输入国家精品课程资源网网址 http://www.jingpinke.com 并按【Enter】键，打开图 8-15 所示的国家精品课程资源网网站主页。

图 8-15　国家精品课程资源网主页

在精品课程资源网主页上，有资讯中心、视频专区、课程中心、资源中心、教材中心分类。课程中心内有本科课程、高职高专课程、课程培训、课程专区、开放课程等项目，并且主页把课程中心的主要项目链接设计在导航栏的下方，便于读者选择。

② 单击高职高专课程，显示图 8-16 所示页面，在左边的列表中可以通过专业大类选择或者在精确搜索中按照相应的条件搜索课程。

图 8-16　高职高专课程页面

③ 在精确搜索中，按照条件：起止年份为 2005 至 2011，教育层次为高职高专，课程级别为国家级精品课程，所属省份为山东省，所属院校为威海职业学院，搜索到的结果如图 8-17 所示，有 13 门课程。要浏览"酒水调制"课程，单击该课程链接即可。

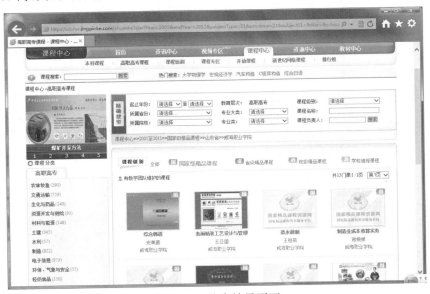

图 8-17　搜索结果页面

8.1.5 MOOC

MOOC 也称 MOOCs，即 Massive Open Online Courses 的首字母缩写，直译为"大规模开放网络课程"。2012 年，美国高等教育界包括 Stanford、Harvard、MIT 等在内的名校不约而同地掀起了一股 MOOC 风潮，涌现了三大课程提供商、有国际在线教育三驾马车之誉的 Coursera、Udacity 和 edX 的兴起。

与以往的网络公开课不同，Coursera、Udacity、edX 等提供的 MOOC，不再仅仅只是视频授课，注册 ID 后，每周要按时上课，并要在截止日期内完成家庭作业和考试并取得成绩；学习同一门课程的同学之间可以互相讨论、互相批改作业，学生注册、课表安排、随堂测验、期中期末考试以及结课后相应的某种证书等环节设计，让新型的公开课模式变得更像一座虚拟大学。 而且，三大平台的网络公开课正在得到越来越多的认可，甚至有些网络课程的学分已经可以替代某些大学的学分。

Coursera（https://www.coursera.org/）：由斯坦福大学教授在 2012 年初创立的营利性网站，主要服务于高校，为高校建立 MOOC，到 2013 年 10 月 7 日已有 98 家大学加入，包括哥伦比亚大学、杜克大学、加州理工等。Coursera 已有 458 门课程，课程全部免费，包括计算机科学、数学、商务、人文、社会科学、医学、工程学和教育等。需注册上课，有固定的授课时间及家庭作业等。学习者学习完毕后，通过考试，可获得课程学习证书。但证书是一些课程教授授予学习者的，并非来自校方。

Udacity（https://www.udacity.com/）：2012 年 1 月成立，由斯坦福大学教授创办的营利性网站，目标是将顶尖的大学课程免费开放给全世界的学生。截止到 2013 年 10 月 7 日，Udacity 有 32 门课程在线，其中 11 门初级课程，12 门中级课程，以及 5 门高级课程，主要覆盖计算机科学、数学、物理、商务。Udacity 提供的不仅是单向的在线视频，更多的特色在于在线课堂上的直接交互甚至是未来的线下实验。学习者学习完毕之后，通过考试，可以获得是由 Udacity 网站授予的课程学习证书。

edX（https://www.edx.org/）：由 MIT 和哈佛大学联合在 2012 年 5 月推出的非营利性网站。截止到 2013 年 10 月 7 日，edX 有 75 门课程，覆盖化学、计算机科学、电子、公共医疗等。与 Coursera 和 Udacity 不同，edX 除了为全世界学生提供免费课程外，它的特点是更像大学的一个实验基地，通过研究线上、线下混合教学的模式，提高线下传统校园的教学和学习。edX 给予学习者课程结业证书，证书上面都会印上 edX 和学校的名字。

2013 年今年 5 月，北京大学宣布加入 edX 平台，9 月 23 日，北大首批网络公开课"民俗学""世界文化地理""电子线路"和"20 世纪西方音乐"终于在 edX 平台上揭开了神秘的面纱。另有 3 门课程也于 9 月 30 日在 Coursera 平台上线。清华大学、复旦大学、上海交通大学等国内知名高校，也纷纷加入 MOOC 平台。

1. 任务

到 MOOC 学院，进入台湾大学吕世浩老师的"中国古代历史与人物–秦始皇"课程学习。

2. 任务分析

MOOC 学院由果壳网创办（http://mooc.guokr.com/），收录了 Coursera、Udacity、edX 所有的课程，可以从 MOOC 学院直接看到大多数课程的中文简介，部分国外大学课程由国内网站或热心组织或人士翻译，加上了中文字幕，这让外语不是特别精通的人士学习国外大学课程变为可能。

第 8 章 网上学习与生活

3. 操作步骤

① 打开 MOOC 学院首页，如图 8-18 所示，在"发现课程"中单击课程可以查看相应课程介绍，或者在搜索文本框中输入课程名称搜索需要的课程。

图 8-18　MOOC 学院首页

② 在图 8-18 所示 MOOC 学院首页中，单击课程栏目，显示图 8-19 所示课程页面。在该页面课程按机构和按内容分别进行分类。按机构分为：全部、Udacity、edX、Coursera、其他。按内容分为：全部，社会科学，物理，法律，化学，经济管理，数学与统计，医药与健康，生命科学，艺术与设计，计算机，影视与音乐，能源、环境、地球，食品与营养，教育，电子，工程，人文，其他。

图 8-19　MOOC 学院–课程页面

③ 在图 8-19 课程页面中，选择人文类课程中的"中国古代历史与人物——秦始皇"课程。显示图 8-20 所示的该课程页面，有课程介绍、笔记、评分、所属大学、课程主讲教师、课程主页、相关课程等内容。

图 8-20　课程介绍页面

④ 单击课程主页后面的地址超级链接，显示如图 8-21 所示的课程主页。在该主页，可以观看课程的介绍视频、注册或者把课程加入关注地址列表。单击"Sign Up"按钮，进入注册页面，如图 8-22 所示。

图 8-21　中国古代历史与人物-秦始皇课程主页

图 8-22　课程注册页面

⑤ 输入你的真实姓名、E-mail 地址，设置登录密码，单击"Sign up"按钮，弹出图 8-23 所示对话框，告知注册成功，可以进入课程听老师的报告并与同学讨论了。单击"Go to class"按钮，即可进入课程。图 8-24 是进入课程观看台湾大学吕世浩老师授课的录像及 PPT。按【C】键可以显示中文字幕。

图 8-23　注册成功对话框

图 8-24　台湾大学吕世浩老师授课的录像及 PPT

4. 提示

访问 MOOC 课程，可以通过 MOOC 学院，也可以访问三大开放课程网络网站。部分国外课程如果被翻译加上中文字幕，可以用窗口下方的"cc"选项或在键盘上按【C】键，调出中文字幕。

8.2　网　上　生　活

在网上不但可以学习，还可以进行网上求职、网上订票、网上炒股等，下面将分别作简要介绍。

8.2.1　网上求职

随着 Internet 的普及与发展，网上出现了许多人才市场，既可以在网上发布企业招聘信息，也可以发布个人求职信息，为人才流动提供及时迅速的信息服务。人们也越来越开始青睐网上人才市场，乐意在网上求职。

1. 个人网上求职

下面以"智联招聘"为例，介绍网上求职的方法。首先打开智联招聘首页（http://www.

zhaopin.com/），如图 8-25 所示。

图 8-25　智联招聘首页

　　首页上有简历中心、职位搜索、校园招聘、智联教育、行业求职、高端职位、求职指导、问道及城市频道等链接，读者可以根据自己的需要进行选择。

　　网上求职的第一步就是查询网上发布的职位。在职位搜索页面，先选择职位、再选择行业、再选择地点，或者输入公司名称或职位名称，最后单击"搜工作"按钮快速搜索需要的职位。例如，在图 8-25 中，单击"选择职位"按钮，再单击"IT|通信|电子"下的"互联网/电子商务/网游"选项，选择"Flash 设计/开发"及"网页设计/制作/美工"复选框后，单击"确认"按钮，如图 8-26 所示。

　　再进行行业的选择，选择"IT/通信/电子/互联网"中的"IT 服务（系统/数据/维护）/多领域经营""计算机软件""互联网/电子商务"3 项后，单击"确认"按钮，如图 8-27 所示。工作地点选择"北京"，单击"搜工作"按钮，得到图 8-28 所示的页面，出现同时满足以上条件的职位，搜索结果为 3221 个职位。因为搜索结果提供的职位太多了，还可继续按照热门城区或热门地标或地铁沿线做出筛选。

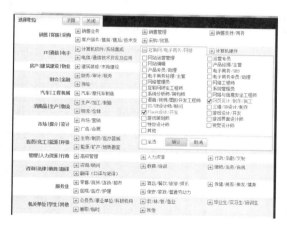

图 8-26　选择职位页面

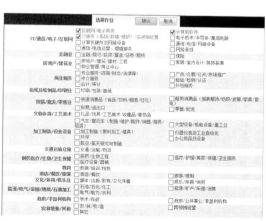

图 8-27　选择行业页面

图 8-28　搜索结果

单击"更多搜索条件"超链接，或在首页单击"高级搜索"超链接，进入高级搜索画面，如图 8-29 所示，可一次设定多项条件，精确定位理想的职位。

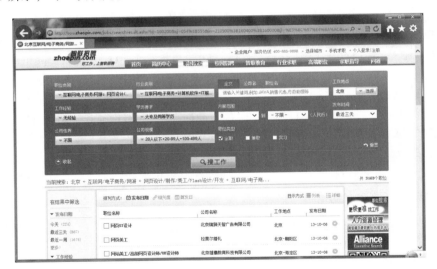

图 8-29　高级搜索界面

在图 8-29 所示的高级搜索界面中，职位类别、行业类别、工作地点保持不变，发布时间选择"最近三天"，工作经验选择"无经验"，学历要求选择"大专及同等学历"，公司性质选择"不限"，公司规模选择"20 人以下""20–99 人""100–499 人"3 项，职位类型选择"全职"，月薪范围选择"不限"，其他选项不选，得到图 8-30 所示的搜索结果，共有 2 个职位。

如果发现合适的职位，下一步的操作就是投递个人简历，与现实生活中的求职相同。如果还没有注册成为该网站的会员，需要先进行注册，在图 8-31 所示的页面中单击"注册"按钮，打开图 8-32 所示的页面。

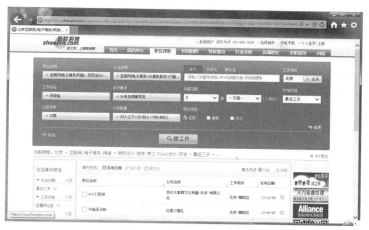

图 8-30　高级搜索结果

图 8-31　登录页面

图 8-32　个人注册页面

在注册页面，输入 E-mail，单击"检测 E-mail 是否已被注册"按钮，通过后，设定密码，单击"确定"按钮。注册完成，进入简历中心，可以根据简历向导和自己的需要，创建个人简历，如图 8-33 所示。具体过程不再详述。

图 8-33　简历中心

2. 公司发布职位

如果公司或单位想通过网络来招聘员工，则可在智联招聘首页右上方单击"企业注册"按钮，免费注册后，单击"企业登录"按钮，进入企业用户登录页面，如图 8-34 所示。输入企业用户名、密码就可以进入企业招聘信息页面，根据提示按要求输入相关资料，就可以发布招聘信息。表 8-2 列出了部分网上人才市场的网址。

图 8-34　企业用户登录页面

表 8-2　部分网上人才市场网址

名　　称	网　　址	名　　称	网　　址
中华英才网	http://www.chinahr.com	智联招聘网	http://www.zhaopin.com
前程无忧	http://www.51job.com	每日人才网	http://www.rc365.com
卓博人才	http://www.jobcn.com	中国留学网	http://www.cscse.edu.cn
中国人才热线	http://www.cjol.com	528 招聘网	http://www.528.com.cn
北京外企人力资源服务公司	http://www.fescochina.com	中国国家人才网	http://www.newjobs.com.cn

3. 网上求职技巧

下面就个人求职方面给出一些技巧，以便对读者进行网上求职有所帮助。

（1）择时而动

上网的高峰一般集中在中午和下午 5 点到午夜，这段时间内上网传输速度较慢，填写有关求职表格还会出现错误，往往是事倍功半。

（2）随时下载

有些招聘页面内容较多，岗位、条件罗列较多，如果怕来不及看，又怕漏看，最好的办法是下载网页。

（3）注意保密

网上求职，最好不要让老板或熟人知道，建议在登记时用英文名字，但学历、工作经验等必须真实。接到面试通知时，要告诉招聘单位你的真实姓名。

（4）订阅邮件

部分网站还提供信息、邮件等服务，求职者打开电子邮件就能看到最新的招聘信息。因此，求职者可以订阅此类邮件服务。

（5）保持联络

求职不能一蹴而就，持之以恒是十分有效的方法，在接到不录用的通知后也要写信或 E-mail 表示感谢，以便下次联络。

（6）适当设计求职简历

精心设计一下纯文本格式的简历，也会有不错的效果。以下一些技巧可供参考：

① 尽量用较大字号的字体。

② 如果要使自己的简历看起来与众不同，可以用一些星号（＊）、特殊字母（如 O）、加号（＋）等分隔简历内容，这些符号不会像版式符号（如列表符等）一样被转换成不可识别的符号。

注意：设置主页边距，使文本的宽度在 16 cm 左右，这样简历在多数情况下都不会错误换行。

（7）独辟蹊径，做成光盘推荐自己

近年来随着计算机的普及，不少人在求职中将自己的简历、各种证书、成绩等材料包括自己的作品等数据刻进光盘，精心推出"个人求职推荐表"，这种"立体名片"——光盘，一上人才市场便很受欢迎。

对于用人单位来讲，通常对持有这种"立体名片"的求职者会另眼相看，因为这种求职

第 8 章　网上学习与生活

的创新形式，本身就是求职者个人素质的体现。而作为人才，有没有创新意识，则是每一家企业招聘人才时所必须考虑的首要因素。

4. 网上求职禁忌

在网上求职时，要注意以下几点：

① 邀请用人单位光顾并非十全十美的个人主页。如果自己的个人主页制作得不是十分精彩，建议不要邀请招聘方来光顾。

② 冗长的电子邮件自荐信。自荐信过长，令人感觉没有重点，所以个人自荐信应该言简意赅，既能说明个人意愿，又能突出个人优势。

③ 在网上迷路。在求职前应确定具体目标，如工作职位、工作地点以及报酬多少等，然后据此排列符合条件的公司。

④ 同时在一家公司应征数个职位。不要在同一个网站应征同一个公司的数个职位。一般来说，用人单位会同时阅读各个职位的应征材料。求职者越专注于某个职位，给公司的感觉就越认真。

8.2.2 网上订票

1. 任务

在网上查询列车时刻表，然后预订火车票。

2. 任务分析

在出差、旅游或者探亲时，如果没有列车车次时刻表或航班表，或者列车车次时刻表或航班表已经过期，可以到网上进行查阅和订票。网络查询的方法很简单，在搜索引擎里输入查询关键词就可以查询了。但是网上订票只能通过铁路客户服务中心（www.12306.cn）的唯一网站预订。

3. 操作步骤

（1）查阅列车时刻表

以查阅进出济南到北京的列车时刻表为例，介绍查阅列车时刻表的具体操作步骤：

① 在 IE 地址栏中输入 www.baidu.com 并按【Enter】键，打开"百度"首页。在搜索文本框中输入"济南到北京列车时刻表"，单击"百度一下"按钮，打开图 8-35 所示的搜索结果页面。

② 在搜索页面中单击第二项"济南到北京列车共 77 趟"超链接，打开提供该数据的网站页面，此处打开的是去哪儿网（http://www.qunar.com/）的有关页面，如图 8-36 所示。

（2）预订车票

选好车次以后，就可以预订车票了。下面以中国铁路客户服务中心网站（http://www.12306.cn）为例，介绍网上预订车票的方法，注意该网站是目前为止（2013 年 10月 6 日）唯一提供网上售票的网站，没有授权其他网站开展类似服务。

① 启动 IE，在其地址栏中输入中国铁路客户服务中心的网址 http://www.12306.cn 并按【Enter】键，打开其首页，如图 8-37 所示。

② 根据首页提示需要下载安装"根证书"，才能保证顺畅购票。单击首页的"根证书"超链接，下载中铁数字证书认证中心（中铁 CA，SRCA）的根证书程序，查看说明并安装至

本地计算机。具体安装过程请参阅下载解压后的 Word 文档"SRCA 根证书安装说明手册"操作，这里不再详述。

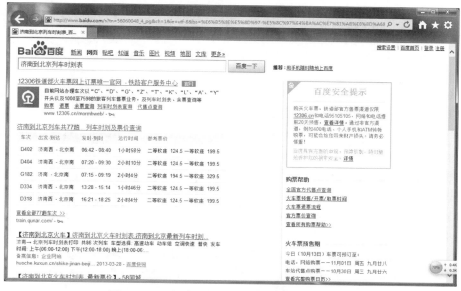

图 8-35　"济南到北京列车时刻表"搜索结果

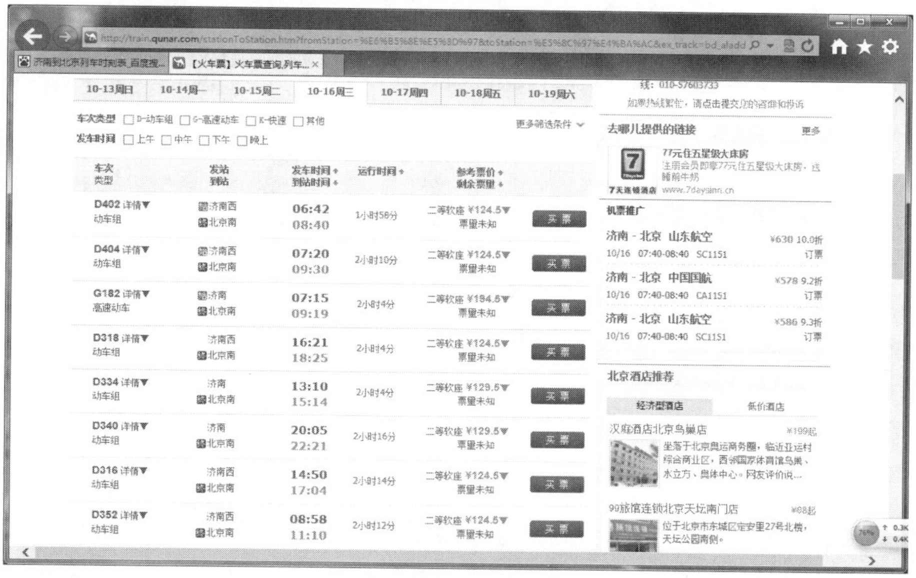

图 8-36　列车时刻表页面

③ 单击图 8-37 中的"购票"按钮，弹出图 8-38 所示的用户登录界面，输入用户名和密码直接登录，按照操作步骤购买车票即可。假如还没有用户名和密码，则应该先注册，即单击"注册"按钮，确定自己的用户名和密码之后，即可登录买票。具体购买过程请读者自行尝试。

图 8-37　中国铁路客户服务中心首页

图 8-38　登录页面

8.2.3　网上炒股

Internet 在中国的出现，给依靠信息生存的企业和个人带来了巨大的利益。股民就是最突出的例子。没有 Internet 时，股民只能经常去证券交易所或证券公司看大盘和各股的即时成交价格，要得到历史数据只好自己每天积累，要了解国家的政策和股评只好每天买很多报纸去研究，只有个别被称作"大户"的特殊股民才可以在证券公司开辟的大户室里，利用计算机及时看到有关股市的内容。随着 Internet 走入人们的生活，现在的股民可利用自己的计算机、平板、手机等工具，随时随地享受 Internet 提供的各种信息。

1. 走进证券学校

如果用户是一位刚刚迈入股市的新手，对股市的基本常识和操作方法还没有很深的了解，网上证券学校可以让用户足不出户就能学到这些基本常识和操作方法，而且在没有真正做过一笔交易前，就可能被培养成能够驾驭股市的高手。

网上证券学校的教学过程都在网上完成，学员在注册中心注册后，会得到一个有效的用户名和口令。学员可以学习全部课程并按时完成作业，如果在学习的过程中遇到疑难问题，可以查看答案，并且还有专家定期来为学员解答问题。为使学员在学习过程中能够取长补短、互相交流，网上学校内还有供学员交流学习体会的学员天地。最有特点的学习项目是股市驾校，学员在掌握了一定的理论知识后，可以在此进行股市操作的演练，通过"实践"获得更好的学习效果。在全部掌握所学课程后，学员需访问考试中心进行考试，考试通过便是一名合格的股民了，以下提供了 3 个证券学习网站供读者参考学习。

圣才学习网：http://zq.100xuexi.com/

新浪证券投资学院：http://finance.sina.com.cn/stock/college/

腾讯证券学院：http://stock1.finance.qq.com/school/

2. 股市行情网站

股市行情是炒股人最关心的问题，如果炒股的人不知道股市行情，他要么是在拿炒股当儿戏，要么就是在股市赌博、撞大运。网上有许多站点提供关于股市的实时行情、历史行情、上市公司的具体资料等各类数据，访问这些站点可以使股民足不出户，尽知股市变幻。

（1）和讯网（http://www.hexun.com/ ）

和讯网创立于 1996 年，从中国早期金融证券资讯服务脱颖而出，建立了第一个财经资讯服务网站。经过近 20 年的发展，和讯网逐步确立了自己在业内的优势地位和品牌影响，在各类调查与评选中屡屡获奖；目前和讯网月均覆盖用户超过 6 000 万，全年覆盖用户过亿，成为中国深受投资者和金融机构信赖、具有广泛市场影响力的中国财经网络领袖和中产阶级网络家园。该网站不仅提供股市的实时行情，还提供股市的历史数据，供喜爱技术分析的股民进行查询。

（2）证券之星（http://www.stockstar.com ）

证券之星始创于 1996 年，纳斯达克上市公司——中国金融在线旗下网站，是中国最早的理财服务专业网站，是专业的投资理财服务平台，是中国最大的财经资讯网站与移动财经服务提供商，同时也是中国最领先的因特网媒体。

其他提供证券信息的站点还有很多，各地区都有自己的证券天地，只不过提供动态信息的专业站点有限，有兴趣的股民也可以自己利用搜索引擎来查询，得到关于股市行情信息的网站链接。

3. 网上交易

对股民们来说，最激动人心的还是直接在 Internet 上进行股票交易，现在网上已经有一些站点开展这样的委托业务，股民只要到特定的公司办理开户手续，然后下载一个特定的软件（每一个提供网上交易的站点基本上都提供自己的交易软件），剩下的就是利用这个软件委托开户公司替股民下单进行交易了。"证券之星"网站除了有实时股票行情查询的功能外，也有委托下单方面的功能，股民在网站注册并登录，即可进行网上股票交易。

最后提醒读者，"股市有风险，入市需谨慎"，进入股市没有只挣不赔的神话，务必谨慎入市。本节资料来自因特网，仅供参考。本书不为以上网站和资料提供"赚钱"的保证。

8.2.4　网上旅游

随着人们工作生活节奏的快速化，用来休闲的时间越来越少。网上旅游的出现，使人们足不出户就可以浏览世界各地风景区的秀丽景色。当然，也可以利用网络推介的旅游资源，选择合适的旅游线路。

下面以在网上浏览张家界风景区的秀丽景色为例，介绍在网上旅游的方法。

① 在 IE 地址栏中输入 http://www.cn-zjj.com 并按【Enter】键，打开张家界旅游信息港首页，如图 8-39 所示。

图 8-39　张家界旅游信息港首页

② 单击"风光图片"中的图片分类超链接，可打开风景图片类页面。

③ 单击"风光图片"中的"更多"超链接，打开张家界所有图片分类超链接，可以按照图片分类打开相应页面，也可以在"推荐图片""最新图片"区选择需要查看的风光图片，如图 8-40 所示。

图 8-40　张家界图片页面

④ 单击想要查看的图片即可欣赏张家界的美丽风光。

表 8-3 列出了一些常见的旅行社及网站，供用户浏览选择。

表 8-3　旅游站点

名　　称	网　　址	名　　称	网　　址
中国旅行社总社	http://ctsho.com/	黄山旅游信息网	http://www.hsly.com/
芒果网	http://www.mangocity.com/	山东旅游资讯网	http://www.sdta.cn/dtss/
U365 旅行网	http://www.u365.com/	北方假日旅行网	http://www.bfjr.com/
旅游名店城	http://www.yocity.cn/		

8.3　出 国 留 学

出国留学作为一种求学途径和时尚，是不少莘莘学子的梦想。但是咨询考试情况、联系国外学校、准备申请资料等都是烦琐的工作，依靠传统的通信方式，不仅周期长而且费用高。在 Internet 日渐普及的今天，通过网络可以了解留学信息、学校与专业介绍，以及如何索取申请表等问题。

打开"中国教育在线"（http://www.eol.cn/）主页，如图 8-41 所示。可以看到该网站上提供了高考、中考、考研、就业、外语、资格、培训、课堂 8 个类别，在外语类中有"留学"栏目。

图 8-41　"中国教育在线"主页

单击"留学"超链接，打开关于留学的页面，在其中可浏览有关方面的信息，如图 8-42 所示。

类似的网站还有很多，如中华网（http://edu.china.com/zh_cn/abroad）的出国频道，提供了世界各国的院校介绍、签证事宜及留学最新动态等信息，全中文界面方便浏览，可供出国留学人员参考。

图 8-42　留学页面

8.4　天　气　预　报

天有不测风云，对于准备外出的人来说，了解未来的天气变化是十分必要的。现在因特网可以随时向用户提供详细的天气预报服务。下面以中央气象台网站为例，介绍如何通过网络来查询提供天气预报服务。操作步骤如下：

① 在 IE 地址栏中输入中央气象台的网址：http://www.nmc.gov.cn，按【Enter】键后打开中央气象台首页，如图 8-43 所示。

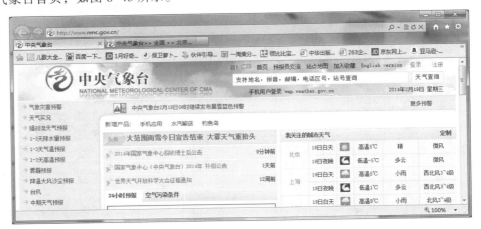

图 8-43　中央气象台首页

② 在首页的"我关注的城市天气"栏目，给出了国内主要城市的天气预报，用户可以根据需要定制相关城市的天气。可以在单击"定制"按钮之后，在定制城市下拉表列中选择相应的"省""市"选项，选择相应的城市。单击相应的城市链接，就可以查看指定城市的天气预报。

回到首页，通过"气象灾害预警""天气实况""强对流天气预报""1-3 天气温预报""雾霾预报""降温大风沙尘预报""台风""中期天气预报""城市天气预报""国外天气预报""海洋气象""农业气象""水文气象""交通气象""地质灾害""环境气象""航空气象""文字产品""数值预报""模式检验"等栏目,查询到相应的气象预报服务。

新浪、网易等网站的首页上也提供了即时天气预报的栏目,读者可以定制为自己所在的城市,打开新浪、网易等网站,就可以看到当地的即时天气情况。

8.5 应 用 实 例

8.5.1 网络公开课实例

1. 任务

到网易公开课频道找东北大学的"老子的人生智慧"课程,并上网学习。

2. 任务分析

首先打开网易公开课频道的首页,如图 8-44 所示,课程按照归属学校及学科给出分类。第一种分为:国际名校公开课、中国大学视频公开课、TED、可汗学院、赏课、Coursera、专题策划。第二种分为:哲学、文学、历史、经济/金融、伦理、心里、社会、计算机、物理、生物、其他、学校。并且,页面右上角有搜索文本框,可以搜索课程视频。所以,要学习东北大学的"老子的人生智慧"课程,可以使用 3 种方法:第一种,在中国大学视频公开课中打开东北大学选项,查看东北大学视频课程,找到课程打开它;第二种,在哲学类课程中查找到该课程;第三种,在搜索文本框中输入课程名称搜索,找到课程。下面使用第一种方法打开课程。

图 8-44 网易公开课首页

3. 操作步骤

① 打开网易主页,再单击公开课链接,显示图 8-44 所示页面。

② 在图 8-44 公开课页面中，单击"中国大学视频公开课"超链接，再单击"东北大学"超链接，显示图 8-45 所示页面，出现了我们要找的课程"老子的人生智慧"，可以看到这是东北大学张雷教授的课程。

图 8-45 东北大学公开课页面

③ 单击课程名称后面的"播放"按钮，进入课程播放画面，如图 8-46 所示。此时，即可看视频，享受学习的过程了。

图 8-46 课程视频播放页面

4. 提示

网易公开课的内容及资源在不断丰富，比如最近就增加了 Coursera 栏目，及英国公开大学、巴黎高等商学院、台湾大学等课程资源。网易栏目中还有 TED、可汗学院栏目。

TED（指 technology, entertainment, design 的缩写，即技术、娱乐、设计）是美国的一家私有非营利机构，该机构以它组织的 TED 大会著称。TED 诞生于 1984 年，其发起人是里查德·沃曼。

可汗学院（Khan Academy），是由孟加拉裔美国人萨尔曼·可汗创立的一家教育性非营利组织，主旨在于利用网络影片进行免费授课，现有关于数学、历史、金融、物理、化学、生物、天文学等科目的内容，教学影片超过 2 000 段，机构的使命是加快各年龄学生的学习速度。

8.5.2　网上生活应用实例

前面介绍了网络求职、订票、炒股、旅游、留学、查询天气预报等生活项目，本节再通过实例，介绍网络预订航班、酒店等服务。

1. 任务

上同程网，预订青岛到北京的往返机票。

2. 任务分析

要在网上预订机票，可以进入同程网、携程网等旅行网或航空公司网站操作，一般情况下，要求经过简单注册，成为网站的会员之后，才可以预订机票。下面的操作以同程网（http://www.17u.cn/）为例说明预订航班的方法。

3. 操作步骤

① 假设已经是同程网的会员，登录进入同程网。在机票项目中，选择出发城市为青岛，目的地城市为北京，出发日期是 2013 年 10 月 30 日，如图 8-47 所示，单击搜索按钮，出现了搜索结果页面，显示出所有符合条件的航班，如图 8-48 所示。

图 8-47　同程机票预订首页

② 选择"优惠至极(须购返程)"一项后面的"预订"按钮，进入返程时间确定页面，确定返程时间号码、联系电话，进入信息确认页面，输入个人相关信息，以及订机票数量等，如图 8-49 所示。确保信息正确之后，提交订单。

③ 按照提示进行付款操作，完成机票预订。

图 8-48　航班搜索结果页面

图 8-49　机票及个人信息确认页面

4. 重要提示

在网上预订机票、火车票及购物时，要保持警惕，务必选择信誉好的知名网站操作，同时注意识别假冒网站，曾经出现过假冒 12306 火车票网站，也有不少在网上购物或买机票被骗的案例。

类似地，还可以在网上预订酒店、景点门票等。

习　题

1. 利用搜索引擎查找提供网上阅读服务的网站，到网上享受网上阅读的乐趣。
2. 查找有关疯狂英语的网站，并尝试进行网上英语考试。
3. 到北京大学网络教育网站浏览关于计算机科学方面的学历教育内容，并将其窗口截图。
4. 尝试到网上人才市场上投递简历。
5. 打开新浪、网易首页，定制天气为本地城市的天气预报。

第9章

→ 网上电子商务系统

电子商务源于英文 Electronic Commerce，简写为 EC。顾名思义，其内容包含两个方面，一是电子方式，二是商贸活动。随着因特网的迅速发展，各种网上电子商务活动日益频繁，成为现代人们生活的重要组成部分。

21 世纪是以数字化、网络化、信息化为特征，以网络通信为核心的信息时代，经济全球化与网络化已经成为历史的必然趋势，电子商务使人们不再是面对面地、看着实实在在的货物，靠纸质介质单据（包括现金）进行买卖交易。而是通过网络，通过网上琳琅满目的商品信息、完善的物流配送系统和方便安全的资金结算系统进行交易。

本章要点：

- 电子商务的特点及应用
- 网上购物
- 网上理财

9.1　初识电子商务

9.1.1　电子商务简介

1. 电子商务的含义

电子商务是以开放的 Internet 环境为基础，在计算机系统的支持下进行的商务活动。它基于 B/S（浏览器/服务器）应用方式，是实现网上购物、网上交易和在线支付的一种新型商业运营模式。Internet 上的电子商务应用主要包括电子商情广告、网上购物、电子支付与结算以及网上售后服务等。其主要交易类型有企业与个人的交易（B2C）方式和企业之间的交易（B2B）方式两种。涉及对象包括顾客（如个人消费者、企业集团）、商户（如销售商、制造商、储运商）、银行（如发卡行、收单行）及认证中心等。

从电子商务的定义中，可以归结出电子商务的内涵，即信息技术特别是因特网技术的产生和发展是电子商务开展的前提条件，掌握现代信息技术和商务理论与实务的人是电子商务活动的核心，系列化、系统化电子工具是电子商务活动的基础，以商品贸易为中心的各种经济事务活动是电子商务的对象。

① 电子商务的前提：电子商务的核心是商务，但电子商务的前提是"电子"。

② 电子商务的核心：电子商务的核心是人。首先，电子商务是一个社会系统，既然是社会系统，它的中心必然是人；其次，商务系统实际上是由围绕商品贸易活动代表着各方面利益的人所组成的关系网；再次，在电子商务活动中，虽然充分强调工具的作用，但归根结

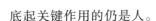

底起关键作用的仍是人。

③ 电子商务的基础：电子商务活动的基础是电子工具的使用。

④ 电子商务的对象：从社会再生产发展的环节看，在生产、流通、分配、交换、消费这个链条中，发展变化最快、最活跃的就是位于中间环节的流通、分配和交换。通过电子商务，可以大幅度地减少不必要的商品流动、物资流动、人员流动和货币流动，减少商品经济的盲目性，减少有限物质资源、能源资源的消耗和浪费。

2. 电子商务的产生和发展

（1）电子商务产生和发展的条件

电子商务最早产生于 20 世纪 60 年代，发展于 20 世纪 90 年代，其产生和发展的重要条件主要包括以下几方面：

① 计算机的广泛应用：计算机的处理速度越来越快，处理能力越来越强，价格越来越低，应用越来越广泛，这为电子商务的应用提供了基础。

② 网络的普及和成熟：由于 Internet 逐渐成为全球通信与交易的媒体，全球网民呈级数增长趋势，快捷、安全、低成本等特点为电子商务的发展提供了应用条件。

③ 信用卡的普及应用：信用卡以其方便、快捷、安全等优点成为人们消费支付的重要手段，并由此形成了完善的全球性信用卡计算机网络支付与结算系统，使"一卡在手、走遍全球"成为可能，同时也为电子商务中的网上支付提供了重要的手段。

④ 电子安全交易协议的制定：1997 年 5 月 31 日，由美国 VISA 和 MasterCard 国际组织等联合指定的 SET（Secure Electronic Transfer，电子安全交易）协议的出台，以及该协议得到大多数厂商的认可和支持，为开发网络上的电子商务提供了一个关键的安全环境。

⑤ 政府的支持与推动：自 1997 年欧盟发布欧洲电子商务协议，美国随后发布"全球电子商务纲要"后，电子商务受到世界各国政府的重视，许多国家的政府开始尝试"网上采购"，这为电子商务的发展提供了有利的支持。

（2）电子商务发展的两个阶段

① 基于 EDI 的电子商务阶段：从技术的角度来看，人类利用电子通信的方式进行贸易活动已有几十年的历史了。早在 20 世纪 60 年代，人们就开始利用电报报文发送商务文件的工作；20 世纪 70 年代人们又普遍采用方便、快捷的传真机来替代电报，但是由于传真文件是通过纸面打印来传递和管理信息的，不能将信息直接转入到信息系统中，因此人们开始采用 EDI（Electronic Data Interchange，电子数据交换）作为企业间电子商务的应用技术，这也就是电子商务的雏形。

EDI 是将业务文件按一个公认的标准从一台计算机传输到另一台计算机的电子传输方法。由于 EDI 大大减少了纸张票据，因此，人们形象地将之称为"无纸贸易"或"无纸交易"。

从技术上讲，EDI 包括硬件与软件两大部分。硬件主要是计算机网络，软件包括计算机软件和 EDI 标准。

从硬件方面讲，20 世纪 90 年代之前的大多数 EDI 都不通过 Internet，而是通过租用的计算机线路在专用网络上实现，这类专用的网络被称为 VAN（Value-Addle Network，增值网），这样做的目的主要是考虑到安全问题。但随着 Internet 安全性的日益提高，作为一个费用更低、覆盖面更广、服务更好的系统，已经替代了 VAN 而成为 EDI 的硬件载体。

从软件方面看，EDI 所需要的软件主要是将用户数据库系统中的信息翻译成 EDI 的标准格式以供传输交换。由于不同行业的企业是根据自己的业务特点来规定数据库的信息格式的，因此，当需要发送 EDI 文件时，从企业专有数据库中提取的信息，必须把它翻译成 EDI 的标准格式才能进行传输，这时就需要相关的 EDI 软件来帮忙。

EDI 软件主要有以下几种：

- 转换软件（Mapper）：转换软件可以帮助用户将原有计算机系统的文件，转换成翻译软件能够理解的平面文件（Flat File），或是将从翻译软件接收来的平面文件，转换成原计算机系统中的文件。

- 翻译软件（Translator）：将平面文件翻译成 EDI 标准格式，或将接收到的 EDI 标准格式翻译成平面文件。

- 通信软件：将 EDI 标准格式的文件外层加上通信信封（Envelope），再送到 EDI 系统交换中心的邮箱（Mailbox），或由 EDI 系统交换中心将接收到的文件取回。

EDI 软件中除了计算机软件外还包括 EDI 标准。美国国家标准局曾制定了一个称为 X12 的标准，用于美国国内。1987 年联合国主持制定了一个有关行政、商业及交通运输的电子数据交换标准，即国际标准——UN/EDIFACT（UN/EDI For Administration,Commerce and Transportation）。1997 年，X12 被吸收到 EDIFACT 中，使国际上用统一的标准进行电子数据交换成为现实。

② 基于 Internet 的电子商务：由于使用 VAN 的费用很高，仅大型企业才会使用，因此限制了基于 EDI 的电子商务应用范围的扩大。20 世纪 90 年代中期后，Internet 迅速走向普及化，逐步从大学、科研机构走向企业和普通家庭，其功能也从信息共享演变为一种大众化的信息传播工具。从 1991 年起，一直排斥在因特网之外的商业贸易活动正式进入到这个王国，使电子商务成为因特网应用的最大热点。

随着 Internet 的高速发展，电子商务显示了其旺盛的生命力。

基于因特网的电子商务之所以对企业具有更大的吸引力，是因为它比基于 EDI 的电子商务具有以下明显的优势：

- 费用低廉：由于因特网是国际的开放性网络，使用费用很便宜，一般来说，其费用不到 VAN 的 1/4，这一优势使得许多企业尤其是中小企业对其非常感兴趣。

- 覆盖面广：因特网几乎遍及全球的各个角落，用户通过普通电话线就可以方便地与贸易伙伴传递商业信息和文件。

- 功能更全面：因特网可以全面支持不同类型的用户实现不同层次的商务目标，如发布电子商情、在线洽谈、建立虚拟商场或网上银行等。

- 使用更灵活：因特网的电子商务可以不受特殊数据交换协议的限制，任何商业文件或单证可以直接通过填写与现行的纸面单证格式一致的屏幕单证来完成，不需要再进行翻译，任何人都能看懂或直接使用。

9.1.2　电子商务特点

基于因特网技术的电子商务之所以能够得到迅速的发展，并占据全球经济活动的中心地位，是因为它具有传统商务活动所不具有的优势。有人形象地形容现代电子商务的特点：速度是光，距离是零，范围是全球，时间是 24 小时，空间是无限。

基于因特网技术的电子商务具有以下特点：

1．交易电子化

通过因特网进行的商务活动，交易双方从搜集信息、贸易洽谈、签订合同、货款支付到电子报关，无须当面接触，均可以通过网络运用电子化手段进行。

2．贸易全球化

因特网打破了时空界限，把全球市场连接成为一个整体。任何一个企业都可以通过网络面向全世界销售自己的产品，可以在全世界寻找合作伙伴，同时也要面对来自世界各地的竞争对手。随着全球信息高速公路的发展，宽频光纤通信技术的普及，电子商务打破时空限制的优越性会进一步得到体现。

3．运作高效化

由于实现了电子数据交换的标准化，商业报文能在瞬间完成传递与计算机自动处理等过程，电子商务克服了传统贸易方式费用高、易出错、处理速度慢等缺点，极大地缩短了交易时间，提高了商务活动的运作效率。因特网沟通了供求信息，企业可以对市场需求做出快速反应，提高产品设计和开发的速度，做到即时生产。

4．交易透明化

网上的交易是透明的。通过因特网，买方可以对众多企业的产品进行比较，这使买方的购买行为更加理性，对产品选择的余地也更大。建立在传统市场分隔基础上，依靠信息不对称制定的价格策略将会失去作用。通畅、快捷的信息传输可以保证各种信息之间互相核对，防止伪造单据和贸易欺骗行为。网络招标体现了"公开、公平、竞争、效益"的原则，电子招标系统可以避免招投标过程中的暗箱操作现象，使不正当交易、贿赂投标等腐败现象得以制止。实行电子报关与银行的联网有助于杜绝进出口贸易的假出口、偷漏税和骗退税等行为。

5．操作方便化

用户通过网络可以方便地与贸易伙伴传递商业信息和文件。在电子商务环境中，人们不再受时间和地点的限制，可以全天候随时随地进行交易。客户只要轻点鼠标，就能以非常简便的方式完成过去手续繁杂的商务活动。

6．部门协作化

电子商务是协作经济。电子商务需要企业内部各部门、生产商、批发商、零售商、银行、配送中心、通信部门、技术服务等多个部门的通力协作。网络技术的发展使企业间的合作完全可以如同企业内部各部门间的合作一样紧密，企业无须追求"大而全"，而应追求"精而强"。企业应该集中自己的核心业务，把不具备竞争优势的业务外包出去，通过协作来提高竞争力。

7．服务个性化

到了电子商务阶段，企业可以进行市场细分，针对特定的市场生产不同的产品，为消费者提供个性化服务。这种个性化主要体现在 3 个方面：个性化的信息、个性化的产品、个性化的服务。个性化的信息主要指企业可以根据客户的需求与爱好有针对性地提供商品信息，也指消费者可以根据自己的需要有目的地检索信息；个性化的产品主要是指企业可以根据消费者的个性化需求来定制产品；个性化的服务则包括服务定制与企业提供的针对性服务信息。这种情况的出现一方面是因为消费者已经产生了个性化的需求，另一方面是因为通过网络企业可以系统地收集客户的个性化需求信息，并能通过智能系统自动处理这些信息。

尽管电子商务有着无与伦比的优势，但是它依然存在一些缺点。例如有些营销者欺骗消费者、侵犯他人知识产权等行为，以及信用卡支付安全问题等。对网上电子商务交易亟待制定严格的法律规范，建立安全完整的网络体系，通过国际协作，以一定的法律形式来保障网上企业和消费者的合法权益。

9.1.3 电子商务应用

电子交易的主要参与者主要有企业（Business，B）、消费者（Consumer，C）和政府机构（Government，G）等，相应的电子商务应用也有多种类型。电子商务所涉及的领域包括企业内部的业务操作和管理，企业与企业之间（B2B）的交易信息沟通和交易的进行，企业与政府部门（B2G）在海关、工商、税收、财政等政府管理和监控方面的电子化操作，企业与消费者之间（B2C）进行交易活动的电子化操作等领域。

1．电子商务应用系统的构成

从技术角度看，电子商务的应用系统由 3 部分组成：企业内部网（Intranet）、企业内部网与 Internet 的连接、电子商务应用系统。

（1）企业内部网

企业内部网由 Web 服务器、电子邮件服务器、数据库服务器、电子商务服务器和客户端的 PC 组成。所有这些服务器和 PC 都通过先进的网络设备连接在一起。Web 服务器最直接的功能是可以向企业内部提供一个 WWW 站点，借此完成企业内部日常的信息访问；邮件服务器为企业内部提供电子邮件的发送和接收服务；电子商务服务器和数据库服务器通过 Web 服务器和对企业内、外部提供电子商务处理服务；客户端 PC 上要安装有 Internet 浏览器，如 Microsoft Internet Explorer，借此访问 Web 服务器。

在企业内部网中，每种服务器的数量随企业的情况不同而不同，例如，如果企业内访问网络的用户比较多，可以放置一台企业 Web 服务器和几台部门级 Web 服务器，如果企业的电子商务种类比较多或者电子商务业务量比较重，可以放置几台电子商务服务器。

（2）企业内部网与 Internet 的连接

为了实现企业与企业之间、企业与用户之间的连接，企业内部网（Intranet）必须与 Internet 进行连接，但连接后，会产生安全性问题。所以在企业内部网与 Internet 连接时，必须采用一些安全措施或具有安全功能的设备，这就是所谓的防火墙。为了进一步提高安全性，企业往往还会在防火墙外建立独立的 Web 服务器和邮件服务器供企业外部访问，同时在防火墙与企业内部网之间，一般会有一台代理服务器。代理服务器的功能有两个，一是安全功能，即通过代理服务器，可以屏蔽企业内部网内服务器或 PC，当一台 PC 访问因特网时，它先访问代理服务器，然后代理服务器再访问因特网；二是缓冲功能，代理服务器可以保存经常访问的因特网上的信息，当 PC 访问因特网时，如果被访问的信息存放在代理服务器中，那么代理服务器将把信息直接发送到 PC 上，省去对因特网的再次访问。

（3）电子商务应用系统

在建立了完善的企业内部网和实现了与因特网之间的安全连接后，企业已经为建立一个好的电子商务系统打下良好基础，在这个基础上，再增加电子商务应用系统，就可以进行电子商务活动了。一般来讲，电子商务应用系统主要以应用软件形式来实现，运行在已经建立的企业内部网之上。电子商务应用系统分为两部分，一部分是完成企业内部的业务处理和向企业外部用户提供服务，例如用户可以通过因特网查看产品目录、产品资料等；另一部分是极其安全的电子支付系统，电子支付系统使得用户可以通过因特网在网上购物、支付等，真正实现电子商务。

2．电子商务的应用类型

（1）企业内部电子商务

即企业内部，通过企业内部网的方式处理与交换商贸信息。企业内部网是一种有效的商务工具，通过防火墙，企业将自己的内部网与 Internet 隔离，它可以用来自动处理商务操作及工作流，增强对重要系统和关键数据的存取，共享经验，共同解决客户问题，并保持组织间的联系。通过企业内部的电子商务，可以给企业带来以下好处：增加商务活动处理的敏捷性，对市场状况能更快地做出反应，能更好地为客户提供服务。

（2）企业间的电子商务（B2B）

即企业与企业（B2B）之间，通过 Internet 或专用网方式进行电子商务活动。企业间的电子商务是电子商务 3 种模式中最值得关注和探讨的，因为它最具有发展的潜力。Forrester 研究公司预计企业间的商务活动将以 3 倍于企业与个人间电子商务的速度发展。这是因为，在现实物理世界中，企业间的商务贸易额是消费者直接购买的 10 倍。

（3）企业与消费者之间的电子商务（B2C）

即企业通过 Internet 为消费者提供一个新型的购物环境——网上商店，消费者通过网络在网上购物、在网上支付。B2C 模式最为大家所熟悉的一种实现形式就是新兴的专门做电子商务的网站，现在比较著名的有淘宝网、当当网、亚马逊等。这些新型模式企业的出现，使人们足不出户，通过 Internet 就可以购买商品或享受资讯服务，这无疑是时代的一大进步，同时由于这种模式节省了客户和企业双方的时间和空间，大大提高了交易效率，节省了不必要的开支，因此网上购物已经成为电子商务的一个重要应用。

9.2　网　上　购　物

9.2.1　在淘宝网购物

1．淘宝网简介

淘宝网（www.taobao.com）是中国领先的个人电子商务交易平台，是亚太最大的网络零售商圈，致力于打造全球领先网络零售商圈，由阿里巴巴集团在 2003 年 5 月 10 日投资创立。淘宝网现在业务跨越 C2C（个人对个人）、B2C（商家对个人）两大部分。目前拥有近 5 亿的注册用户数，每天有超过 6 000 万的固定访客，同时每天的在线商品数已经超过了 8 亿件，平均每分钟售出 4.8 万件商品。截止到 2012 年 11 月 30 日，淘宝网与天猫商城交易额突破 1 万亿元，2012 年 11 月 11 日，淘宝单日交易额 191 亿元。

淘宝网是 C2C（客户对客户）的个人网上交易平台和平台型 B2C 电子商务服务商（天猫商城），主要用于商品网上零售，也是国内最大的拍卖网站，由阿里巴巴公司投资创办。

淘宝网成立以来，坚持诚信为本，全力打造中国最安全便捷的个人电子商务交易平台。它倡导安全、诚信、高效的网络交易文化，对客户和市场的尊重是淘宝网领先市场的重要原因。为创建更安全便捷的网络交易环境，淘宝网与强大的网络支付平台支付宝进行深层次结合，并推出"全额赔付"制度，突破了网络购物的安全瓶颈。这将带领中国电子商务进入全新的发展阶段。阿里巴巴集团于 2011 年 6 月 16 日宣布，旗下淘宝公司将分拆为 3 个独立的公司，即沿袭原 C2C 业务的淘宝网（taobao）、平台型 B2C 电子商务服务商天猫 tmall）和一站式购物搜索引擎—淘网（etao）。

2. 淘宝网购物

淘宝网整合数千家品牌商、生产商，为商家和消费者之间提供一站式解决方案；提供 100% 品质保证的商品，7 天无理由退货的售后服务，以及购物积分返现等优质服务。

在 IE 地址栏中输入淘宝网的网址 http://www.taobao.com 并按【Enter】键，即可登录淘宝网，如图 9-1 所示。

图 9-1　淘宝网的首页

如果还没有注册，可单击页面左上方的"免费注册"超链接；已经注册成为会员的，可单击"登录"超链接。注册的过程和注册邮箱相似，在此不再赘述。图 9-2 所示是单击"登录"超链接后的页面。

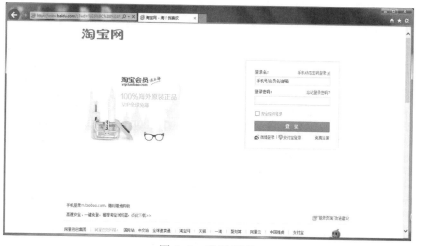

图 9-2　登录页面

　　输入用户名和密码，登录后就可以开始淘自己想要的商品了。淘宝网上物品丰富，有数十种精品门类，可以选择喜欢的商品区。如果明确想买什么，可以直接搜索自己需要的商品，或者直接进入淘宝商城选择商家。下面以购买一件棉衣为例，开始我们的网购之旅。选择"宝贝"，输入"棉衣女"，如图 9-3 所示。

图 9-3　　"宝贝"搜索页面

　　也可以直接进入"天猫"搜索想要的宝贝。如果只是想逛逛，不妨到"聚划算"里看看，说不定就会找到物美价廉让你心动的宝贝。

　　单击"搜索"按钮后，即可列出所有宝贝，如图 9-4 所示。

图 9-4　检索出的所有宝贝页面

　　此时可以逐一查看检索出的宝贝，寻找自己满意的宝贝。默认采用排序方式显示宝贝，也可以选择按照销量、信用、价格、总价和所在地等条件进行二次排序与检索。

　　在寻找宝贝的过程中，一定要货比三家。找到比较满意的产品之后，单击产品名称，即可进入该商品的详细介绍。图 9-5 所示为商品详细介绍页面。

图 9-5　商品详情介绍页面

　　进入该页面后，可以看到商品的详细介绍，除了看商家的信用度高低之外，还要多看"宝贝详情"旁边的"评价评情"，里面有买家对该商品的评价，对你的购买非常有帮助。

　　如果想对商品有进一步的了解，或者想问一下商品价格和关于快递的具体情况，可以用旺旺与卖家详细交谈。淘宝网官方推荐买家与卖家之间使用阿里旺旺进行交流。阿里旺旺是淘宝网推出的一款 IM（即时聊天）工具，该软件可以保存双方的聊天记录，淘宝网支持阿里旺旺的聊天记录可以作为交易纠纷的法律依据使用。所以建议大家用旺旺与卖家进行交流，如图 9-6 所示。

图 9-6　旺旺交谈窗口

　　对商品满意后，如果还想在这家店里购买其他商品，可以先单击"加入购物车"按钮，继续选购自己喜欢的商品。也可以整理购物车，修改商品数量或者删除不需要的商品。如果只购买单件商品，单击"立刻购买"按钮，就会进入"确认订单"页面，如图 9-7 所示，此时买家可以按要求输入收件详细地址、收件人和联系电话。确认订单完全正确后，单击"确认"按钮即可。

图 9-7　"确认订单"页面

进入支付货款界面，如图 9-8 所示。有多种付款方式，最常用的是支付宝，也可以用银行卡或者信用卡。推荐使用支付宝，因为支付宝是淘宝网官方推荐使用的支付工具，是淘宝网交易安全体系的重要组成部分。在交易中，买家会先将钱款支付给支付宝，此时钱款由支付宝负责保存并不立刻支付给卖家，等待卖家货物运达后买家验货表示满意才将钱款打入卖家账户。如果发生交易纠纷，双方可提交快递单复印件和商品照片等交易证明，由淘宝网仲裁是将钱款打入卖家账户或者退还给买家，出现问题比较容易解决。

图 9-8　支付页面

确认好的价格并输入支付宝的支付密码后，即出现付款成功页面，如图 9-9 所示。如果价格和卖家协商后有更改，可以在支付前刷新一下该页面，再输入支付宝的支付密码。

图 9-9　付款成功页面

此时，可以看到"已买到的宝贝"页面有一个已付款的订单，可以看到已经购买商品的发货情况，如图 9-10 所示。

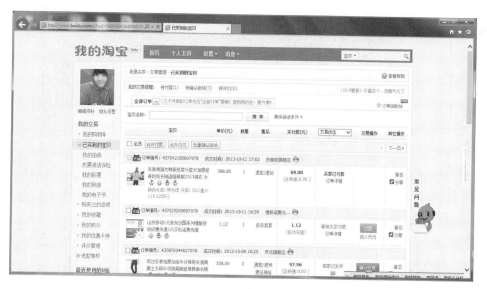

图 9-10　"已买到的宝贝"页面

若想看看卖家有没有发货，物流到了哪个环节，可进入"已买到的宝贝"页面，可以看到相应宝贝的"买家已付款"状态已经改为"卖家已发货"，单击下方的"查看物流"超链接，可以看到物流的详细情况，如图 9-11 所示。

图 9-11 "物流详情"页面

收到商品后，签收时最好先打开包裹检查一下，不要着急在快递单上签收，如果收到的商品有问题，要第一时间与卖家联系协商如何解决。商品检查没有问题后，就可以登录旺旺确认收货。在旺旺界面单击"淘助手"按钮，进入"已买到的宝贝"，找到商品，可以看到"确认收货"按钮，单击即可，如图 9-12 所示。

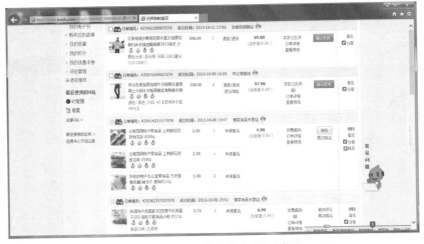

图 9-12 "已买到的宝贝"页面

现在进入确认收货阶段，向下拖动页面，可以看到输入支付宝密码区域，如图 9-13 所示。注意一定要收到货物后才能进行确认。

输入支付宝密码后，立刻进入评价环节，单击"立即评价"按钮可进行此次购物的评价，如图 9-14 所示。

可以把对该商品的满意度及使用体会写在评价中，如图 9-15 所示，然后单击"提交评价"按钮。不要以为这个过程可有可无，你的评价对其他买家有很大的参考作用。

至此，完成在淘宝网上购物的过程。

图 9-13 "确认收货"页面

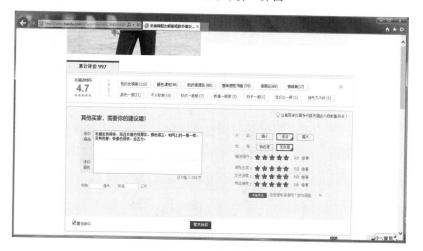

图 9-14 "立即评价"界面

图 9-15 填写评价

9.2.2 其他购物站点

网上购物的魅力究竟是什么呢？对于消费者来说：

① 可以在家"逛商店"，订货不受时间的限制。

② 获得较大量的商品信息，可以买到当地没有的商品。

③ 网上支付较传统现金支付更加安全，可避免现金丢失。

④ 从订货、买货到货物上门无须亲临现场，既省时又省力。

⑤ 由于网上商品省去租店面、聘用雇员及储存保管等一系列费用，总的来说其价格较一般商场的同类商品更便宜。

对于商家来说，由于网上销售没有库存压力、经营成本低、经营规模不受场地限制等，在将来会有更多的企业选择网上销售；并且通过因特网还可对市场信息的及时反馈适时调整经营策略，以此提高企业的经济效益和参与国际竞争的能力。

对于整个市场经济来说，这种新型的购物模式可在更大的范围内、更多的层面上以更高的效率实现资源配置。

综上所述，B2C 网上购物突破了传统商务的障碍，无论对消费者、企业还是市场都有着巨大的吸引力和影响力，在新经济时期无疑是达到"多赢"效果的理想模式。

但在看到网上购物优点的同时更要认清它现阶段存在的问题，主要是部分商家对消费者的欺诈。我国目前并没有专门针对 B2C 交易的法律法规，只有美国、欧盟等少数国家和组织才制定过相关的法律条款，而且还不够完善。可以说，以 B2C 为代表的网上交易方式主要依靠的还是商家的诚信。选择风险抵押金比较大的网上购物商城，如淘宝网、当当网等，同时使用网上购物商城提供的防风险的办法。以 eBay 为例，可以使用安付通，钱先汇入 eBay 的账户，等收到货物时，再通知 eBay 汇款给卖家。

所以在网上购物的首选应该是有一定规模和良好信誉的 B2C 网站。下面介绍几个网上购物的好去处。

1. 当当网简介

当当网（www.dangdang.com）是全球最大的中文网上商城，由科文公司、美国老虎基金、美国 IDG 集团、卢森堡剑桥集团、亚洲创业投资基金（原名软银中国创业基金）共同投资，1999 年 11 月正式开通，面向全世界网上购物人群提供近百万种商品的在线销售，包括图书、音像、家居、化妆品、数码、饰品等数十种精品门类，每天为成千上万的消费者提供安全、方便、快捷的服务，给网上购物者带来极大的方便和实惠。庞大的物流体系，近 2 万平方米的仓库分布在北京、华东和华南，员工使用当当网自行开发、基于网络架构和无线技术的物流、客户管理、财务等各种软件支持，每天把大量货物通过空运、铁路、公路等运输手段发往全国和世界各地。自成立以来，当当网的销售额连年迅猛递增，成为中国网上购物第一店，全球已有几千万的顾客在当当网上选购过自己喜爱的商品。当当网于美国时间 2010 年 12 月 8 日在纽约证券交易所正式挂牌上市，是中国第一家完全基于线上业务、在美国上市的 B2C 网上商城。2012 年，当当网的活跃用户数达到 1 570 万，订单数达到 5 420 万。

2. 亚马逊网简介

亚马逊网（www.amazon.cn）是全球最大的电子商务公司亚马逊在中国的地区性网站，其前身是 1998 年成立的卓越网，卓越网由一个提供 IT 资讯和软件下载的网站起步，从 2000 年开始进入网上书店领域。目前,卓越亚马逊已经成为中国最大的正品网上商城,提供了音乐、影视、手机数码、家电、家居、玩具、健康、美容化妆、钟表首饰、服饰箱包、鞋靴、运动、食品、母婴、运动,户外和休闲等 28 大类、超过 150 万类的产品,并提供"全场 29 元免运费"服务以及"货到付款"等多种支付方式。2011 年 10 月 27 日,卓越亚马逊弃用"卓越"字样,改名"亚马逊中国"。

3. 京东商城简介

京东商城(http://www.jd.com/)是中国 B2C 市场最大的 3C 网购专业平台,是中国电子商务领域最受消费者欢迎和最具有影响力的电子商务网站之一。京东商城目前有 6 000 万注册用户,近万家供应商,在线销售家电、数码通信、计算机、家居百货、服装服饰、母婴、图书、食品等 12 大类数万个品牌百万种优质商品,日订单处理量超过 50 万单,网站日均 PV 超过 1 亿。2010 年,京东商城跃升为中国首家规模超过百亿的网络零售企业,连续 6 年增长率均超过 200%,现占据中国网络零售市场份额的 35.6%,连续 10 个季度蝉联行业头名。截至 2012 年 12 月底,中国网络零售市场交易规模达 13 205 亿元,同比增长 64.7%。国内最大的两家电商公司——阿里巴巴和京东商城,阿里巴巴 2012 年交易额增长超 100%,京东商城则接近 200%。

4. 易趣网

易趣网(www.eachnet.com),取自"易趣"与 eBay 的结合。易趣网于 1999 年 8 月成立,其含义为"交易的乐趣"。而 eBay 取自全球最成功的电子商务网站 eBay Inc.。2002 年 3 月,易趣获得美国最大的电子商务公司 eBay 的 3 000 万美元的注资,并同其结成战略合作伙伴关系。2004 年 7 月,易趣网推出新品牌"eBay 易趣"。两个企业结合而成的名字蕴涵着中国与世界最领先的电子商务网站的强强联手与紧密合作,向用户传达了我们是既中国又世界、即本土又全球的网上交易平台。2012 年 4 月,易趣不再是 eBay 在中国的网站,易趣成为 Tom 集团的全资子公司。

5. 拉手网

拉手网(www.lashou.com)于 2010 年 3 月 18 日成立。拉手网每天推出一款超低价精品团购,使参加团购的用户以极具诱惑力的折扣价格享受优质服务。

从 2010 年 3 月 18 日成立至 2011 年 1 月 20 日,拉手网注册用户数量已经突破 300 万,月均访问量突破 3 000 万,开通服务城市超过 400 座,2010 年交易额接近 10 亿元,且仍以每月 100% 的速度成长。在不到一年的时间里,拉手网在号称"千团大战"的团购市场中脱颖而出,截至 2011 年 1 月 20 日,成为中国内地最大的团购网站之一。2011 年 2 月,拉手网宣称获得了几乎是同行融资总和的新一轮融资,估值上升至 10 亿美元。

为方便于用户能快捷、方便地在网上买到物美价廉的商品,推荐一些购物站点,如表 9-1 所示。

表 9-1　购 物 站 点

网 站 名 称	网 址	网 站 名 称	网 址
拍拍网	http://www.paipai.com	苏宁易购	http://www.suning.com
爱乐活	http://www.leho.com/	凡客诚品	http://www.vancl.com

网 站 名 称	网 址	网 站 名 称	网 址
新浪商城	http://mall.sina.com.cn	美团网	http://www.meituan.com
中关村在线	http://www.zol.com.cn	糯米网	http://www.nuomi.com
硅谷动力网上商城	http://shop.enet.com.cn		

9.3 网 上 理 财

近年来，随着生活水平的不断提高，人们手中的闲散资金越来越多，银行利率又较低，人们不再局限于将资金存入银行。"理财"已经成为人们生活中的重要话题。

理财是为了实现个人的人生目标和理想而制订、安排、实施和管理的一个各方面总体协调的财务计划的过程。经济越发展，人们越富裕，理财行业的发展前景就越光明。

随着网络渗透人们的生活，各类网上理财的网站如雨后春笋般应运而生。中华理财网、第一理财网、和讯理财、金融界等都是不错的理财网站，网站经营网上银行、股票、基金、保险、期货、信托、房产等多种多样的理财产品。值得提醒的是，投资者一定要掌握相关知识，树立正确的理财观念，做明白的投资者。商场如战场，投资是有风险的。在选择理财产品时，一定要理性，对选择的产品有一定的了解才能投资，以免血本无归。

下面介绍几种常见的网上理财方式。

1. 基金理财

基金是一种间接的证券投资方式。基金管理公司通过发行基金单位，集中投资者的资金，由基金托管人（即具有资格的银行）托管，由基金管理人管理和运用资金，从事股票、债券等金融工具投资，然后共担投资风险、分享收益。

基金具有集合理财、专业管理、组合投资、分散风险的优势和特点，特别是近几年我国基金业的健康稳定发展，基金规模不断扩大，给投资者提供了一个很好的进入证券市场、分享我国经济增长的方式。

根据不同标准，可以将证券投资基金划分为不同的种类：

① 根据基金单位是否可以增加或赎回，可分为开放式基金和封闭式基金。

开放式基金不上市交易，一般通过银行申购和赎回，基金规模不固定；封闭式基金有固定的存续期，期间基金规模固定，一般在证券交易场所上市交易，投资者通过二级市场买卖基金单位。

② 根据组织形态的不同，可分为公司型基金和契约型基金。基金通过发行基金股份成立投资基金公司的形式设立，通常称为公司型基金；由基金管理人、基金托管人和投资人三方通过基金契约设立，通常称为契约型基金。

③ 根据投资风险与收益的不同，可分为成长型、收入型和平衡型基金。

④ 根据投资对象的不同，可分为股票基金、债券基金、货币市场基金、混合基金等。

在经济平稳增长的情况下，对于上班族来讲，最好的投资方式是购买证券投资基金，因为股市投资风险较大，而上班族又很难有精力管理自己投资的股票。基金却可以解决这个问题，因为，支撑基金业绩的是优秀的基金经理、强大的投资团队以及有效的投资模型，让信誉良好的基金公司帮助作投资决策，是省心省力的投资途径。无论选择哪种基金，一定要事先考虑好自己的风险承受度，要了解整个经济市场的情况，还要了解基金管理公司的运营情况，然后选择相对应的基金。千万不要盲目进行投资，靠碰运气和侥幸心理是万万不行的。

2. 股票理财

有关股票理财，很多人都认为是洪水猛兽，跟赌博一样不能碰。2006年，股市形势一派大好，众多股民跃跃欲试想在股市大显身手，可是2007年新春伊始，就遭遇了股市暴跌。股市总是这样沉沉浮浮，让人难以捉摸，所以投资股市千万要慎重。

（1）股票的概念

按照马克思的说法，股票是一种虚拟资本；按照经济学的观点，股票是买卖生产资料所有权的凭证；按照老百姓的说法，股票就是一张资本的选票。老百姓可以根据自己的意愿将手中的货币选票投向某一家或几家企业，以博取股票价格波动之差或是预期企业的未来收益。

由此可见，股票是股份证书的简称，是股份公司为筹集资金而发行给股东作为持股凭证并借以取得股息和红利的一种有价证券。每股股票都代表股东对企业拥有一个基本单位的所有权。股票是股份公司资本的构成部分，可以转让、买卖或作价抵押，是资金市场的主要长期信用工具。股票像一般的商品一样，有价格，能买卖，可以做抵押品。股份公司借助发行股票来筹集资金，投资者通过购买股票获取一定的股息收入。股票具有以下特性：

① 权责性：股票作为产权或股权的凭证，是股份的证券表现，代表股东对发行股票的公司所拥有的一定权责。股东的权益与其所持股票占公司股本的比例成正比。

② 不可偿还性：股票投资是一种无确定期限的长期投资，是一种无偿还期限的有价证券。投资者认购股票后，就不能再要求退股，只能到二级市场卖给第三者。

③ 流通性：股票作为一种有价证券可作为抵押品，并可随时在股票市场上通过转让或卖出换取现金，因而成为一种流通性很强的流动资产和融资工具。

④ 风险性：股票投资者除获取一定的股息外，还可能在股市中赚取买卖差价利润。但投资收益的不确定性又使股票投资具有较大的风险，其预期收益越高风险越大。发行股票公司的经营状况欠佳，甚至破产，股市的大幅度波动和投资者自身的决策失误都可能给投资者带来不同程度的风险。

⑤ 法定性：股票须经有关机构批准和登记注册，进行签证后才能发行，且必须以法定形式记载法定事项。

股票是一种金融投资行为，与银行储蓄存款及购买债券及基金相比，是一种高风险行为，但同时它也能给人们带来更大的收益。

（2）股票的分类

① 按股权（股东的权利）分类：可以分为普通股和优先股。

普通股票是最常见的一种股票，股利完全随公司盈利的高低而变化，其承担的风险比较高。

优先股票拥有固定股息，不随公司业绩好坏而波动，股东享有优先分配公司盈利和剩余财产等优先权利，但其他权利受限（如无红利权、无表决权）的股票。优先股与普通股相比，风险较小。

② 按股票持有者（股东结构、投资主体）分类：可以分为国家股、法人股、公众股。

国家股是指有权代表国家进行投资的部门以国有资产向公司投资形成的股份；法人股是指法人或具有法人资格的事业单位或社会团体以其依法可经营的资产向公司投资所形成的股份；公众股是指境内个人和机构依法以其拥有的财产投入公司时形成的可上市流通的股份。

③ 按业绩分类：可分为绩优股和垃圾股。

绩优股是指业绩优良的公司的股票，投资价值和投资回报都较高。

垃圾股是指业绩较差的公司的股票，投资风险较大。

还可以按照股票记载方式分为记名股票和不记名股票；按股票面额形式可分为有面额股票和无面额股票；按照发行上市地点分为 A 股、B 股、H 股、N 股等多种划分方式。

网络上关于股票的信息很多，投资股市一定要提前做好充分的了解与研究。股票证券门户网站——股天下、中国财经证券门户网站——东方财富网都会给你提供翔实的投资知识，推荐业绩优的股票，指点投资技巧，让你在股市得心应手。

3. 期货理财

（1）什么是期货

期货是一种合约，一种将来必须履行的合约，而不是具体的货物。合约的内容是统一的、标准化的，唯有合约的价格会因各种市场因素的变化而发生不同的波动。这个合约对应的"货物"称为标的物，通俗地讲，期货要炒的那个"货物"就是标的物，它是以合约符号来体现的。例如 CU0602，是一个期货合约符号，表示 2006 年 2 月交割的合约，标的物是电解铜。

（2）期货商品种类

经中国证监会的批准，可以上市交易的期货商品有以下种类：铜、铝、天然橡胶、燃料油、小麦、棉花、绿豆、玉米、大豆、豆粕、白糖、PTA 期货、金融期货等很多品种。

（3）期货的特征

① 赚取差价。期货交易实际上就是对这种"合约符号"的买卖，是广大期货参与者，看中期货合约价格将来可能会产生巨大差价，依据各自的分析，进而博取利润的交易行为。从大部分交易目的来看，其本质就是投机赚取"差价"。说明一点，现在成交的期货合约价格，是大家希望这个合约将来的价格变动（一般几天或几个月），所以它不一定等于今天的现货价。

② 以小搏大。期货交易的基本特征就在于可以用较少的资金进行大宗交易。例如以 50 万元的资金，基本上可做 1 000 万元左右的交易。也就是说，交易者用 50 万元的资金（即保证金，交易者按期货合约价格的一定比率交纳少量资金作为履行期货合约的财力担保，便可参与期货合约的买卖，这种资金就是期货保证金。我国现行的最低保证金比率为交易金额的 5%，国际上一般在 3%～8% 之间）来保证价值 1 000 万元的商品价格变化，所产生的盈亏都由交易者的 50 万元资金承担，差不多将资金放大了 20 倍。这就是所谓的"杠杆效应"，也可称为"保证金交易"。这种机制使期货具有了"以小搏大"的特点。

③ 买空卖空。期货交易买卖的是"合约符号"，并不是买卖实际的货物，所以，交易者在买进或卖出期货时，就不用考虑是否需要或者拥有期货相应的货物，而只考虑如何买卖才能赚取差价，其买与卖的结果只体现在自己的"账户"上，代价就是万分之几的手续费和占用 5% 左右的保证金，这一点可简单地用通常所说的"买空卖空"来理解。

广大期货爱好者曾经翘首以盼的股指期货的推出是 2007 年中国金融市场的重头戏。股指期货的出现增加了操作和交易的多样性，降低和分散风险。长远来说，股指期货的推出能够增加中国金融市场的稳定性，使市场更趋理性。

4. 网上银行

网上银行是利用因特网技术和计算机安全技术为用户提供的银行服务。其服务类型包括账户查询、转账、挂失、网上交费、网上支付、存折炒股等。在 IE 地址栏中输入 http://www.ccb.com 并按【Enter】键，就可以打开中国建设银行的首页，如图 9-16 所示。在该网页选择个人客户下的理财子项目，可以看到建设银行为个人用户提供了很多理财服务，如图 9-17 所示。

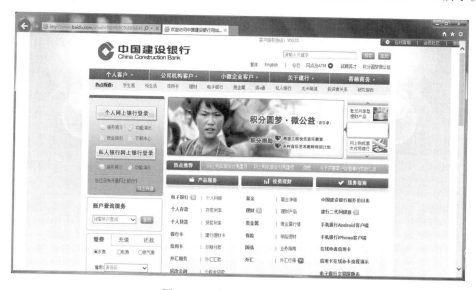

图 9-16　中国建设银行首页

图 9-17　建设银行网上理财服务页面

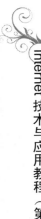

习　题

1. 什么是电子商务？
2. 电子商务的内涵是什么？
3. 简述电子商务的特点。
4. 电子商务的应用类型有哪些？

网络时代，各类网站为人们提供了便利的服务。例如，人们可以到搜狐网浏览资讯，到百度网进行搜索，或者到远程教育网站进行自我学习与提高。网站是如何制作的呢？这是本章要解决的问题。

本章要点：

- 网站开发的原理与流程
- Dreamweaver CS5
- 制作网页的基本方法
- 多媒体元素的应用
- 网站的发布与测试

10.1 网页设计基础

10.1.1 网站概述

1. 网页与网站

上网时在浏览器中看到的一个个页面就是网页（Web Page），而多个相关的网页和有关文件的集合就构成了一个网站（Web Site）。

主页（Home Page）是一个网站的首页面，当访问某个网站时，出现在浏览器中的默认页面就是该网站的主页。网站的主页名一般都是 index.xxx 或 default.xxx。

根据网页的生成方式，大致可以分为静态网页和动态网页两种。静态网页就是 HTML 文件，文件扩展名通常是.htm 或.html，主要由文字、图像、动画、音乐、视频等基本内容构成，一般只展示信息，而无法向客户提供注册、提交、查询等交互功能，除非设计者自己修改了网页的内容，否则网页的内容不会发生变化，故称为静态网页。动态网页是指网页文件中包含有程序代码，需要服务器执行程序才能生成网页内容。执行程序的过程中，通常会与数据库进行信息交互，因此网页的内容会随程序的执行结果发生变化，故称为动态网页。动态网页除了静态网页的展示功能外，还能够给客户提供注册、提交、查询等交互功能。动态网页的扩展名一般根据不同的程序设计语言而不同，如 ASP 文件的扩展名为.asp，JSP 文件的扩展名为.jsp。

2. 服务器与浏览器

网站通常位于 Web 服务器上，Web 服务器又称 WWW 服务器。它接收 WWW 请求，然后提供 HTTP 响应给请求者。要使一台计算机成为一台 Web 服务器，就需要安装专门的服务程序，如微软件公司的 Internet Information Server（IIS）。

浏览器就是 Web 客户端，用于与 Web 服务器建立连接，打开显示网页。最常见的是 Windows 系统自带的 IE 浏览器。还有火狐（Firefox）、360 安全浏览器、遨游、腾讯 TT 等。

浏览器和服务器之间通过超文本传输协议（Hypertext Transfer Protocol，HTTP）进行通信。用户使用浏览器向 Web 服务器发送 HTTP 请求，Web 服务器响应用户的请求，并使用 HTTP 协议将网页和有关文件传回，然后由浏览器解释并显示网页的内容，如图 10-1 所示。

①浏览器发送请求
②服务器响应请求

图 10-1　服务器和浏览器之间的通信

3. 网页中的主要内容

网页包含的内容有文字、动画、图像、音频、视频等。文字是网站的主要组成部分，其次较多的是图像。也有很多网站以视频、图像或动画为主。

网页中的图像主要有 3 种：GIF 图像、PNG 图像和 JPG 图像。GIF 图像具有支持透明、支持 256 色、体积小等特点；PNG 图像具有支持透明、支持 24 位真彩色等特点；JPG 图像支持真彩色。一般在网站的模板设计中常用 PNG 图像（或 PSD 图像），现实产品展示、人像照片等用 JPG 格式图像，对图像质量要求不高的地方使用 GIF 图像。

网页中的简单动画主要分为两类，一类是 GIF 图像动画，另一类是 Flash 动画。GIF 动画由一系列图像构成，往往用于分割网站中不同的内容板块区域或者简单的广告应用；Flash 动画的特点是体积小，而且形象逼真，受到网民的普遍欢迎，主要用于在网站中做产品广告、网站横幅和导航菜单等。Flash 动画可以使用 Adobe 公司的 Flash 设计软件设计。

网页中的视频和音频格式很多，视频格式如 ASF、AVI、MOV、FLV 等，音频格式如 MP3、WAV 等。一般网页设计工具都提供了直接插入这些视频、音频内容的功能。例如，Dreamweaver 就能很方便地在网页中插入文字、动画、视频、音频等内容。

10.1.2　网页设计语言

1. 认识 HTML

HTML 的英文全称是 Hyper Text Markup Language，即超文本标识语言，由 W3C 组织制定标准。HTML 不是一个程序语言，而是一种描述文档结构的标记语言。HTML 与操作系统平台无关，只要有 Web 浏览器就可以运行 HTML 文件，显示网页内容。

HTML 由标记（tag）组成，通过标记来确定网页的结构与内容。用 HTML 编写的网页是一种文本文件，它的扩展名为.htm 或.html。

2. XML

XML 是 Extensible Markup Language 的缩写，中文名为可扩展标识语言。其主要用途是在 Internet 上传递或处理数据。XML 可以说是 HTML 的升级与发展，以弥补 HTML 的不足。例如，在 HTML 中不允许用户自定义控制标识符，而在 XML 中允许用户这样做。XML 文件的扩展名为.xml。

3. CSS

CSS 是 Cascading Style Sheets 的缩写，中文名为层叠样式表，主要用来对网页数据进行编排、格式化、特效设计等。传统的 HTML 不能随心所欲地对网页内容进行格式化，而 CSS 能完成这种功能，它对网页的特殊显示、特殊效果提供了很大的帮助。目前，大多数网页都使用了 CSS。

4. DHTML

DHTML 是动态的 HTML，这种技术使网页具备动态功能，如动态交互、动态更新等。事实上是要求我们掌握 Web 中所包含的对象、对象集，以及对象的属性、方法事件等，然后用程序处理这些对象相关的属性、方法，让事件去完成一定的处理程序，以实现网页的动态效果。

5. 脚本语言

脚本（Script）语言是嵌入到 HTML 代码中的程序，根据运行的位置不同把它分为客户端脚本和服务器端脚本。客户端脚本是运行在客户端浏览器上的程序，服务器端脚本是运行在 Web 服务器端的程序。

目前较为流行的脚本语言有 JavaScript 和 VBScript。JavaScript 最初由网景公司设计，是一种广泛用于客户端 Web 开发的动态脚本语言，常用来给 HTML 网页添加动态功能，如响应用户的各种操作，从而制作动态 HTML。VBScript 是微软公司开发的一种脚本语言，可以看做是 VB 语言的简化版，易于学习。尽管两者都可在客户端和服务器端执行，但 JavaScript 更多地用于客户端，VBScript 更多地用于服务器端，绝大多数 ASP 程序制作的网页都是用 VBScript 编写的。

10.1.3 网站设计流程

1. 任务

了解网站设计工作的一般流程，掌握网站设计每个环节的具体内容。

2. 任务分析

（1）网站需求分析

网站设计工作在开展之前，首先要进行的工作就是需求分析。需求分析是掌握客户的具体要求，包括功能上的、界面上的、性能上的等。通过需求分析的开展，网站设计者才能做到心中有数，进而在后期网站实现中做到有的放矢。

网站的需求分析主要是分析客户需要什么样的网站，即客户对网站的内容要求、色彩要求、栏目要求、功能要求、性能要求、布局要求、操作要求等。只有充分掌握了客户的这些要求，才能设计出符合客户意愿的网站。

网站的需求分析主要完成以下任务：

① 准备需求分析计划。

② 开展需求分析。

③ 做出网站功能描述书。

（2）网站总体设计

一旦掌握了客户的具体要求，接下来要做的工作就是对网站项目进行总体的规划性设计，主要包括色彩、布局、内容、规范、设计工具等内容的确定和定位。而且在这个过程中可能还要和客户进行多次沟通，防止或减少后期返工。

网站总体设计主要完成以下任务：

① 确定网站的主题内容。

② 确定网站的主体色调。

③ 确定网站的布局结构。

④ 确定网站的栏目设置。

⑤ 确定网站的设计规范。

⑥ 确定网站的设计工具。

⑦ 制订网站的建设计划。

（3）网站内容实现

一旦明确了网站的具体目标、内容要求、建设规范后，接下来要对网站进行制作。一般来说，首先制作首页，然后根据首页内容的链接关系，进而实现其他页面。在具体制作网站时，需要把握以下几个原则：

① 整体把握视觉感受，定位网站表现风格。确定了网站的主题思想后，就要根据主题思想把握网站的整体视觉感觉和表现形式。不同行业、不同类别的网站都会有不一样的风格表现。

② 根据网站主题设计网站布局。网站布局结构特性继承网站主题的表现风格，只有最大限度地关注客户的感受，才是成功的设计。

③ 设计网站的徽标、栏目列表或导航。一个网站往往由徽标（Logo）、导航（Navigator）、列表（List）、面板（Panel）、版权（Copyright）等各部分组成，要求美观协调，看起来赏心悦目。

④ 实现网站模板页面。设计一个或几个模板页面，然后由这些模板页面派生出相关的其他页面。这样做很好地保持了网站整体风格，简化了网站的设计过程，节约了网站设计者的时间和成本。

⑤ 实现具体页面。根据网站的模板页面实现具体的页面，可直接由模板页面复制产生新的页面，再修改这个页面，产生最终需要的新页面。

（4）测试网站

在网站设计过程中设计者要不断地测试网站内容。在不同的浏览器、不同的网站服务器上进行测试，主要任务是测试网站的表现形式是否和设计过程完全一致，如果不一致，则需要进行调整，保证网站能够正常运行。

（5）发布网站

网站全部设计完成后，接下来就是发布网站。网站可以在内部网络上发布，也可以在因特网上发布。可以到 ISP（Internet 服务提供商）购买空间和申请域名，中国万网（www.net.cn）就是一个典型的 ISP。

（6）更新和维护网站

网站发布后，更多的后期工作就是更新维护网站。根据需要不断地在网站中发布新的内容或修改网站的界面风格，同时也要保证网站的正常运行，并根据需要对网站现有的数据进行修改和删除。更新和维护网站是一项持久的、长期的工作。

10.2　HTML 基础

10.2.1　HTML 概述

1. 任务

用 HTML 编写第一个网页，用 Dreamweaver 创建第一个 HTML 文件。

2. 任务分析

HTML 是用来描述网页的一种标记语言, 标记语言是一套标记标签(markup tag), HTML 使用标记标签来描述网页。HTML 标记标签通常被称为 HTML 标签 (HTML tag), 是由尖括号包围的关键词, 如<html>。HTML 标签通常是成对出现的, 如<b>和</b>, 标签对中的第一个标签是开始标签, 第二个标签是结束标签, 开始和结束标签也被称为开放标签和闭合标签。

HTML 文档用浏览器打开就是网页, 用记事本等编辑器打开 HTML 文档, 能看到 HTML 文档包含的 HTML 标签和纯文本。HTML 文档就是纯文本文件。

Web 浏览器的作用是读取 HTML 文档, 并以网页的形式显示出来。浏览器不显示 HTML 标签, 而是使用标签来解释页面的内容。

3. 操作步骤

① 打开记事本, 用 HTML 语言在记事本中编写如下代码:

```
<html>
 <body>
  <head>
   <title>我的第一个网页</title>
  </head>
  <h1>欢迎进入我的网页</h1>
<p>Hello World! 这里是我的第一段文字, 我们在 HTML 世界里, 学习其基本知识和语法, 使用 HTML 语言编写我的页面。</p>
 </body>
</html>
```

<html>与</html>之间的文本描述网页, <body>与</body>之间的文本是可见的页面内容, <h1>与</h1>之间的文本被显示为标题, <p>与</p>之间的文本被显示为段落。

② 保存成硬盘上的一个文本文件, 注意将文件的扩展名设为.htm, 如保存成 Ex1.htm。双击 Ex1.htm 文件, 用 IE10 浏览器打开, 将看到图 10-2 所示的结果。

③ 启动 Dreamweaver, 新建一个空的 HTML 文件, 即自动产生如下代码:

图 10-2　一个简单的 HTML 页

```
<!DOCTYPE html PUBLIC "-//W3C//DTD XHTML 1.0 Transitional//EN"
"http://www.w3.org/TR/xhtml1/DTD/xhtml1-transitional.dtd">
<html xmlns="http://www.w3.org/1999/xhtml">
<head>
<meta http-equiv="Content-Type" content="text/html; charset=GB2312" />
<title>无标题文档</title>
</head>

<body>
</body>
</html>
```

可以发现这段 Dreamweaver 自动产生的代码比上一个例子中手动编写的代码多了几行, 其中第一行和第二行表明了所使用的 HTML 是什么版本, 浏览器根据 DOCTYPE 定义的 DTD

（文档类型）来解释页面代码；第三行<html>标签中的 xmlns 设定了一个名字空间；第五行声明了文档所使用的语言编码。初学者对于这些内容可以理解为固定用法，不妨称这个文件为基础文件，在此基础上再添加内容来设计网页。

4. 重要提示

编写一个 HTML 网页不需要任何工具，不需要任何 HTML 编辑器，也不需要 Web 服务器。初学 HTML，可以使用纯文本编辑器来编辑 HTML，这是学习 HTML 的有效方式。

使用文本编辑器（如记事本）编辑的 Web 文件，保存文件时，扩展名可以使用.htm，也可以使用.html。在实例中使用.htm，这是长久以来形成的习惯而已，因为过去的很多软件只允许 3 个字母的文件扩展名。

然而，专业的 Web 开发者常用 Dreamweaver 或 FrontPage 这样的 HTML 编辑器编辑网页，而不是编写纯文本。

10.2.2　HTML 常用标签

1. 任务

在 HTML 文件中，使用 HTML 标题、段落、链接、图像、表格等标签，测试标签的运行效果。

2. 任务分析

HTML 文档和 HTML 元素是通过 HTML 标签进行标记的，标签由开始标签和结束标签组成。开始标签是被括号包围的元素名，结束标签是被括号包围的斜杠和元素名，某些 HTML 元素没有结束标签，如换行
。

3. 操作步骤

（1）测试 HTML 标题标签

HTML 标题（Heading）是通过<h1>～<h6>标签进行定义的。例如：

```
<h1>这是 h1 标题样式</h1>
<h2>这是 h2 标题样式</h2>
<h3>这是 h3 标题样式</h3>
```

将这 3 行代码加到上面提到的基础文件的<body>标签中，结果如下：

```
<!DOCTYPE html PUBLIC "-//W3C//DTD XHTML 1.0 Transitional//EN"
"http://www.w3.org/TR/xhtml1/DTD/xhtml1-transitional.dtd">
<html xmlns="http://www.w3.org/1999/xhtml">
<head>
<meta http-equiv="Content-Type" content="text/html; charset=GB2312" />
<title>无标题文档</title>
</head>

<body>
    <h1>这是 h1 标题样式</h1>
    <h2>这是 h2 标题样式</h2>
    <h3>这是 h3 标题样式</h3>
</body>
</html>
```

在浏览器中的运行结果如图 10-3 所示。

（2）测试 HTML 段落标签

HTML 段落是通过<p>标签进行定义的。将以下代码加到 HTML 基础文件中，在浏览器中的运行结果如图 10-4 所示。

```
<p>这是一个段落</p>
<p>这是另一个段落。段落中忽略多于一个的空格和回车换行，段落会根据浏览的大小自动换行。
</p>
```

图 10-3　h1～h3 标题

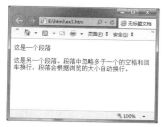

图 10-4　HTML 段落

（3）测试 HTML 链接标签

HTML 链接是通过<a>标签进行定义的。例如：

```
<a href="http://www.weihaicollege.com">欢迎访问威海职业学院网站</a>
```

在 href 属性中指定链接的地址。

（4）测试 HTML 图像标签

HTML 图像是通过<img>标签进行定义的。例如：

```
<img src="lvyou.jpg" width="102" height="77" />
```

图像的名称和尺寸是以属性的形式提供的，src 指定了图像文件的名称，width 和 height 分别指定了图像的宽度和高度。链接和图像在浏览器中的运行结果如图 10-5 所示。

图 10-5　链接和图像

（5）测试 HTML 表格标签

表格由<table>标签来定义。每个表格均有若干行（由<tr>标签定义），每行被分割为若干单元格（由<td>标签定义）。字母 td 指表格数据（table data），即数据单元格的内容。数据单元格可以包含文本、图片、列表、段落、表单、水平线、表格等。例如：

```
<table border="1">
<tr>
<td>行 1，列 1</td>
<td>行 1，列 2</td>
</tr>
<tr>
<td>行 2，列 1</td>
<td>行 2，列 2</td>
</tr>
</table>
```

在浏览器中的显示如图 10-6 所示。常用的标记属性中，border 属性用于设置表格边框的宽度，width、height 属性用于设置表格

图 10-6　HTML 表格

或单元格的宽度和高度；cellspacing 和 cellpadding 属性分别用于设置单元格之间的间隙和单元格内部空白；align 属性用于设置表格或单元格的对齐方式；bgcolor 和 background 属性分别用于设置表格的背景颜色和背景图像。

10.3 Dreamweaver 基础

10.3.1 初识 Dreamweaver

Dreamweaver 是当前最流行、使用最方便的网页设计和网站开发工具软件之一，其字面含义即梦想编辑者，寓意为通过这个工具，实现编辑网页的梦。

Dreamweaver 早期是由 Macromedia 公司推出的"网页三剑客"之一。"网页三剑客"指的是 Dreamweaver、Flash、Fireworks 这 3 个软件，是网站开发中的专用利器。Dreamweaver 是集网页制作和管理网站于一身的所见即所得网页编辑器，是第一套针对专业网页设计师特别开发的可视化网页开发工具。2005 年，Macromedia 公司被 Adobe 公司收购。

1. 启动 Dreamweaver

选择"开始"→"所有程序"→"Adobe Dreamweaver CS5"命令，运行 Dreamweaver 主程序，启动完成后，其界面如图 10-7 所示。

图 10-7　Dreamweaver 窗口

2. 认识相关栏目

单击"新建"栏的 HTML 选项，打开文档编辑窗口，如图 10-8 所示。认识以下有关栏目。

① 菜单栏：包含 Dreamweaver 所有菜单命令，可以找到编辑窗口的绝大部分功能。

②"文档"工具栏：可通过"查看"→"工具栏"→"文档"命令来控制该工具栏是否显示。

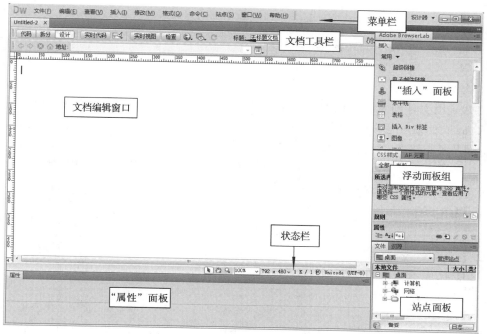

图 10-8　Dreamweaver 的用户界面

③ "插入" 面板：在网页编辑的过程中，通过单击 "插入" 面板中的按钮为网页添加相应的元素，如图片、表格、层、Flash，称这些元素为对象。选择 "插入" → "布局" → "文本" 命令中的选项可以插入其他类型的对象，如特殊字符（Characters）、表单（Forms）等。"插入" 面板的显示与否通过选择 "窗口" → "插入" 命令来控制。

④ "属性" 面板：用于显示所选中的网页元素的属性，且可在 "属性" 面板中修改属性。选择不同的网页元素，"属性" 面板所显示的内容也有所不同，例如图片和表格所显示的属性是不一样的。此外，单击 "属性" 面板右下角的小三角按钮，可以缩小或展开 "属性" 面板，建议一般情况下都设置为展开模式。通过选择 "窗口" → "属性" 命令来控制 "属性" 面板是否显示。

⑤ 面板组：Dreamweaver CS5 还有很多其他的浮动面板，用户可以根据自己的喜好，将不同的浮动面板重新组合，这就是所谓的面板组。浮动面板会自动对接成自上而下的面板组。要显示或隐藏其中一个面板，可通过 "窗口" 菜单中的相应命令实现。

⑥ 编辑区域：以 "所见即所得" 的方式显示被编辑网页的内容。

⑦ 文件面板：文件面板是 Dreamweaver 另一个重要的面板窗口，如图 10-9 所示。它的作用就是直观而方便地让用户像管理硬盘里的文件一样管理站点。

图 10-9　站点面板

10.3.2　Dreamweaver 基本操作

基本网页的文件类型为 HTML，保存的默认文件扩展名为.html。

1. 任务

对文件进行创建、保存、打开、关闭、切换和预览操作，设置页面属性，并对站点进行创建与管理。

2. 任务分析

网站是以文件的形式存储的，具备文件的基本操作；页面属性是网页的基本属性；Dreamweaver 的站点是一种管理网站中所有相关联文件的工具。通过站点管理可以对网站的相关页面及各类素材进行统一管理，还可以使用站点管理实现将文件上传到网页服务器，测试网站。简单地说，站点就是一个文件夹，这个文件夹中包含了网站中用到的所有文件，通过这个文件夹（站点），对网站进行管理。

3. 操作步骤

（1）创建网页文档（HTML 文档）

选择"文件"→"新建"命令，选择"页面类型"为 HTML，单击"创建"按钮，即新建一个 HTML 空文档。

（2）保存文件

新建的文件未保存时，以 Untitled 命名，选择"文件"→"保存"命令（或按【Ctrl+S】组合键）、"文件"→"另存为"命令和"文件"→"保存全部"命令都可以保存 HTML。保存网页文件时要用英文或数字进行命名。

（3）打开文件

打开已创建的 HTML 文档，选择"文件"→"打开"命令，或右击文件，在弹出的快捷菜单中选择"打开方式"→"Dreamweaver"命令，也可以将 HTML 文件拖动到 Dreamweaver 窗口中来打开文件。

（4）关闭文件

选择"文件"→"关闭"命令，还未保存的网页关闭时会提示是否保存。

（5）文档切换

同时编辑多个文档时，可以通过单击文档标签进行切换。

（6）预览网页

Dreamweaver CS5 的文档工具栏中增加了"实时视图"按钮，单击此按钮，可以在文档窗口中实时预览页面效果。要在 IE 中预览显示效果，可以使用快捷键【F12】。

（7）设置页面属性

单击"属性"面板中的"页面属性"按钮，弹出"页面属性"对话框，如图 10-10 所示。

在此对话框中可以设置页面默认字体、默认字体大小、文本颜色、背景颜色、背景图像、边距等。

图 10-10 "页面属性"对话框

（8）新建站点

在"文件"面板的下拉列表中选定一个位置，例如 E 盘，单击"管理站点"超链接，弹出"管理站点"对话框，列出了原来已经存在的站点，如图 10-11 所示。要建立新的站点，单击"新建"按钮,弹出"站点设置对象"对话框,在"站点名称"文本框中输入站点名称,如"我的第一个站点",在"本地站点文件夹"文本框中输入用于存放站点的文件夹,如 E:\myweb\,单击"保存"按钮,如图 10-12 所示。

图 10-11 "管理站点"对话框

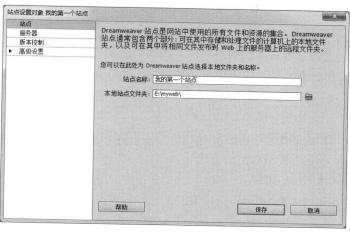

图 10-12 "站点设置对象"对话框

返回"管理站点"对话框,再单击"完成"按钮,这时在"文件"面板中可以看到刚建立的站点。

(9)建立图像文件夹

一般来说,一个网站所有用到的图片,都集中存放于一个文件夹中,这个文件夹通常命名为 image。在刚新建的站点上右击,在弹出的快捷菜单中选择"新建文件夹"命令,将文件夹命名为 image,如图 10-13 所示。

(10)设置默认图像文件夹

再次打开"站点管理"对话框,单击"编辑"按钮,在弹出的"站点设置对象"对话框中选择"高级设置"项,在"默认图像文件夹"文本框中输入 E:\myweb\image。单击"保存"按钮,完成操作,如图 10-14 所示。

图 10-13 建立默认图像文件夹

图 10-14 指定默认图像文件夹

10.4　创建基本 Web 页

10.4.1　制作网页基本操作

1. 任务

通过制作基本的网页元素，实践添加文本、空格、日期与时间、水平线、特殊符号，设置文本格式，插入图像，图文混排等网页基本操作。

2. 操作步骤

（1）添加普通文本

添加文本可以直接输入。单击网页编辑窗口中的空白区域，在光标处输入文字即可，也可以采用复制和粘贴的方法输入文字。另外，还可以使用"文件"→"导入"命令，导入 Word 或 Excel 文件。

（2）添加空格

输入法切换到半角状态，按【Space】键只能输入一个空格。如果需要输入多个连续的空格可以通过以下几种方法来实现：

① 选择"插入"→"HTML"→"特殊字符"→"不换行空格"命令。

② 直接按【Ctrl+Shift+Space】组合键。

③ 选择"编辑"→"首选参数"→"常规"→"允许多个连续的空格"命令。

（3）添加日期时间

在文档的最后一行插入形式如"Monday, 2012-02-20 9:47 AM"的日期，且要求每次保存网页时自动更新日期。具体操作过程如下：

选择"插入"→"日期"命令，或在"插入"面板的"常用"工具栏中单击"日期"按钮，弹出"插入日期"对话框，在"星期格式"下拉列表框中选择 Thursday，"日期格式"选择 1974-03-07，在"时间格式"下拉列表框中选择 10:18 PM，选择"储存时自动更新"复选框，如图 10-15 所示。单击"确定"按钮，最后生成的日期效果为"Monday, 2013-12-10 9:47 AM"的形式。

图 10-15　"插入日期"对话框

（4）插入水平线

选择"插入"→"HTML"→"水平线"命令，或在"插入"面板的"常用"工具栏中单击"水平线"按钮，即可向网页中的标题与正文之间插入一条水平线。

（5）添加特殊字符

选择"插入"→"HTML"→"特殊字符"命令，在"特殊字符"子菜单中选择需要插入的特殊字符。也可以通过"插入"面板中的"文本"工具栏插入，特殊字符即可插入到网页中。

（6）基本编辑操作

可选中一个或多个文字、一行或多行文本，也可以选中网页中的全部文本；按【Backspace】键或【Delete】键实现删除文本操作；右击可实现复制、剪切、粘贴等操作；在"编辑"菜单中可实现查找与替换、撤销或重做操作。

（7）设置文本格式

选定要设置格式的文本，单击"属性"面板中的 CSS 按钮，可以设置选定文本的字体、大小、颜色等。CSS 是一组格式设置规则，用于控制 Web 页面的外观。

（8）分段与换行

分段按【Enter】键（隔一行），换行按【Shift+Enter】组合键（换行不分段）。

（9）设置段落格式

在"属性"面板的 CSS 中，可以设置左对齐、居中对齐、右对齐、分散对齐等对齐方式。项目列表和编号列表可以将文本段落用符号或序号标注起来；选择要添加列表的若干文本段落，单击"属性"面板 HTML 中的"项目列表"按钮或"编号列表"按钮可设置列表。"属性"面板 HTML 中的"内缩区块"和"删除内缩区块"按钮可以设置段落的缩进。

（10）插入图像

选择"插入"→"图像"或使用"插入"面板中的插入图像按钮，可将一幅图像插入到当前位置。例如，在当前位置插入一幅图像，选择"插入"→"图像"命令，弹出"选择图像源文件"对话框，如图 10-16 所示。选择要插入的图片，单击"确定"按钮，弹出"图像标签辅助功能属性"对话框，如图 10-17 所示。在"替换文本"文本框中输入"黄山美景"，单击"确定"按钮，图像被插入到当前编辑区。

图 10-16 "选择图像源文件"对话框　　　图 10-17 "图像标签辅助功能属性"对话框

替换文本的作用是，在浏览器中，当把鼠标停放在图片上，会显示相应的文本，起到提示的作用。插入图像前应先将网页文件保存，从而使所插入图像引用正确。图像插入网页后，应确认图像文件已存入站点，否则下次打开网页时，会出现看不到图像的情况。

（11）设置图像的基本属性

在编辑区单击插入的图片，可以通过"属性"面板对图片的属性进行设置。例如，将图片设置为宽 150 像素、高 110 像素，ID 设置为 tp01，边框设为 1 像素，如图 10-18 所示。

（12）图文混排

当网页中既有图片又有文本时，就要解决图文混排的问题。例如，在图片的后面加一段文字，单击图片，在"属性"面板中的"对齐"下拉列表框中选择"左对齐"选项，为不使文字太靠近图片，将"水平边距"设为 10 像素，效果如图 10-19 所示。

图 10-18　设置图像基本属性

图 10-19　图文混排

（13）编辑图像

在图像的"属性"面板中，有 4 个图像编辑按钮 ▭ ⬚ ◑ △，分别是裁切、重新取样、亮度和对比度、锐化。其中"重新采样"的功能是：当图片的宽、高缩小后，重新生成更小的图片，从而对图片进行优化。

（14）鼠标经过更换图片特效

页面中先显示一张图像，当鼠标移动到该图像上时，切换成另一张图像。选择"插入"→"图像对象"→"鼠标经过图像"命令，弹出"插入鼠标经过图像"对话框，如图10-20所示。分别设置原来图像和鼠标经过图像，还可以设置替换文本和图像链接。设置完成后，单击"确定"按钮。

图10-20　"插入鼠标经过图像"对话框

3. 重要提示

在网页中使用图片的原则是在保证画质的前提下尽可能使图片的数据量小一些，这样有利于用户快速浏览网页。

① GIF 格式：图片数据量小，可以带有动画信息，且可以透明背景显示，但最高只支持256 种颜色。GIF 格式大量用于网站的图标 Logo、广告 Banner 及网页背景图像。但由于受到颜色的限制，不适合于照片级的网页图像。

② JPEG 格式：可以高效地压缩图片的数据量，使图片文件变小的同时基本不丢失颜色画质。通常用于显示照片等颜色丰富的精美图像。

③ PNG 格式：一种逐步流行的网络图像格式，既融合了 GIF 能做成透明背景的特点，又具有 JPEG 处理精美图像的优点。常用于制作网页效果图。

10.4.2　创建超链接

所谓超链接是指从一个网页指向一个目标的连接关系，这个目标可以是另一个网页，也可以是相同网页上的不同位置，还可以是一幅图片、一个电子邮件地址、一个文件，甚至是一个应用程序。

1. 任务

创建的内部链接、外部链接、锚点链接、电子邮件链接、下载链接、空链接、热区链接、中转菜单链接，管理链接路径、自动更新和检查链接。

2. 操作步骤

（1）创建内部链接

首先选中页面中的文字或图像，在"属性"面板中单击"链接"文本框右侧的文件夹图标，以通过浏览选择一个文件。

然后从"目标"下拉列表框中选择文档的打开位置。

_self：会在当前网页所在的窗口或框架中打开（默认方式）。

_blank：每个链接会创建一下新的窗口。

_new：会在同一个刚创建的窗口中打开。

_parent：如果是嵌套的框架，则在父框架中打开。

_top：会在完整的浏览器窗口中打开。

（2）创建外部链接

选中文字或图像，直接在"属性"面板的"链接"文本框中输入外部的链接地址，如http://www.nj5166.com。然后在"目标"下拉列表框设置这个链接的目标窗口。

注意：链接中使用完整的 URL 地址，如 http://www.nj5166.com，http:// 是浏览网页网络协议，www.nj5166.com 是域名。

（3）设置链接样式

单击编辑页面的空白区，在"属性"面板中单击"页面属性"按钮，在弹出的"页面属性"对话框中选择"链接（CSS）"选项，其中，"链接颜色"是指定链接文字的颜色，"已访问链接"是指定被访问过的链接的颜色，"变换图像链接"是指定当鼠标位于链接上时的颜色，"活动链接"是指定当鼠标在链接上单击时的颜色，如图 10-21 所示。

图 10-21　设置链接样式

（4）创建锚点链接

锚点链接是到网页某一特定位置的超链接。这种链接的目标端点是网页中的命名锚点。利用这种链接，可以跳转到当前网页中的某一指定位置上，也可以跳转到其他网页中的某一指定位置上。

首先创建命名锚记，就是在网页中设置位置标记，并给该位置一个名称，以便引用。将光标定位到要设置锚点的位置，选择"插入"→"命名锚记"命令，弹出"命名锚记"对话框，输入锚记名称，单击"确定"按钮。

然后在"属性"面板的"链接"文本框中输入"#锚点名"。

注意：如果链接的目标锚点标记在当前页面，直接输入"#锚点名"；如果链接的目标锚点标记在其他网页，则输入目标网页的地址和名称，然后再输入"# 锚点名"。

（5）创建电子邮件链接

单击电子邮件链接，可以启动电子邮件程序（如 Office 办公软件中的 Outlook）书写邮件，并发送到指定的地址。选择"插入"→"电子邮件链接"命令，弹出图 10-22 所示的"电子邮件链接"对话框，输入电子邮件地址，单击"确定"按钮。在"属性"面板的"链接"文本框中直接输入"mailto:邮件地址"可直接创建电子邮件链接。

图 10-22　电子邮件链接

（6）建立下载链接

当被链接的文件是 EXE 文件或 ZIP、RAR 类型的文件时，浏览器无法直接打开，会提示下载文件，这就是网上下载的方法。

（7）创建空链接

空链接用来激活页面中的对象或文本。当文本或对象被激活后，可以为之添加行为。创建空链接的方法是选中要制作空链接的对象，在"链接"文本框中输入#。在一般站点首页的导航栏中的"首页"链接，就可以是一个空链接。

（8）创建图像热区链接

图像热区指在一幅图片上创建多个区域（热点），并可单击触发。当用户单击某个热点时，会发生某种链接或行为。创建图像的热区的步骤如下：

① 选中图像。

② 在"属性"面板中使用热区工具（矩形、椭圆、多边形），在图像上划分热区。

③ 为绘制的每一个热区设置不同的链接地址和替换文字。

（9）创建跳转菜单链接

跳转菜单是网页中的弹出式菜单，可以创建任何文件类型的链接。选择"插入"→"表单"→"跳转菜单"命令，弹出"插入跳转菜单"对话框，如图10-23所示。

在"插入跳转菜单"对话框中，单击"+"号添加菜单项，在"选择时，转到URL"文本框中输入该文件的路径，生成的跳转菜单如图10-24所示。

图10-23 "插入跳转菜单"对话框

图10-24 跳转菜单

（10）管理链接路径

对链接路径的正确理解是确保链接有效的先决条件。链接的路径有3种表达方式，一是绝对路径：如果在链接中使用完整的URL，这种链接路径就称为绝对路径。绝对路径一般用于链接外部网站或外部文件资源，如 http://www.baidu.com。二是相对于文档路径：表述源端点与链接目标端点之间的相互位置。一般使用这种方式链接同站点的不同文件。用"../"表示上一层的文件夹。三是相对于站点根目录路径：所有链接的路径都是从站点的根目录开始的，"/"表示根目录。

（11）自动更新链接

当文件的位置被改动时，自动更新该网页中的链接路径，同时也自动更新其他网页链接到这个网页的路径。

（12）检查链接

选择"窗口"→"结果"→"链接检查器"命令，打开"链接检查器"面板，可检查断掉的链接、外部链接和孤立的文件。

10.4.3 表格处理

表格是网页中的一个非常重要的元素，作用是存放数据和进行页面布局。

1. 任务

制作一张学生用课程表。

图 10-25 "表格"对话框

2. 任务分析

单击网页中需要插入表格的地方，选择"插入"→"表格"命令，或者单击"常用"工具栏中的"表格"按钮，或者按【Ctrl+Alt+T】组合键，弹出图 10-25 所示的对话框。输入表格行数和列数，设置表格宽度，设置表格边框的粗细效果。

单元格指的是表格里的每一个格子；单元格边距是指单元格中填充内容与边框的距离，如图 10-26 所示；单元格间距是指相邻单元格之间的距离，如图 10-27 所示。

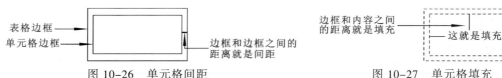

图 10-26 单元格间距   图 10-27 单元格填充

对话框中的"标题"区域用于设置表格的行或列的标题，"无"表示不设置表格的行或列的标题；"左"表示一行归为一类，可以为每行在第一栏设置一个标题；"顶部"表示一列归为一类，可以为每列在头一栏设置一个标题；"两者"表示可以同时输入左端和顶部的标题。

"辅助功能"区域中的标题名称，默认会出现在表格的上方；摘要是表格的备注，不会在网页中显示。

3. 操作步骤

① 插入 5 行 6 列的表格，宽度为 500 像素，边框、填充、间距均为 1，如图 10-28、图 10-29 所示。

图 10-28 "表格"对话框

图 10-29 表格

- 单元格的合并和拆分：通过"属性"面板的  按钮完成。
- 添加/删除行列：在表格上右击，选择"表格"→"插入行或列"命令，弹出图 10-30 所示的对话框。

② 在单元格中输入相应的文字。

③ 设置表格的背景颜色。在表格的"属性"面板中找到背景颜色和边框颜色的设置，需要选择"修改"→"标签编辑器"命令，弹出"标签编辑器"对话框，如图 10-31 所示。在"常规"选项卡中设置表格的背景颜色为#D2E2EF。在"浏览器特定的"选项卡中，设置边框的颜色为#B6C9D7，如图 10-32 所示。

图 10-30　插入行或列

图 10-31　设置表格背景颜色

设置后的表格如图 10-33 所示。

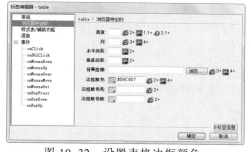

图 10-32　设置表格边框颜色

图 10-33　设置了背景和边框颜色的表格

④ 设置字体。选择所有单元格，在"属性"面板的 CSS 中选择"大小"下拉列表中的 12，弹出"新建 CSS 规则"对话框，如图 10-34 所示，输入选择器的名称 ys01，单击"确定"按钮，所有单元格中的字体变成了 12 px。

若将标题"课程表"3 个字设置为 36 px、隶书、红色字体，则选中"课程表"，单击"目标"下拉列表框中的"新建规则"选项，在弹出的对话框中输入新规则名 ys02，"课程表"3 个字设置为 36 px、隶书、红色字体。

⑤ 设置所有字体居中，第一列和第二行字体加粗。在"属性"面板的 HTML 项中直接设置即可。

图 10-34　设置字体——新建 CSS 规则

⑥ 第二行背景颜色设置为#B6C9D7；填写科目的单元格设置背景颜色为#E9F1F8。选择相应的单元格，在"属性"面板的"背景颜色"文本框中输入指定的颜色值即可。

⑦ 最上一行设置行高 70 像素，背景图片为 tbbg4[1].gif。选择单元格，在"属性"面板中输入行高 70，但在"属性"面板中没有单元格背景图标的设置。需要在代码窗口中添加属性。单击"文本"工具栏中的"拆分"按钮可同时显示"代码—设计"窗口，在相应单元格代码窗口中的标签<td>后添加代码 background="image/tbbg4[1].gif"，如图 10-35 所示。

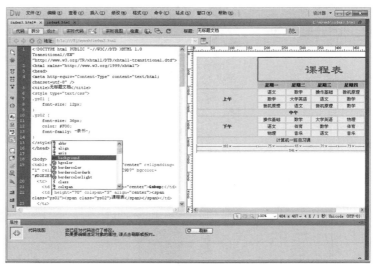

图 10-35 设置单元格背景图片

⑧ 在左上角单元格中插入图片 logo.gif。单击图片，在"属性"面板中设置图片宽和高为 60，单击单元格，设置图片在单元格中左对齐和顶部对齐。

⑨ 将表格最后一行行高设置为 20 像素，背景颜色为#B6C9D7，边框颜色为#FF0000。行高和背景颜色直接在"属性"面板中设置，单元格的颜色同样需要在代码中设置，如图 10-36 所示，在单元格代码窗口中的<td>标签后输入 bordercolor="#FF0000"。

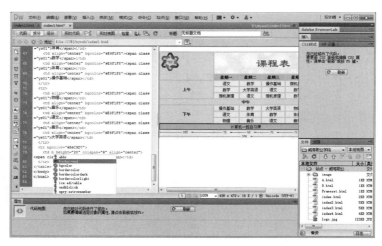

图 10-36 设置单元格颜色

所有属性设置完成后，在 IE 10 浏览器中显示的效果如图 10-37 所示。

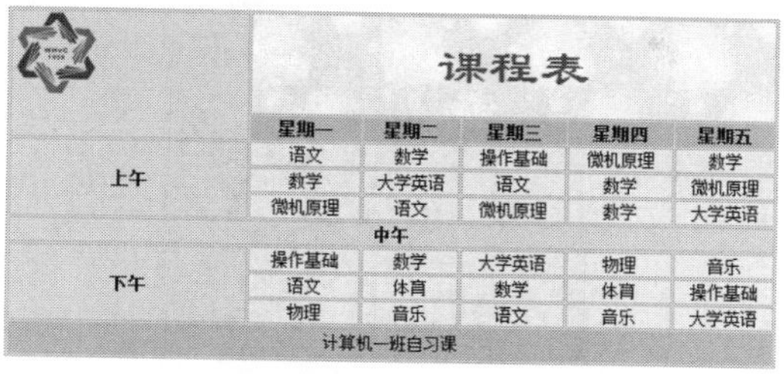

	星期一	星期二	星期三	星期四	星期五
			课程表		
上午	语文	数学	操作基础	微机原理	数学
	数学	大学英语	语文	数学	微机原理
	微机原理	语文	微机原理	数学	大学英语
			中午		
下午	操作基础	数学	大学英语	物理	音乐
	语文	体育	数学	体育	操作基础
	物理	音乐	语文	音乐	大学英语
			计算机一班自习课		

图 10-37　设置完成的课程表

10.4.4　框架使用

　　一个框架就是一个区域，可以在其中单独打开一个 HTML 文档；多个框架就把浏览器窗口分成不同的区域，每个区域显示不同的 HTML 文档，多个框架组成一个框架集。

　　如图 10-38 所示，这是一个左右结构的框架。事实上这样的一个结构是由 3 个网页文件组成的。外部的框架集是一个文件，图中用 index.htm 命名；左边的框架命名为 L，指向的是一个网页 A.htm；右边命名为 R，指向的是一个网页 B.htm。

1.　任务

使用框架制作电子教程网页

2.　任务分析

选择"插入"→"框架"→"左侧框架"命令，弹出"框架标签辅助功能属性"对话框，如图 10-39 所示。

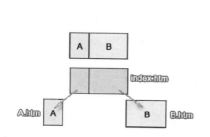

图 10-38　框架与文件的对应

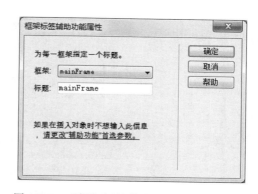

图 10-39　"框架标签辅助功能属性"对话框

　　单击"确定"按钮，创建一个左右结构的框架。单击框架的边框，选定整个框，选择"文件"→"保存框架页"命令，将文件命名为 index.html；单击框架的左边，再选择"文件"→"保存框架"命令，将左边框架保存成 A.html，同样，将框架右边保存成 B.html。这样一个左右结构的框架保存成了 3 个网页文件。

　　为了看清框架的结构，将框架左边设置成蓝色背景：单击框架左边，再单击"属性"面板中的"页面属性"按钮，将"外观（CSS）"中的背景颜色设置为蓝色，如图 10-40 所示。

　　单击"确定"按钮，在框架的左、右侧各输入一定的文字，完成后的预览效果如图 10-41所示。

图 10-40　设置框架左侧背景

图 10-41　左右框架效果预览

3. 操作步骤

① 创建框架：选择"文件"→"新建"菜单，在"新建文档"对话框中选择"示例中的页"选项，再选择"框架页"选项，再选择"上方固定，左侧嵌套"选项，如图 10-42 所示。

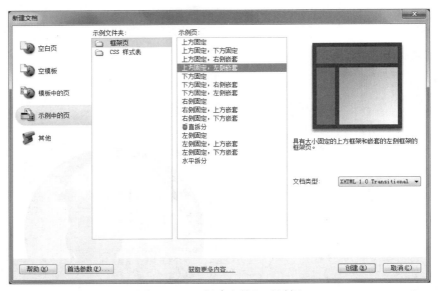
图 10-42　"新建文档"对话框

单击"创建"按钮，在弹出的"框架标签辅助功能属性"对话框中单击"确定"按钮。

② 框架顶部设置：在框架的顶部插入 logo.png 图片。单击框架顶部，选择"插入"→"图像"命令，弹出"选择图像源文件"对话框，如图 10-43 所示。找到 logo.png 文件，单击"确定"按钮。在图片的右侧输入文字"Dreamweaver 网页设计教程"，在文字的"属性"面板中设置字体大小，新建样式#ys01。为使图片和文字在单元格中垂直居中，先选择 logo 图片，然后在"属性"面板中选择"绝对居中"。

③ 制作框架左边的电子书目录：首先设置一下框架左边的宽度，选中框架的边框，在"属性"面板中选中框架的左边区域，在框架的列值中输入 200 像素。然后，插入一个 5 行 2 列的表格，表格宽度设为 90%，如图 10-44 所示，单击"确定"按钮。

图 10-43 "添加图像源文件"对话框

图 10-44 "表格"对话框

在表格的第一列插入特殊符号☆，在表格的第二列依次输入"第一课"至"第五课"的文字。选中表格，将表格间距设为 5，再选中第一列，颜色改为金黄色。

④ 在框架右侧输入文字"欢迎进入 Dreamweaver 课程，请选择章节。"框架的基本页设置完成。

⑤ 保存文件，将框架页保存为 Frameset.html，框架的上边保存为 top.html，框架的左边保存为 left.html，框架的右边保存为 right.html，一共 4 个文件，在"文件"面板中的显示如图 10-45 所示。

文件保存完成后，在 IE 10 中的预览，效果如图 10-46 所示。

图 10-45 框架保存成 4 个文件

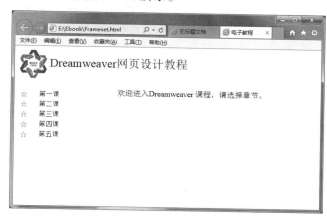

图 10-46 预览效果

⑥ 创建电子教程内容文件：目录中的 5 个标题对应 5 个内容文件。新建 HTML 页面，在页面中插入 1 行 1 列的表格，宽度设为 80%，用于控制文本的宽度。在表格中加入文字内容，在"属性"面板中设置字体大小为 12 像素。选定表格，在页面中居中对齐。将页面保存成名为 11.html 的文件。预览效果如图 10-47 所示。

用同样的方法再创建其余 4 个 HTML 文件。

⑦ 创建目录链接：选择目录中的文字"第一课"，在"属性"面板的链接选项中设置指

向文件 11.html，如图 10-48 所示。接下来要在链接的"属性"面板中指定目标为 mainFrame。选择"窗口"→"框架"命令，弹出"框架"面板，其中标明了框架各部分的名称，如图 10-49 所示。因为框架右侧的名称为 mainFrame，所以链接的目标指定为它。用同样的方法，指定其他课程的链接。

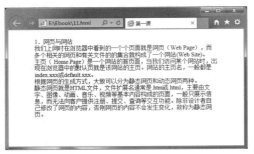

图 10-47　页面文件预览效果　　　　　　图 10-48　"选择 HTML 文件"对话框

设置完成后，在 IE 10 中预览，单击"第二课"超链接，显示第二课的内容，如图 10-50 所示。

图 10-49　"框架"面板

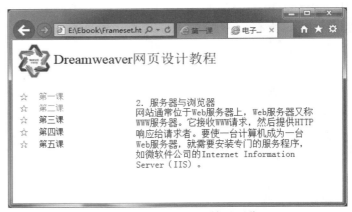

图 10-50　电子教程效果预览

10.5　多媒体元素

多媒体（Multimedia）是文本、图像、声音、动画、视频（Video）等媒体元素的统称，包括 Flash 多媒体元素、音频、视频等。

10.5.1　插入 SWF 动画

1. 任务

通过插入图片和动画，制作一个网页的 logo 和 banner。

2. 操作步骤

① 新建一个 HTML 文件，在其中插入一个 1 行 2 列的表，表格宽度为 720 像素。表格的第二列宽度设为 600 像素，高度设为 100 像素，单元格的背景颜色改为浅灰色，用于放置 Flash 动画。

② 在表格的左单元格插入 LOGO 标题，在表格右边的单元格中插入一个图片背景。在代码窗口的当前单元格<td>标签后输入 background="image/banner.jpg"，预览效果如图 10-51 所示。

图 10-51 不带动画的背景图片

③ 选择"插入"→"媒体"→"SWF"命令，系统提示保存文件，如图 10-52 所示。

④ 单击"确定"按钮，保存文件，系统提示选择 SWF 文件，如图 10-53 所示。找到 SWF 文件后，单击"确定"按钮，SWF 文件被插入到当前单元格。设置 Flash 的属性：宽 600，高 100，Wmode 设置为透明，如图 10-54 所示。

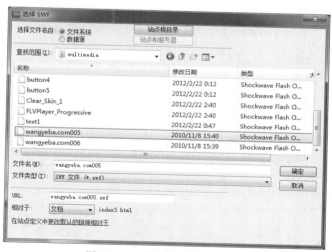

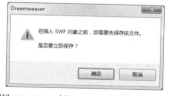

图 10-52 插入 SWF 前保存提示

图 10-53 "选择 SWF"对话框

图 10-54 Flash 文件的属性设置

设置完成后，在 IE 10 中预览，如图 10-55 所示。

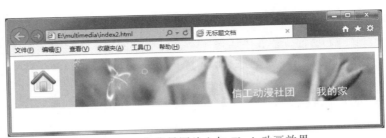

图 10-55　在背景图片上加 Flash 动画效果

10.5.2　插入 Flash 按钮

1. 任务

通过插入 Flash 按钮，制作网页的导航栏。

2. 任务分析

插入 Flash 按钮实际上是插入 Flash 动画，效果是按钮的效果，可以直接使用 Dreamweaver 本身自带的 Flash 按钮，也可以插入扩展名为.swf 的文件。插入 Flash 按钮的方法与插入 Flash 动画的方法类似。

3. 操作步骤

① 在 LOGO 下面插入一个 1 行 1 列的表格，宽度设为 720 像素，用于存放 Flash 按钮。选择"插入"→"媒体"→"Flash 按钮"命令，弹出图 10-56 所示的对话框。选择按钮的样式为 Slider，"按钮文本"为"首页"，字体为宋体，并链接到首页，"目标"是在新窗口中打开，设置 Flash 按钮另存为 button1.swf，单击"确定"设置，弹出"Flash 辅助功能属性"对话框，如图 10-57 所示，可以暂不输入内容，单击"确定"按钮。

图 10-56　"插入 Flash 按钮"对话框

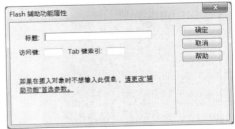

图 10-57　"Flash 辅助功能属性"对话框

② 创建完成后，在 Flash 按钮的"属性"面板中，将按钮的宽度设为 139，这样可以放下 5 个按钮。

用同样的方法再创建 4 个 Flash 按钮，分别设置不同的文本和保存文件名等。在 IE 10 浏览器中预览，效果如图 10-58 所示。

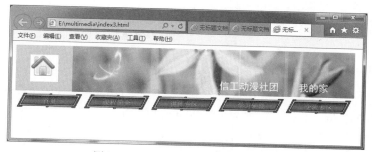

图 10-58 插入 Flash 按钮的效果

10.5.3 插入 FlashPaper

1. 任务

在网页中，通过 FlashPaper 展示文档内容。

2. 任务分析

FlashPaper 是由 Office 文档转换成的 Flash 文件。FlashPaper 的优点在于：可以直接插入 HTML 网页，在网上发布。因为 FlashPaper 本身是一个 Flash 动画（SWF 格式），可以直接用浏览器浏览。

3. 操作步骤

① 在导航栏下，插入 1 行 2 列的表格，表格的右单元格用于存放 FlashPaper。

② 选中单元格，选择"插入"→"媒体"→ FlashPaper 命令，弹出"插入 FlashPaper"对话框，如图 10-59 所示。

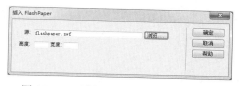

图 10-59 "插入 FlashPaper"对话框

③ 单击"浏览"按钮，选择 FlashPaper 文件，再单击"确定"按钮。

④ 单击插入的 FlashPaper，设置其宽度 480、高度为 400，在单元格中居中对齐，在浏览器中预览的效果如图 10-60 所示。

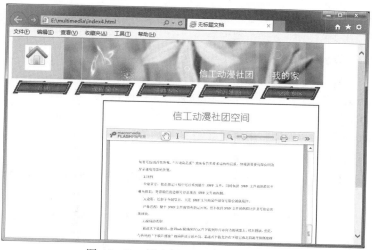

图 10-60 插入 FlashPaper 后的效果

10.5.4 图像播放器

1. 任务

使用图像播放器以幻灯片的方式展示图片。

2. 任务分析

图像播放器类似电子相册，保存为扩展名为.swf 的 Flash 文件。

3. 操作步骤

① 选择"插入"→"媒体"→"图像查看器"命令，弹出"保存 Flash 元素"对话框，如图 10-61 所示。

② 输入文件名，单击"保存"按钮。这时就插入了 Flash 元素。

③ 在"属性"面板中设置宽度为 180，高度为 135。

④ 在"Flash 元素"面板中设置参数，可为 Flash 相册指定图片，设置相册外观等，如图 10-62 所示。

选择"窗口"→"标签检查器"命令可以打开"Flash 元素"面板，其中一些常用参数的含义如下：

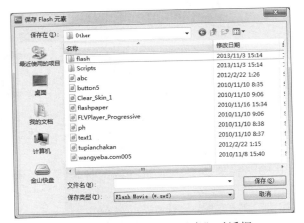

图 10-61 "保存 Flash 元素"对话框

图 10-62 "Flash 元素"面板

- imageURLs：设置要显示的图片。
- imageLinks：设置单击每张图片后访问的网址。
- showControls：定义是否显示 Flash 相册的播放控制按钮，在此设置为"否"。
- slideAutoPlay：定义 Flash 相册是否自动播放，在此设置为"是"。
- transitionsType：定义 Flash 相册过渡效果的类型，默认为随机效果 Random。
- slideDelay：图片播放的间隔时间，在此设置为 3。
- title、titleColor、titleFont、titleSize：添加自定义的相册标题、颜色、字体、大小等值。
- frameShow、frameThickness、frameColor：用于定义 Flash 相册是否有边框及边框宽度、颜色值。

设置完成后的效果如图 10-63 所示，3 幅图片按每 3 秒一幅的速度进行切换。

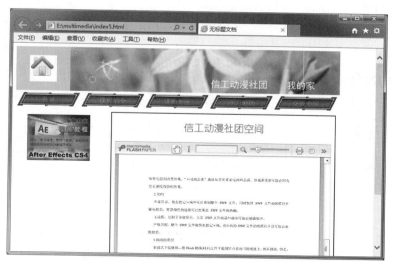

图 10-63　插入图像播放器

10.5.5　插入音频

1. 任务

在网页中插入音频，打开网页时能自动播放音乐。

2. 任务分析

常用的音频文件格式有 MP3 格式、RealAudio（.rm 或 .ram）格式、WMA 格式、MID 格式等。音频的插入方法有两种：

（1）直接插入 HTML 标记

单击拆分窗口，在代码窗口中的 \<body\> 标签后加入 \<bgsound src="Other/sound.mid" autostart=true loop="-1"/\>，表示指定背景音乐为音频文件 sound.mid，打开网页自动播放，loop 的值表示播放次数，-1 表示循环次数无限。网页打开时，声音也随之播放。

（2）插件嵌入到网页中

将声音直接集成到页面中，但访问者只有选择适当的插件后，声音才可以播放。这种方式可以在页面上控制播放器外观、声音的开始点和结束点、声音的音量等。

3. 操作步骤

① 在"设计"视图中，将插入点放置在要嵌入文件的地方，然后选择"插入"→"媒体"→"插件"命令。

② 在"属性"面板中单击"链接"文本框旁的文件夹图标以浏览选择音频文件。

③ 在"属性"面板中输入宽度和高度，调整插件占位符的大小。

保存后的预览效果如图 10-64 所示，窗口出现一个音频播放器的控制条，可以控制音频的播放、停止、播放速度等。

图 10-64　插入音频

10.5.6　插入 Flash 视频

1. 任务

通过插入 Flash 播放课程录像。

2. 任务分析

Flash 视频是一种体积小、下载快的视频格式文件，适合于网络播放。

3. 操作步骤

① 选择"插入"→"媒体"→"FLV"命令，弹出"插入 FLV"对话框，如图 10-65 所示。其中的"累进式下载视频"与传统的下载并播放视频传送方法不同，累进式下载允许在下载完成之前就开始播放视频文件。

② 浏览选择.flv 文件，选择播放器的外观，设置宽度和高度分别为 180 和 135，单击确定按钮，完成视频播放器的插入，如图 10-66 所示。

图 10-65　"插入 FLV"对话框

图 10-66　在网页中插入 Flash 视频

10.6 站点的发布

所谓发布网站，就是在自己的计算机上构建网站服务器，然后将网站发布到服务器上。远程发布网站，是在因特网上申请网站空间，然后将自己的网站发布到空间中。

Windows 下的 Web 服务器是 IIS（Internet Information Service，Internet 信息服务），在 IIS 下可以发布静态网站（HTML 格式的），也可以发布动态网站（ASP、ASP.NET 技术）。

10.6.1 本地发布网站

1. 任务

安装 IIS，并在本地使用 IIS 发布网站。

2. 操作步骤

（1）安装 IIS

① 在 Windows 7 系统下，选择"开始"→"控制面板"命令，打开"控制面板"窗口，单击"程序"图标，打开"程序"窗口，如图 10-67 所示。

图 10-67 "程序"窗口

② 单击"程序和功能"组中的"打开或关闭 Windows 功能"链接，弹出"Windows 功能"窗口，展开"Internet 信息服务"选项，将其中的复选框全部选中，如图 10-68 所示。

③ 单击"确定"按钮，开始安装 IIS，系统会弹出对话框显示安装进度，并提示"Windows 正在更改功能，请稍候。这可能需要几分钟"。

（2）启动 IIS 管理器

安装成功后，在"控制面板"的"系统和安全"组中单击"管理工具"链接，在"管理工具"窗口中找到"Internet 信息服务（IIS）管理器"快捷方式，双击，启

图 10-68 "Windows 功能"窗口

动 IIS，如图 10-69 所示。

图 10-69　发布网站

（3）指定网站文件路径

① 在本地磁盘上创建一个文件夹，并将自己的网站代码全部复制到文件夹中。

② 在"Internet 信息服务（IIS）管理器"窗口的左侧找到"Default Web Site"并单击，再单击窗口右侧"编辑网站"栏中的"基本设置"链接，弹出"编辑网站"对话框，如图 10-70 所示。将默认的"物理路径"通过右侧的浏览按钮，改为要发布的网站文件路径。

（4）设置默认文档

在"Internet 信息服务（IIS）管理器"窗口中部双击 IIS 栏下的"默认文档"图标，调整发布网站的默认文档名称，如图 10-71 所示。

图 10-70　"编辑网站"对话框

图 10-71　设置默认文档

（5）测试发布结果

在 IE 地址栏中输入 http://localhost（或 http://127.0.0.1/）并按【Enter】键，打开图 10-72 所示的网站。其他计算机要访问到本机发布的网站，输入 http://IP 地址即可。如果本机在因特网上有固定 IP 地址且申请了域名，那么通过因特网上的任何一台计算机在 IE 地址栏输入 http://域名，即可访问网站首页。

图 10-72 发布网站测试结果

10.6.2 在因特网上发布网站

1. 任务

在因特网上申请网站空间,并使用申请的空间在因特网上发布网页。

2. 任务分析

如果 Web 服务器没有因特网上能够访问的 IP 地址,那么本地发布的网站只在局域网上被访问到。这种情况下,可以到因特网上申请网站空间,将网站发布到因特网上的服务器上,网络上的用户都可以访问到。

3. 操作步骤

(1)申请网站空间

因特网中的网站空间有付费的,也有免费的。在中国万网等网站可以购买到付费的网站空间,在中国酷网空间(http://www.kudns.com)可以申请免费空间。注册完成后,要进行验证,网站会提供登录的 FTP 账号和网站的访问域名。注册成功后的信息如图 10-73 所示。

图 10-73 申请的免费空间的信息

（2）上传网站代码

根据空间提供的信息，上传文件的 FTP 地址为 ftp://222.76.213.153，上传账号和密码分别是 51682 和 1233。有了这些信息可以用多种方式将网站上传到服务器上。

① 参照本教材第 6 章，在 IE 地址栏中输入 FTP 地址，直接使用浏览器上传文件。

② 参照本教材第 6 章，使用 CuteFTP 工具软件，建立站点，上传文件。

③ 在 Dreamweaver 的站点管理中，直接设置上传服务器。在 Dreamweaver "文件" 面板中单击 "管理站点" 链接，在弹出的 "管理站点" 对话框中选择站点，单击 "编辑" 按钮，在弹出的对话框中单击 "服务器" 标签，如图 10-74 所示，单击添加服务器按钮，在弹出的界面中输入空间提供的相关信息，可以先单击 "测试" 按钮，系统提示 "Dreamweaver 已经成功连接到您的 Web 服务器"，单击 "保存" 按钮完成设置。

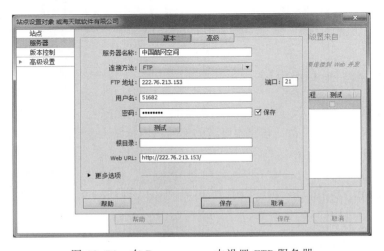

图 10-74　在 Dreamweaver 中设置 FTP 服务器

在 Dreamweaver 的 "文件" 面板中，当鼠标放到 按钮上，如图 10-75 所示，系统提示 "向 '中国酷网空间' 上传文件"，单击此按钮即可开始上传当前站点文件，如图 10-76 所示。这种方式使网站的开发人员可以方便地随时上传修改后的文件。

图 10-75　文件面板中的 "上传" 按钮

图 10-76　从 Dreamweaver 中向网上空间上传文件

（3）测试发布结果

上传网站代码完成后，就可以像访问正常的网站一样访问自己发布的网站了。访问的地址从申请时提供的信息获得，如申请的网站域名为 http://15682.421.com.cn，在浏览器的地址栏中输入该域名，按【Enter】键即可打开网站主页，如图 10-77 所示。

图 10-77　测试自己发布的网站

习　　题

1. 在 D 盘创建目录 Mysite，然后在 Mysite 下建立子目录 img。建立本地站点，名称为"我的站点"，设置 Mysite 为站点根目录，img 为图像目录。

2. 选择一个 SWF 类型的动画图片，制作出在网页中动画运动的效果。

3. 制作内容丰富的班级主页。

第10章　简单网页设计

第11章

→ 网络安全与病毒防范

接入 Internet，可以方便地查询信息、生活、学习。但在享受 Internet 带来无上便利的同时，网络上层出不穷的病毒和木马的入侵、攻击等，又会给我们造成无尽的伤害。在使用 Internet 时如何才能存菁去芜、最大限度地减少危害，有必要了解一些网络安全方面的知识，更重要的是学会如何保护自己免受病毒、木马、黑客等的侵袭，抵御各类网上不安全因素的诱惑，保证安全可靠地上网。

本章要点：

- 网络安全的基本概念及重要性
- 计算机病毒的概念、特征及防范措施
- 常用杀毒软件介绍
- 防火墙的概念、特点和使用方法
- 黑客入侵的方法、步骤及防范措施
- 安全防范实例

11.1 网络安全概述

11.1.1 网络安全基本概念

1. 网络安全的定义

网络安全是指网络系统的硬件、软件及其系统中的数据受到保护，不会因为偶然的或者恶意的原因而遭到破坏、更改和泄露，系统连续可靠正常地运行，网络服务不中断。

网络安全从其本质上来讲就是网络信息的安全。从广义上来讲，凡是涉及网络信息的保密性、完整性、可用性、真实性和可控性的相关技术和理论都是网络安全的研究领域。

从用户（个人、企业等）的角度来说，他们希望涉及个人隐私或商业利益的信息在网络上传输时受到机密性、完整性和真实性的保护，避免其他人利用窃听、冒充、篡改和抵赖等手段侵犯用户的利益和隐私，同时避免其他用户的非授权访问和破坏。

2. 网络安全的特征

① 保密性：信息不泄露给非授权用户、实体和过程并供其利用的特性。

② 完整性：数据未经授权不能进行改变的特性，即信息在存储或传输过程中保持不被修改、不被破坏和不被丢失的特性。

③ 可用性：可被授权实体访问并按需求使用的特性，即当需要时能够存取所需信息的特性。例如网络环境下拒绝服务、破坏网络和有关系统的正常运行等都属于对可用性的攻击。

④ 可控性：对信息的传播及内容具有控制能力。

11.1.2 网络安全重要性

网络安全所面临的威胁来自很多方面，这些威胁大致可分为自然威胁和人为威胁。自然威胁一般指来自自然灾害、恶劣环境、设备老化等不可抗力的威胁；人为威胁主要包括人为攻击、安全缺陷、软件漏洞、结构隐患等，非法侵犯者利用这些人为的隐患、漏洞等对网络安全产生了日益严重的威胁。病毒、木马、非法入侵等层出不穷，恶意网站、欺诈网站等泛滥成灾，对社会、个人造成了日益严重的破坏。下面以艾瑞咨询发布的《2012年个人网络安全年度报告》（以下简称《报告》）为例来看一下目前的网络安全威胁。

1. "恶意网站"成主要安全威胁

2012年国内每月新增木马病毒达6千多万，木马仍是个人网络安全的首要威胁之一。与此同时，"网络钓鱼"等恶意网站在全球范围内变得非常猖獗，数量急剧飙升。腾讯电脑管家在2012年单欺诈类URL一项就拦截44.8亿次，如图11-1所示。

在恶意网站整体构成中，欺诈类恶意网站仍是主流。2012全年，腾讯电脑管家共检测出钓鱼欺诈类网站125.6981万个，挂马类恶意网站17.2934万个，平均每日拦截挂马类恶意网站41万人次。

从犯罪动机上来看，网络安全犯罪正显示出更强的趋利性。在PC端，50%的主流木马是以获取经济利益为导向，如盗号、恶意广告推广；同样，在PC端拦截的75%恶意URL属于虚假网络购物网站。

2. 社交网络与色情站点成主要传播渠道

2012年日均有12.5%计算机遭遇恶意网站，即每8台计算机中约有一台中招。恶意网站主要通过微博等社交媒体平台、即时通信工具进行传播，在全年恶意网站传播中占比27.4%，其传播隐蔽性正在提升，而安全防御难度也随之增加。

与此同时，随着恶意虚假广告日益成为色情站长营收手段，色情站点及色情下载捆绑，仍是恶意网站及木马的主要传播渠道，传播占比22.7%。色情和盗版视频网站吸引了大量网民，下载观看这些视频往往被要求安装某款特定播放器，而其中已经被捆绑"色播"病毒，其对用户上网安全的危害主要体现在盗号、劫持浏览器、弹出广告、远程控制等不同方面。图11-2所示为恶意网站的不同传播途径。

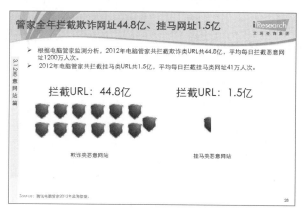

图 11-1　恶意网站数量

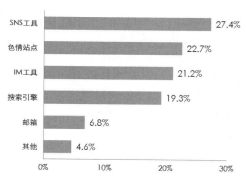

图 11-2　恶意网站传播渠道

第11章　网络安全与病毒防范

259

3. "安全支付"是网民首要担忧

据艾瑞《报告》数据，67%的网民认为网络支付是互联网核心安全问题，位列最受关注的网络安全话题首位。在 2012 年拦截的恶意 URL 上，网上虚假购物占据了所有拦截的 75%，主要包括虚假成人药品、虚假保健品、虚假二手车交易网、虚假金融网站，及各类电商仿冒网站等。

2012 年腾讯电脑管家 URL 云平台日处理鉴别各类网址达 16 亿条，日拦截钓鱼、欺诈等恶意网址已达 1 500 万条。2012 年互联网上新增与网购相关的钓鱼网站数量达到 39.27 万家，比去年同期增长 155%，支付交易类、金融证券类、媒体传播类成网络钓鱼主要传播渠道，占总量的 92.74%。其中，支付交易类钓鱼网占到了总量的 51.99%。涉及淘宝网、建设银行、中国银行、工商银行四家单位的钓鱼网站总量占全部统计量的 75.51%。

另外，更为高明的社会工程学攻击，显示出极大的破坏力。据不完全统计，2012 年中国互联网的社会工程学攻击，对于用户造成的损失金额超过百亿。其中在网络购物、网上找工作、网上交友聊天等个典型场景中是社会工程学攻击的重灾区。

网络钓鱼已经形成一个完整的产业链。从钓鱼网站源代码编写-销售-建立假银行、假QQ 网站，实施钓鱼欺诈骗钱，每个环节都有专职人员提供服务。钓鱼诈骗手段也更加隐蔽，集团化作案，安全防御技术难度提升，将对网民财产安全造成更大威胁。

综上所述，网络安全问题越来越严重，已经严重威胁到人们的切身利益，必须对各类安全威胁加以防范。

对于大型网站等的攻击，有专业网络安全人员进行对抗、防范；而对普通用户来说，更易受到外来病毒、木马入侵、恶意网站等的威胁和袭扰，如何进行防范和增加一些必备的安全知识已经成为刻不容缓的事情。

11.2 计算机病毒

11.2.1 计算机病毒特点

病毒对于每个使用过计算机的用户都不陌生，人们在使用计算机时，经常会遇到一些比较奇怪的现象：莫名其妙地死机或频繁重启、系统运行突然变慢等。这些现象都有可能是病毒入侵造成的。

计算机病毒不是天然产生的，它是某些人利用计算机软硬件所固有的脆弱性而编写出的具有特殊功能的程序代码。

从广义上讲，凡是能够引起计算机故障、破坏计算机数据的程序统称为计算机病毒。因此，诸如逻辑炸弹、蠕虫等均可称为计算机病毒。1994 年 2 月 18 日，我国正式颁布实施的《中华人民共和国计算机信息系统安全保护条例》第二十八条中明确指出："计算机病毒，是指编制或者在计算机程序中插入破坏计算机功能或者毁坏数据，影响计算机使用，并能自我复制的一组计算机指令或者程序代码。"

计算机病毒有以下特点：

1. 寄生性

病毒程序的存在不是独立的，它总是悄悄地附着在磁盘系统区或文件中。寄生于文件中的病毒是文件型病毒。其中病毒程序在原来文件之前或之后的，称为文件外壳型病毒，如以色列病毒（黑色星期五）等。另一种文件型病毒为嵌入型，其病毒程序嵌入到原来文件中，在微型计算机病毒中尚未见到。病毒程序侵入磁盘系统区的称为系统型病毒，其中较常见的占据引导区的病毒，称为引导区病毒，如大麻病毒、2708 病毒等。此外，还有一些既寄生于文件中又侵占系统区的病毒，如"幽灵"病毒、Flip 病毒等，属于混合型病毒。

2. 隐蔽性

病毒程序在一定条件下隐蔽地进入系统。当使用带有系统病毒的磁盘来引导系统时，病毒程序先进入内存并放在常驻区，然后才引导系统，这时系统即带有该病毒。当运行带有病毒的程序文件（COM 文件或 EXE 文件，有时包括覆盖文件）时，先执行病毒程序，然后才执行程序。有的病毒是将自身程序常驻内存，使系统成为病毒环境，有的病毒则不常驻内存，只在执行时进行传染或破坏，执行完毕之后病毒不再留在系统中。

3. 非法性

病毒程序执行的是非授权（非法）操作。当用户引导系统时，正常的操作只是引导系统，病毒趁机而入并不在人们的预定目标之内。

4. 传染性

传染性是计算机病毒最重要的特征，是判断一段程序代码是否为计算机病毒的依据。病毒程序一旦侵入计算机系统就开始搜索可以传染的程序或者磁盘介质，然后通过自我复制迅速传播。由于目前计算机网络日益发达，计算机病毒可以在极短的时间内，通过 Internet 传遍世界。

5. 破坏性

无论何种病毒程序，一旦侵入系统都会对操作系统的运行造成不同程度的影响。即使是不直接产生破坏作用的病毒程序也要占用系统资源（如占用内存空间、占用磁盘存储空间以及系统运行时间等）。而绝大多数病毒程序都要显示一些文字或图像，影响系统的正常运行；还有一些病毒程序可以删除文件、加密磁盘中的数据，甚至摧毁整个系统和数据，使之无法恢复，造成无可挽回的损失。因此，病毒程序轻者降低系统工作效率，重者导致系统崩溃、数据丢失。

6. 潜伏性

计算机病毒具有寄生于其他媒体的能力，称这种媒体为计算机病毒的宿主。依靠病毒的寄生能力，病毒传染合法的程序和系统后，不立即发作，而是悄悄隐藏起来，然后在用户不察觉的情况下进行传染。病毒的潜伏性越好，它在系统中存在的时间就越长，病毒传染的范围越广，其危害性也越大。

7. 可触发性

计算机病毒一般都有一个或者几个触发条件。满足其触发条件或者激活病毒的传染机制，使之进行传染；或者激活病毒的表现部分或破坏部分。触发的实质是一种条件的控制，病毒程序可以依据设计者的要求，在一定条件下实施攻击。这个条件可以是输入特定字符、使用特定文件、某个特定日期或特定时刻，或者是病毒内置的计数器达到一定次数等。

第 11 章 网络安全与病毒防范

11.2.2　计算机病毒种类

计算机病毒早已出现，现在主要通过网络传播，危害性很大。目前，通过网络、电子邮件等传播的病毒层出不穷、变种很多，导致大量用户的主机频繁关机、系统资源消耗殆尽、资料被删等，从而影响人们的正常工作。

目前，计算机病毒可以分为以下几大类：

① 按传染方式可分为引导型病毒、文件型病毒和混合型病毒。

② 按连接方式可分为源码型病毒、入侵型病毒、操作系统病毒和外壳型病毒。

③ 按破坏性可分为良性病毒和恶性病毒。

④ 网络病毒是基于网络间运行和传播、影响和破坏网络系统的病毒，如脚本病毒、蠕虫病毒、木马病毒等。

11.2.3　计算机病毒传播

计算机病毒具有自我复制和传播的特点，因此，要彻底解决因病毒引起的网络安全问题，必须研究病毒的传播途径，严防病毒的传播。分析计算机病毒的传播原理可知，只要是能够进行数据交换的存储介质都有可能成为计算机病毒的传播途径。就当前的病毒特点分析，传播途径主要有两种：一种是通过硬件设备传播，一种是通过网络传播。具体传播途径如下：

① 通过不可移动的计算机硬件设备进行传播，这些设备通常有计算机专用 ASIC 芯片和硬盘等。这些病毒虽然极少，但破坏力极强。

② 通过移动存储介质来传播，这些设备包括软盘、光盘、闪存盘等。在移动存储设备中，目前闪存盘使用率很高，因此它们成了计算机病毒寄生的"温床"，很多计算机都是从这类途径感染病毒的，尤其是出现在不具备网络环境但需要频繁交换数据的场所。

③ 通过计算机网络进行传播。现代信息技术的巨大进步已使空间距离不再遥远，"相隔天涯，如在咫尺"，也为计算机病毒的传播提供了新的"高速公路"。计算机病毒可以附着在正常文件中通过网络传播，也可利用系统漏洞进行大量的孳生、繁衍、传播，令人防不胜防。因此，国内计算机感染"进口"病毒已很常见。在信息国际化的同时，病毒也在国际化。这种方式的病毒已成为第一大类传播途径，并且有愈演愈烈之势。

④ 通过点对点通信系统和无线通道传播。目前，这种传播途径还不是十分广泛。但随着 IPv6 的逐步实施、无线移动网络的大量使用，这种传播途径很可能与计算机网络传播途径成为病毒扩散的两大最主要的渠道。

11.2.4　计算机病毒检测、防范和清除

2000 年以后，Internet 已经在整个世界范围内快速发展，在国内也已经开始逐步大众化。计算机病毒开始朝着综合型、多样型、智能型、网络型的方向发展，数量越来越多，功能越来越复杂。反病毒技术也在经历了特征码比较、防病毒卡等落后技术后，出现启发式查毒、实时监控等新技术。

下面对目前几种重要类型的病毒进行分析，以达到对计算机病毒进行检测、防范和清除的目的。

1. 文件型病毒

文件型病毒是感染 EXE、COM 等类型的可执行文件。文件型病毒有一个共同的重要特征，就是被感染的对象首先要可以执行，否则它们就失去了继续感染的机会。文件型病毒在感染时，会导致正常程序不能运行或非正常运行。这一类病毒的清除比较困难（甚至很困难），被破坏的程序很难恢复（甚至完全不能恢复），所以危害巨大，一直以来都是反病毒产品打击的主要对象。

对付文件型病毒和对付其他病毒的思路一样，应该以预防为主。更重要的是在专业知识不是太强的前提下，应充分考虑利用杀毒软件来防杀病毒。

2. 脚本病毒

脚本病毒是现在网络上广泛流行的一种病毒，脚本病毒编写简单、变种多，破坏性大、感染力强，欺骗性强、不易彻底清除。这一类病毒的破坏行为一般表现在制造系统垃圾、阻塞网络、破坏可执行文件等方面。

脚本病毒的传播主要通过 HTML、ASP、JSP、PHP 等网页文件传播或通过局域网共享传播。如果切断了这些传播途径，就可以对该类病毒起到很好的防范作用。

（1）防止网页中的病毒

网上浏览网页也会中毒。脚本病毒"很好"地利用了网络的这个有效资源来传播自己。其实通过对浏览器进行一些基本的设置，就可以不下载可能带有此类病毒的网页。在浏览器中禁用 Active 控件及插件，并把自定义安全级别设置为"高"，就能使网页中包含的脚本病毒不能被执行。具体方法是：打开 IE 浏览器，选择"工具"→"Internet 选项"命令，在弹出的对话框中打开"安全"选项卡，单击"自定义级别"按钮，在弹出的对话框中进行设置，如图 11-3 所示，最后单击"确定"按钮即可。这样做还可以预防大部分的恶意网页的攻击。

图 11-3 "安全设置-Internet 区域"对话框

（2）防止局域网感染

很多用户在清除病毒后又很快被感染，其原因是局域网内可写入的共享没有关闭，病毒通过自动入侵很快又卷土重来。除非在必要的情况下，否则打开可写的共享是一件非常危险的事情。脚本病毒在局域网内的传播速度非常快，只要感染了一台计算机，其他任何计算机上只要打开了可写入的共享，就会以最快的速度对其进行感染。

对付脚本病毒局域网传播的最简单的方法就是使用病毒防火墙；或者修改所有驱动器或文件夹的共享属性为"只读"。

3. 蠕虫病毒

蠕虫病毒是现今网络上的主流病毒之一，它们以网络为传播途径，以个体计算机为感染目标，以系统漏洞、共享文件夹为入口，在网络上疯狂肆虐。蠕虫通过扫描系统漏洞→主动入侵系统→复制自身到系统这样的模式来进行传播，如同一条虫子一样穿梭于网络上的计算机中，所以这种病毒称为"蠕虫"。

蠕虫病毒危害巨大、破坏性强，传输模式特殊、传播速度快，主动入侵，感染能力强，传播途径广，难以彻底防范。当用户发现系统运行速度严重变慢、上网速度严重变慢、网络防火墙不断报警等情况，就应当怀疑是否中了蠕虫病毒。

（1）防范蠕虫病毒的侵袭的方法

① 堵住系统漏洞，预防蠕虫病毒。通过系统漏洞主动入侵，是蠕虫传播的重要途径，而用户是否做过一些系统安全方面的设置，在很大程度上决定计算机是否会受到蠕虫病毒的入侵，这也是用户安全意识的一种直观体现。首先要及时查找系统漏洞并打上补丁。其次给Windows 系统的账户设置"不可破解"的密码，关闭不必要的账户（如 Guest 等）。禁止共享和 IPCS连接。进行 IE 安全设置，禁用 ActiveX 控件和 Java 脚本等。

② 利用病毒防火墙和网络防火墙预防蠕虫病毒。安装一款最新版的病毒防火墙和网络防火墙系统，并随时注意查看网上提示的病毒包的升级情况，即时进行病毒特征库的升级；同时，合理地对病毒防火墙和网络防火墙进行配置，可以有效地防范蠕虫病毒的进攻。

（2）感染蠕虫病毒后的处理措施

蠕虫病毒对文件、数据的破坏程度很小（几乎不破坏），它们只是达到传播自身、收集信息、预留后门的目的。因此，在感染了蠕虫病毒后，首先要切断传播途径，防止其传播，然后再清除病毒，杜绝再次感染。

4. 木马病毒

木马（Trojan）这个名字来源于古希腊传说，即代指特洛伊木马。木马程序是目前个人网络安全威胁最大的病毒文件，与一般的病毒不同，它不会自我繁殖，也并不"刻意"地去感染其他文件，而是通过伪装自身吸引用户下载执行，向施种木马者提供打开被种者计算机的门户，使施种者可以任意毁坏、窃取被种者的文件，甚至远程操控被种者的计算机。

（1）木马的种类

主要有网络游戏木马、网银木马、即时通信软件木马、网页单击类木马、下载类木马、代理类木马等。上网时，稍不留神就有可能被植入木马，产生巨大的危害。

（2）木马的主要危害

① 盗取网游等账号，威胁人们虚拟财产的安全：木马病毒会盗取人们的网游账号，在盗取账号后，立即将账号中的游戏装备、转移，再由木马病毒使用者出售这些盗取的游戏装备和游戏币而获利。

② 盗取网银信息，威胁人们的真实财产的安全：木马采用键盘记录等方式盗取网银账号和密码，并发送给黑客，直接导致人们的经济损失。

③ 利用即时通信软件盗取人们的身份，传播木马病毒：中了此类木马病毒后，可能导致人们的经济损失。在中了木马后计算机会下载病毒作者指定的任意程序，具有不确定的危害性。

④ 给计算机打开后门，使计算机可能被黑客控制，如灰鸽子木马等。当中了此类木马后，计算机就可能沦为"肉鸡"，成为黑客手中的工具。

（3）防范木马病毒的方法

① 将 IE 的 Internet 选项设置恢复默认为设置。

② 不要安装和下载一些来历不明的软件，特别是一些所谓的外挂程序。

③ 不要随便打开来历不明信件的附件。

④ 不要随便相信网上所谓的中奖信息。

⑤ 使用网银等时要确定不被"钓鱼网站"所欺骗。

⑥ 安装最新杀毒软件，并定时升级病毒库，经常进行木马查杀。

⑦ 小心网吧的计算机上安装有记录键盘操作的软件，或被安装了木马。使用网吧计算机时，需先打开任务管理器，看看是否有来历不明的程序正在运行，如果有，则立即将该程序结束任务。

⑧ 网吧上网的用户，最好先扫描一下机器看是否有木马程序。

11.2.5　认识计算机病毒误区

大多数用户在对付计算机病毒的过程中，因为不正确的方法、不恰当的步骤而导致出现了一些令人迷惑的表面现象，使这些用户对计算机病毒有了一些不正确的认识。

① 有杀不死的病毒：这是很多用户在被某个病毒折磨了很长时间仍没有清除该病毒后得出的结论。严格来说，任何病毒都是可以被消灭的。从本质上讲，计算机病毒和其他正常程序一样，也是一些由 0 和 1 组成的代码。正常程序可被复制、修改、删除等，计算机病毒当然也可以，所以没有杀不了的病毒，只有不正确的杀毒方法。举一个简单的例子，"新欢乐时光"病毒曾经使无数人的计算机多出了 Desktop.ini 和 Folder.htt 两个文件，但很多人在杀毒时，只是删除了这两个多出来的文件，并没有把病毒的启动项内容清除掉。这样每次系统启动时病毒都会重新加载自己，重新感染破坏。导致好像怎么也清除不了这个病毒的假象。

② 杀毒软件不会被病毒感染：在病毒泛滥的今天，杀毒软件已经成为必备软件。但杀毒软件的发展目前仍然落后于病毒的发展，一些病毒也专门针对杀毒软件下手。大家也许在网络上见过一个"黑名单"，把已经出现的稍微有点名气的各种杀毒软件的主程序名字都写了进去，病毒一旦检测到当前进程中有这些程序，就立刻杀掉这个进程，从而中止杀毒软件的工作。所以不能过分依赖于杀毒软件，只有始终时刻防范，运用多种手段才能保证系统的正常工作。

③ 安装了杀毒软件就万事大吉了：现在很多用户认为，自己的计算机装上了杀毒软件，且打开了病毒防火墙，就不会感染病毒了。事实上，目前阶段，杀毒软件还不能完全智能地分析判断哪个程序是正常程序，哪个是病毒程序，它们只能根据自己所存储的病毒信息来进行判断，而这些病毒信息正是来源于已知的病毒。反病毒公司通过对已知病毒的分析，得出其基本信息放入病毒库中，用户通过下载升级包、在线升级等途径来更新自己的病毒库，以达到保持杀毒软件可以对付新病毒的功效。所以即使安装了正版的杀毒软件，也必须经常升级其病毒库，否则杀毒软件就会形同虚设。

11.2.6　常用杀毒软件简介

自从出现了病毒、木马，各种各样的防杀病毒木马类软件也就应运而生了。目前计算机用户中广泛使用的杀毒软件中，国产杀毒软件有瑞星杀毒软件、金山毒霸、360 安全卫士等；国外的以卡巴斯基、ESET NOD32、赛门铁克诺顿、趋势科技、McAfee、微软 MSE 等杀毒软件为代表。这些产品中，目前瑞星、金山毒霸、360、卡巴斯基、诺顿使用者居多。从根本上

第11章 网络安全与病毒防范

说，选择哪一款杀毒软件并不是最重要的，因为应用在杀毒软件上的各种技术，基本上都是互相效仿或借鉴的（当然不可否认某些杀毒软件确实具有一些其他品牌不具有的新技术），只不过在外观、操作方式等方面各具特色。目前，大部分国产杀毒软件都提供免费版本，杀毒效率、安全防范都不错，可交叉使用。

1. 360 杀毒软件

360 杀毒是永久免费、性能超强的杀毒软件。360 杀毒采用领先的五引擎：国际领先的常规反病毒引擎+修复引擎+360 云引擎+360QVM 人工智能引擎+小红伞本地内核，强力杀毒，使计算机拥有完善的病毒防护体系。360 杀毒轻巧快速，查杀能力超强，独有可信程序数据库，防止误杀，误杀率远远低于其他杀毒软件，依托 360 安全中心的可信程序数据库，实时校验，为计算机提供全面保护，能彻底剿灭各种借助闪存盘传播的病毒，第一时间阻止病毒从闪存盘运行，切断病毒传播链。360 杀毒采用领先的病毒查杀引擎及云安全技术，不但能查杀数百万种已知病毒，还能有效防御最新病毒的入侵。360 杀毒病毒库每小时升级，可保障计算机及时拥有最新的病毒清除能力。360 杀毒和 360 安全卫士配合使用，是安全上网的"黄金组合"。

其主页为：http://www.360.cn。

2. 金山毒霸

金山公司推出的计算机安全产品，监控、杀毒全面、可靠，占用系统资源较少。其软件的组合版功能强大，集杀毒、监控、防木马、防漏洞为一体，是一款具有市场竞争力的杀毒软件。金山毒霸是世界首款应用"可信云查杀"的杀毒软件，颠覆了金山毒霸 20 年传统技术，采用本地正常文件白名单快速匹配技术，配合金山可信云端体系，实现了安全性、检出率与速度的统一。

金山毒霸安装包占用空间小，内存占用率低，配合中国因特网最大云安全体系，可实现高效、快速地杀毒。

其主页为：http://www.iduba.net。

3. 瑞星杀毒软件

瑞星杀毒软件监控能力十分强大。瑞星采用第八代杀毒引擎，能够快速、彻底查杀大小各种病毒，网页监控更是疏而不漏，这是云安全的结果。

瑞星拥有后台查杀（在不影响用户工作的情况下进行病毒的处理）、断点续杀（智能记录上次查杀完成文件，针对未查杀的文件进行查杀）、异步杀毒处理（在用户选择病毒处理的过程中，不中断查杀进度，提高查杀效率）、空闲时段查杀（利用用户系统空闲时间进行病毒扫描）、嵌入式查杀（可以保护 MSN 等即时通信软件，并在 MSN 传输文件时进行传输文件的扫描）、开机查杀（在系统启动初期进行文件扫描，以处理随系统启动的病毒）等功能；并有木马入侵拦截和木马行为防御，基于病毒行为的防护，可以阻止未知病毒的破坏。还可以对计算机进行体检，帮助用户发现安全隐患。有工作模式的选择，家庭模式为用户自动处理安全问题，专业模式下用户拥有对安全事件的处理权。其缺点是卸载后注册表残留一些信息。

其主页为：http://www.rising.com.cn/。

4. Kaspersky（卡巴斯基）

卡巴斯基反病毒软件是一套优秀的安全解决方案，可以保护计算机免受病毒、蠕虫、木马和其他恶意程序的危害，它将系统监控、主动防御和云保护相结合，可有效检测应用程序和系统活动中的恶意软件行为模式，确保在未知威胁产生实际破坏之前，进行阻止。

其主页为：http://www.kaspersky.com.cn/。

5. Norton AntiVirus（诺顿）

NortonAntiVirus 是一套强而有力的防毒软件，它可帮用户侦测上万种已知和未知的病毒，并且每当开机时，自动防护便会常驻在 SystemTray，从磁盘、闪存盘、网络上、E-mail 中打开文件时便会自动侦测文件的安全性，若文件内含病毒，便会立即警告，并做适当的处理。它还附有 LiveUpdate 的功能，可自动连上 Symantec 的 FTPServer 下载最新的病毒码，下载完后自动完成安装更新的动作。

其主页为：http://www.symantec.com/nav。

6. ESET NOD32 防病毒软件

NOD32 防病毒软件系统，能够针对各种已知或未知病毒、间谍软件（spyware）、rootkits和其他恶意软件为计算机系统提供实时保护。ESET NOD32 占用系统资源最少，侦测速度最快，可以提供最有效的保护。

其主页为：http://www.eset.com.cn。

11.3 防　火　墙

安装防火墙是防止网上攻击的重要手段，防火墙是在计算机上设立的一个内部网络与公共网络进行访问的一道屏障。充当防火墙的计算机既可以直接访问被保护的网络，也可以直接访问 Internet。而被保护的网络不能直接访问 Internet，同时 Internet 也不能直接访问被保护的网络。个人计算机与外部环境之间为了进行相应的保护，也采用了防火墙，称为个人防火墙。

11.3.1 防火墙基本类型及基本功能

1. 防火墙基本类型

实现防火墙的技术包括四大类：网络级防火墙（又称包过滤防火墙）、应用级防火墙、电路级防火墙和规则检查防火墙。它们各有所长，具体使用哪一种或是否混合使用，要看具体需要。

① 网络级防火墙：一般是基于源地址和目的地址、应用或协议以及每个 IP 包的端口来做出通过与否的判断。路由器便是一个"传统"的网络级防火墙，大多数的路由器都能通过检查这些信息来决定是否将所收到的包转发，但它不能判断一个包来自何方，去向何处。

② 应用级网关（防火墙）：能够检查进出的数据包，通过网关复制传递数据，防止在受信任服务器和客户端与不受信任的主机间直接建立联系。应用级网关能够理解应用层上的协议，能够进行复杂一些的访问控制，并进行精细的注册和校验。但每一种协议需要相应的代理软件，使用时工作量大，效率不如网络级防火墙。

③ 电路级网关（防火墙）：用来监控受信任的客户端或服务器与不受信任的主机间 TCP握手信息，决定该会话是否合法。电路级网关是在 OSI 模型的会话层上过滤数据包，这比包

过滤防火墙要高两层。

④ 规则检查防火墙：结合了包过滤防火墙、电路级网关和应用级网关的特点。与包过滤防火墙一样，规则检查防火墙能够在 OSI 模型的网络层上通过 IP 地址和端口，过滤进出的数据包。也像电路级网关一样，能够检查 SYN 与 ACK 标记和序列号是否有逻辑顺序。也像应用级网关一样，可以在 OSI 应用层上检查数据包的内容，查看这些内容是否符合公司网络的安全规则。

2. 防火墙的功能

① 过滤掉不安全服务和非法用户。

② 控制对特殊站点的访问。

③ 提供监控 Internet 安全和预警的方便端点。

但防火墙不能防范不通过防火墙的攻击；不能防止感染了病毒的软件或文件的传输，只能在每台主机上安装反病毒软件；不能防止数据驱动式攻击，当有些表面看来无害的数据被邮寄或复制到 Internet 主机上并被执行而发起攻击时，才会发生数据驱动攻击。

11.3.2　Windows7 防火墙简介

安装防火墙可以在很大程度上保障网络安全，大部分杀毒软件都带有防火墙功能，可以在计算机上安装使用。目前，Windows 7 自带的防火墙功能不再像 XP 那样防护功能简单、配置单一，所以无论是安装哪个第三方防火墙，Windows 7 自带的系统防火墙都不应该关闭，反而应该学着使用和熟悉它，对系统信息保护将会大有裨益。下面简单介绍 Windows 7 防火墙的配置最基本的防护功能及常规设置方法。

1. 打开和关闭 Windows 防火墙

① 在 Windows 7 桌面上，依次打开"计算机"→"控制面板"→"系统和安全"→"Windows 防火墙"，如图 11-4 所示。或者在"网络和共享中心"窗口中，单击左下角"Windows 防火墙"，也可打开 Windows 防火墙设置界面。

② 单击窗口左侧"打开或关闭 Windows 防火墙"链接，进入图 11-5 自定义设置界面，即可通过选择相关开启或关闭选项确定后，自由选择打开或关闭防火墙。

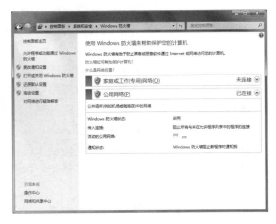

图 11-4　Windows 防火墙设置窗口　　　　　图 11-5　开启关闭防火墙设置

2．如何确定使用防火墙安全级别

需要根据计算机所使用的位置来确定自己安全级别。

在图 11-4 中，网络位置有两种：家庭或工作（专用）网络和公用网络。

每个计算机用户对于系统安全的需求是完全不同的，有的计算机用户由于经常带着自己的笔记本式计算机外出通过 Wi-Fi、3G 等公共网络上网工作或娱乐，以对于系统的安全保护当属严格级别，不能让任何入侵者悄然进入自己的系统中来。而如果是从来都不使用公共网络，计算机只是在家中或是办公室使用，防火墙就没有必要设置那么高的防御级别，有时候反而会给自己的使用带来不便，防御级别可以设置的比较低。

在图 11-5 中，用户可以分别对局域网（或家庭网络）和公共网络采用不同的安全规则，两个网络中用户都有"启用"和"关闭"两个选择，也就是启用或者是禁用 Windows 防火墙。当启用了防火墙后，还有两个复选框可以选择，其中"阻止所有传入连接"在某些情况下是非常实用的，当用户进入到一个不太安全的网络环境时，可以暂时选中这个复选框，禁止一切外部连接，即使是 Windows 防火墙设为"例外"的服务也会被阻止，这就为处在较低安全性的环境中的计算机提供了较高级别的保护。

3．Windows 防火墙高级设置简介

（1）网络连接方式设置

Windows 7 针对每一个程序为用户提供了 3 种实用的网络连接方式，单击图 11-4 左侧的"高级设置"链接，在图 11-6 所示"高级安全 Windows 防火墙"窗口中，有 3 种规则，分别是入站规则、出站规则和连接安全规则。可以在其中对每一个程序的访问规则进行灵活设置，确保主机的安全。

3 种规则设置基本相似，下面简要举例介绍。

在图 11-6 中选择"入站规则"选项，任选图 11-7 所示入站程序中的一个进行规则设置，以选择"360 安全卫士实时保护"程序为例，右击"360 安全卫士实时保护"选项，选择"属性"命令，打开图 11-8 所示对话框，"常规"选项卡的"操作"选项区域中包含"允许连接""只允许安全连接"和"阻止连接"3 个选项。

图 11-6　高级安全 Windows 防火墙

图 11-7　入站规则设置 1

① 允许连接：程序或端口在任何的情况下都可以被连接到网络。

② 只允许安全连接：程序或端口只有 IPSec 保护的情况下才允许连接到网络。

③ 阻止连接：阻止此程序或端口的任何状态下连接到网络。

当要阻止某个程序禁止连接网络时，只要选择"阻止连接"选项即可。

第 11 章　网络安全与病毒防范

（2）防火墙个性化的设置

防火墙个性化的设置可以帮助用户单独允许某个程序通过防火墙进行网络通信，单击 Windows 防火墙主窗口左侧的"允许程序或功能通过 Windows 防火墙"链接，进入图 11-9 所示设置窗口中，除了 Windows 本身已提供的基础服务之外，如果还想让某一款应用软件能顺利通过 Windows 防火墙，可单击程序来进行添加。程序列表中的程序可以手动添加为允许，列表中没有的程序可以选择"浏览"手动选择该程序。

图 11-8　入站规则设置 2

图 11-9　防火墙个性化的设置

11.4　计算机黑客

"黑客"是一个让众多网络用户闻声色变的名词，又是让某些人想入非非的名词。很多人感觉黑客很神秘、本领很高超，在网络世界上来无影、去无踪，有的破坏网络、非法窃取信息，有的探察系统漏洞、警示世人注意。作为普通网络用户，也应该对计算机黑客有一个正确的认识，不要盲目崇拜，同时要加强自身的网络安全意识，防止黑客非法入侵。

11.4.1　黑客与入侵者

黑客是英文 hacker 的音译，原指具有硬件和软件的高级知识、水平高超的人。他们能使更多的网络趋于完善和安全，以保护网络为目的，通过不正当侵入为手段找出网络漏洞。也就是说"黑客"本身是一个褒义的名词。但通常大多数上网用户所认为的"黑客"却是另外一类人：利用网络漏洞破坏网络的人。他们往往做一些重复的工作（如用暴力法破解口令），他也具备广泛的计算机知识，但是他们以破坏为目的。这些群体被称为"骇客"（cracker），即通常是被人们深恶痛绝的"入侵者"。

黑客与入侵者（骇客）的不同表现在：黑客们建设，而入侵者破坏。入侵者利用非法手段或利用别人的方法和工具，破解商业软件、入侵网络站点、修改主页、非法进入计算机系统、盗窃他人的账号和密码、破坏重要数据，对网络安全构成很大的威胁。

通常，普通用户不必真正地去区分黑客与骇客。编者认为，凡是具有一定的软硬件方面的知识，对计算机和网络系统的安全构成威胁的人，都是黑客。

11.4.2 黑客攻击手段与方法

1. 攻击的步骤

① 搜集情报：收集情报的目的是得到所要攻击目标系统的相关信息，为下一步行动做准备。黑客可以利用公开的协议或工具，搜集目标网络系统的各个主机系统的相关信息。

② 系统安全漏洞检测：在搜集了攻击目标的有关情报后，黑客会进一步查找该系统的安全漏洞或安全弱点，利用自编工具或公开的程序自动扫描目标系统，检测可能存在的安全漏洞。

③ 实施攻击：当黑客利用上述方法收集或探测到一些"有用"的信息之后，就可以对目标系统实施攻击。如果黑客在被攻破的系统上获得了超级用户的权限，就可以读取邮件、搜索、盗窃私人文件，毁坏重要数据及破坏整个系统的信息等，造成极其严重的后果。攻击完毕，还可以在被攻破的系统上建立后门，以便先前的攻击被发现后，还可以继续访问这个系统。

④ 消灭证据：一般黑客入侵时，会在入侵现场留下"足迹"（例如被入侵系统的日志文件等保留相关日志信息等）。为了消灭这些证据，使被入侵者发现不了黑客的入侵，一般黑客在成功入侵后会想方设法清除相关的"足迹"。

2. 攻击的手段与方法

（1）获取口令

可以通过网络监听非法得到用户口令。这类方法有一定的局限性，但其危害性极大。

（2）通过网站下载攻击

一般，特洛伊木马程序常被伪装成工具程序或游戏等，在一些小网站提供下载。用户一旦下载了这些程序，特洛伊木马就会植入用户的计算机，并在计算机系统中隐藏一个可以在Windows启动时自动加载的程序。黑客利用这个特洛伊木马程序可以达到非法控制计算机的目的。

（3）电子邮件攻击

利用电子邮件，黑客可以发送大量的垃圾邮件，达到轰炸受害人邮箱的目的；也可能在电子邮件附件中隐藏病毒和木马程序，诱使受害人打开附件植入木马。

（4）寻找系统漏洞

我们所使用的操作系统或应用软件等存在大量的漏洞，这些漏洞在补丁未被开发出来之前往往被某些黑客利用来进行破坏和攻击。即使出现了补丁程序，由于用户没有及时下载并安装补丁，仍然会遭到病毒或黑客的攻击。

（5）利用账号进行攻击

有的黑客会利用操作系统提供的默认账号和密码进行攻击。例如Windows系统下的Guest用户，往往此账号的密码与账户名相同，因此很容易遭受攻击。

11.4.3 如何防御黑客攻击

尽管防范黑客攻击有一定的难度，但只要了解了黑客入侵的办法及攻击步骤后，利用有效的方法就可以提高防御能力，虽不能百分之百地杜绝黑客的入侵、病毒的袭扰，但也能在很大程度上保护网络和计算机的安全。

第11章 网络安全与病毒防范

1. 密码保护

最常见而且最容易使用的安全措施就是用户的密码保护，并且密码的设定要符合一定的规范。密码过于简单，如利用简单的数字、单纯的英文字母或姓名、生日等，就会给黑客入侵创造便利条件。因此在设置密码时，其位数要在 7 位以上且要包含数字、字母（大小写）、特殊字符等，还要不定期地更换密码。密码设置复杂不便于记忆，建议采用自己熟悉的一句话来作为密码，如"我是一个学生，来自威海市"，密码为"Ws1gxs@wh10"，别人不知所云，只有自己清楚。

2. 勤打补丁

针对操作系统或某些应用软件的漏洞，黑客或病毒等会在短期内进行有效的攻击，造成系统的瘫痪或信息的丢失。因此要经常关注软件开发商发布的软件补丁，勤打补丁，同时在安装补丁时一定要确保补丁的来源安全可靠。

3. 杜绝随意下载、打开非法邮件

随意到某些网站下载、打开一些不认识的邮件（尤其是带有诱惑性的附件）、浏览一些非法网站等，都有可能给自己的计算机带来灭顶之灾，恶性病毒、木马病毒等往往会在下载过程中趁机进入计算机，在适当的时机发作。因此，为了保护计算机不被入侵，尽量不要到小网站上下载内容，而应到专业网站去下载；不随便打开陌生人的邮件，即使此邮件具有很大的吸引力；不随便浏览一些非法网站等。

4. 经常查看任务管理器中是否有非法进程在运行

黑客入侵后，通常会放置特洛伊木马等在计算机中，以便随时控制我们的计算机。可以利用任务管理器查看哪些进程是合法的，哪些进程是非法的（以前没有见到的），对于非法进程，一定要找到启动它的原因，然后有针对性地删除或查杀。

5. 安装防杀病毒网关、防火墙等软件

针对黑客的入侵、病毒等的泛滥，各病毒厂商纷纷推出自己的防杀病毒网关、防火墙类软件，在自己的计算机上安装一款比较适合的此类软件，并进行合理的设置，可以在很大程度上防范黑客和病毒等的侵入。

11.5 防护类软件使用实例

由于操作系统、应用程序都不可避免地存在漏洞，网上病毒、木马的传播也是层出不穷，黑客更是无缝不入。因此，从普通用户的角度来看，如何用好一款专业型的防护类软件来保护计算机系统免受病毒、木马等的侵害，防止未经授权的入侵显得尤为重要。下面以国内首家提供免费杀毒软件的 360 为例来简单探讨一下系统安全措施。

11.5.1 360 系统功能简介

图 11-10 所示为 360 公司的首页。作为一个提供安全类系统的公司，360 提供的安全类软件很多，如 360 安全卫士、360 杀毒、360 手机卫士、360 安全浏览器、360 安全桌面、360 保险箱、360 硬件大师、360 急救箱等。

1. 360 安全卫士

360 安全卫士拥有查杀木马、清理插件、修复漏洞、计算机体检等多种功能，并独创了

"木马防火墙"功能，依靠抢先侦测和云端鉴别，可全面、智能地拦截各类木马，保护用户的账号、隐私等重要信息。360 安全卫士运用云安全技术，在拦截和查杀木马的效果、速度上表现出色，能有效防止个人数据和隐私被木马窃取。360 安全卫士自身非常轻巧，同时还具备开机加速、垃圾清理等多种系统优化功能，可大大加快计算机运行速度，内含的 360 软件管家还可帮助用户轻松下载、升级和强力卸载各种应用软件。

图 11-10　360 公司首页

2. 360 杀毒

国际领先的常规反病毒引擎+修复引擎+360 云引擎+360QVM 人工智能引擎+小红伞本地内核，强力杀毒，使计算机拥有完善的病毒防护体系。

3. 360 安全浏览器

全球首个云安全浏览器，能自动拦截木马病毒网站，下载前就能识别病毒文件，能确保网银购物的便利与安全，维持干净稳定的上网环境。

4. 360 保险箱

360 保险箱是国内第一款专业防盗号软件，它采用主动防御技术，对盗号木马进行层层拦截，阻止盗号木马对网游、聊天、网银等程序的侵入。

5. 360 硬件大师

360 硬件大师是一款专业易用的硬件工具，准确的硬件检测可以协助辨别硬件的真伪，并提供中文的硬件名称。此外还有温度监测、性能测试、一键计算机优化等的功能，是全面掌握爱机硬件配置的必备帮手。

6. 360 急救箱

360 系统急救箱是强力查杀木马病毒的系统救援工具，对各类流行的顽固木马查杀效果极佳，如蒋牛、机器狗、灰鸽子、扫荡波、磁碟机等。在系统需要紧急救援、普通杀毒软件查杀无效，或是感染木马导致 360 无法安装和启动的情况下，360 系统急救箱能够强力清除木马和可疑程序，并修复被感染的系统文件，抑制木马再生，是计算机需要急救时最好的帮手。

11.5.2　360 主要功能使用实例

主要介绍 360 安全卫士简单应用。

1. 360 安全卫士

在 360 主页上下载了 360 安全卫士、360 杀毒安装后，任务栏右端会出现 （安全卫士）和（杀毒）图标。单击安全卫士图标，弹出图 11-11 所示的安全卫士界面。包含电脑体检、木马查杀、系统修复、电脑清理、优化加速、电脑专家、手机助手、软件管家及木马防火墙、360 保镖等功能。

图 11-11　安全卫士界面

① 对计算机进行体检：单击"立即体检"按钮，安全卫士会对计算机系统做一个全面的安全健康检查，给出相关漏洞或不安全因素，指导用户提高防护水平。体检结果如图 11-12 所示，一般单击"一键修复"按钮即可完成系统的修复过程。修复结果如图 11-13 所示。

图 11-12　体检结果

图 11-13　修复结果

② 进行木马查杀：单击图 11-11 中的"木马查杀"按钮，弹出图 11-14 所示的木马查杀界面。"全盘扫描"建议在首次使用或间隔一段比较长的时间使用，它会对计算机内的所有磁盘分区进行全面查杀，时间长；"快速扫描"可经常使用，只对重要的系统和相关服务进行扫描，速度快；"自定义扫描"如图 11-15 所示，可有选择地扫描指定的盘符或文件。

图 11-14　木马查杀

图 11-15　自定义扫描

③ 系统修复：可对所使用的操作系统和相关软件进行异常和漏洞修复（打补丁），要经常使用。单击图 11-11 中的"系统修复"按钮，进入系统修复界面，如图 11-16 所示。其中，"常规修复"可修复被篡改的上网设置和系统设置，让系统恢复正常。单击图 11-16 中的"常规修复"按钮，进入系统修复界面，如图 11-17 所示。对于有异常的系统，可单击"立即回复"按钮进行系统修复。

图 11-16　异常或漏洞修复

图 11-17　系统异常扫描结果

单击图 11-16 所示"漏洞修复"按钮，可对系统的漏洞进行修复，如图 11-18 所示。若有漏洞需要修复，需先选中要修复的漏洞，再单击"立即修复"按钮。

④ 防火墙：单击图 11-11 中的"木马防火墙"图标，可进行 360 防火墙的设置。

⑤ 360 保镖：单击图 11-11 中的"360 保镖"图标，可进行 360 保镖设置。

图 11-18　漏洞修复

2. 360 木马防火墙

360 木马防火墙如图 11-19 所示，包含防护状态、隔离沙箱、信任列表、阻止列表、防护日志和设置等项。

① 防护状态：默认防护状态已全部开启，除非必要，建议按默认方式防护即可。

② 隔离沙箱：能自动识别有风险的播放器、电子式程序等，并弹窗提示隔离运行。

③ 信任列表：可以管理信任的程序和操作。

④ 阻止列表：可以管理不信任的程序和操作。

图 11-19　木马防火墙

⑤ 设置：对 360 的应用进行设置。

3．360 保镖

360 保镖（见图 11-20）主要有以下功能：

图 11-20　360 保镖

① 保护用户能够正常利用网银进行交易。

② 进行搜索时可以标注出钓鱼网站、欺诈网站等。

③ 下载文件时，拦截木马、有毒文件。

④ 看片时阻止非法播放器及虚假网站。

⑤ 拦截带毒 U 盘，禁止带毒 U 盘的使用。

⑥ 在收发电子邮件时，拦截钓鱼、欺诈邮件，保障邮件安全。

11.6　恶意网站、网银欺骗防范

根据艾瑞咨询发布的《2012 年个人网络安全年度报告》可知，恶意网站、网银欺骗等成为人们首要关注的问题，下面简要说明如何认清恶意网站、网银欺骗的欺诈手段及防范可能出现的危害。

1. 恶意网站

在浏览一些色情或者其他的非法网站，或者从不安全的站点下载游戏或其他程序时，往往会有一些恶意程序一并进入计算机中，我们对此却丝毫不知情。直到有恶意广告不断弹出或色情网站自动出现时，我们才发觉计算机已"中毒"。在恶意软件未被发现的这段时间，在网上的所有敏感资料都有可能被盗走，如银行账户信息、信用卡密码等。这些让受害者的计算机不断弹出色情网站或者是故意传播恶意广告的网站就叫做恶意网站。

防范恶意网站的办法：

① 安装反病毒程序并定时升级病毒库。反病毒程序是最强大的反恶意软件防御工具，可以保护计算机免受病毒、蠕虫、特洛伊木马的威胁。近几年来，反病毒软件的开发商已经逐渐将垃圾邮件和间谍软件等威胁的防御功能集成到其产品中，可有效防范恶意网站等的侵害。

② 正确使用电子邮件和上网工具访问网站。如果不知道邮件的来源和附件的属性，则不要打开邮件中的附件；不要从 Internet 上下载和安装未获得授权的程序；清楚网络欺诈的骗术，提防其欺骗我们单击受感染链接。

③ 安装最新的浏览器等：确保安装的是最新的浏览器、操作系统、应用程序补丁，并确保垃圾邮件和浏览器的安全设置达到适当水平。

④ 使用安全软件：确保安装安全软件，并及时更新并且使用最新的安全数据库。

⑤ 安装正确的驱动程序：不要到不认识或不熟悉的网站上随意下载和安装设备驱动程序，因为这正是许多恶意软件乘虚而入的方式。

⑥ 计算机一旦中毒应先把网络断开，这样做可以防止和减少数据损失。然后进行病毒等查杀或重新安装系统，尽量减少恶意网站侵害造成的损失。

2. 网银诈骗

目前，网上交易越来越频繁，网银欺骗也越来越受到关注，认清网银诈骗的伎俩，有助于有效地防范网银诈骗。

（1）网银诈骗的方法

① 电信欺诈：不法分子冒充国家执法人员，通过电信渠道编造各种理由欺骗客户开通网上银行，然后诱骗客户泄露其合法的网上银行用户名、登录密码等个人身份认证信息，进而盗划客户账户资金。

② 网络钓鱼：犯罪分子发送欺诈短信，以银行网银系统升级或动态口令牌过期更换为由，诱骗客户登录假冒银行网站和网银，随即盗取客户网银用户登录信息，并迅速窃取客户资金。

（2）防范网银诈骗的方法

① 不要对任何陌生人提供用户名、密码及动态口令。任何国家机关部门、银行都无权向公众索要账号和密码。

② 认准官网和客服电话。不要轻信任何来自非客服电话的信息，同时要记清官方网站的网址，登录网站时不要通过链接或者按照他人指示的网址登录，如记不清官网网址，可在收藏夹中将常用网站收藏。

③ 不要在图书馆、网吧等公共场所使用网银，同时要及时安装操作系统和浏览器最新

补丁文件，为计算机设定密码，及时更新杀毒软件和防火墙等，确保计算机安全可靠。

④ 养成良好的操作习惯。例如，在操作结束后选择"退出"网银系统，再关闭浏览器；密码设置要科学，密码的使用也要避免简单地保存在计算机中；保管好 U 盾、K 宝、E 令等安全产品，切勿交他人保管。

⑤ 建议开通账户变动短信通知、网银登录短信提醒等服务，时时掌握账户情况，提高交易安全性。

习　　题

1. 简述网络安全的基本含义。
2. 简述计算机病毒的特点、防范及清除方法。
3. 简述防火墙的类型及功能。
4. 如何防范黑客入侵？